现代園林

Modern Landscape Architecture

154

中国农业大学观赏园艺与园林系 主办　　**2017,14（1）**

中国建筑工业出版社

图书在版编目（CIP）数据

现代园林 154 / 中国农业大学观赏园艺与园林系主
办. — 北京 ：中国建筑工业出版社，2017.5
　ISBN 978-7-112-20790-9

　Ⅰ．①现… Ⅱ．①中… Ⅲ．①园林艺术－文集 Ⅳ．
①TU986.1-53

中国版本图书馆CIP数据核字(2017)第102446号

责任编辑：费海玲　王晓迪
责任设计：孙冬新
责任校对：焦　乐　关　健

现代园林 154
中国农业大学观赏园艺与园林系　主办
*
中国建筑工业出版社出版、发行 (北京海淀三里河路 9 号)
各地新华书店、建筑书店经销
廊坊市华昌印务有限公司制版
廊坊市华昌印务有限公司印刷
*
开本：880×1230 毫米　1/16　印张：9¾　插页：12　字数：338 千字
2017 年 2 月第一版　2017 年 2 月第一次印刷
定价：**58.00** 元
ISBN 978-7-112-20790-9
　　　　　(30439)

Modern Landscape Architecture
154 · 2017, 14（1）

现代園林

陳俊愉書

目录

154 · 2017, 14（1）

CONTENTS
154·2017,14 (1)

▶ 理事长单位
Chairman

河南景缘园林绿化工程有限公司
总经理：徐少锋
地址：河南省许昌市鄢陵县 311 国道与花博大道
交叉口
邮编：461200
电话：0374-7156666，18803749901
传真：0374-7107726
E-mail：henanjingyuan2008@126.com
网址：http://www.henanjingyuan.com

▶ 常务理事单位
Standing Members

河南万绿园林股份有限公司
董事长：白广武
地址：郑州市商都路 100 号建正东方
中心 B1117 室
邮编：450016
电话：0371-68106186
网址：www.wanlvyuanlin.com

宁波市风景园林设计研究院有限公司
院长：丁熊秀
地址：浙江省宁波市鄞州区集仕港工业区
集横路 86 号
邮编：315171
电话：0574-28830111
网址：www.nbylsj.com

天津雍阳园林绿化有限公司
总经理：郑立平
地址：天津市武清区杨村镇京津公路
运通广场北
电话：022-59903969
网址：tjyllh@163.com

燕赵园林景观工程有限公司
董事长：王松田
地址：三河市燕郊开发区行宫西大街潮白
人家燕赵园林
电话：0316-5856066
0316-5856063
010-52312388

南京中山园林建设（集团）有限公司
副总经理：杨毅强
地址：南京市玄武区中山门外四方城 1 号
邮编：210014
电话：025-84432703

▶ 彩色广告索引

▶ 本刊启事

▶ 稿件要求

　　《现代园林》由中国农业大学观赏园艺与园林系主办、北京中绿园林科学研究院承办，已被CNKI中国期刊网全文数据库等收录。

　　一、质量要求

　　本刊定位为技术性刊物，主要刊登具有一定创新性的试验和设计论文。

　　二、内容要求

　　1.题目（中英文）：25字以内。开门见山，不加副标题，中英文对应。

　　2.作者：姓名中文及汉语拼音（姓前名后）。

　　3.单位：全称（与公章一致），城市、邮政编码，中英文对照。

　　4.摘要：中英文，200~300字，包括研究目的、材料（地点）与方法、主要结果，及本文的意义（贡献）等全部主要信息。既要说明"为什么做"，更要展示"做了什么"。

　　5.关键词：中英文，3~6个，不与题名重复（增加检索的主题）。

　　6.作者简介：请加在首页脚注，包括姓名、出生年月、性别、籍贯、最高学历、职称或职务、从事学科或研究方向，现供职单位、所在城市、邮编、电子信箱、联系电话等（本人愿意公开的）信息。通讯作者请标明。

　　7.引言：不列标题。概述本领域的研究进展、本文的切入点及目的意义。

　　8.标题：为了突出重点，一级标题总数不超过5个，一般只列到二级标题（特殊情况可出现三级标题）；同一个结果下面可以（1）为序，具体内容分为试验型和设计型。

　　9.试验型论文：包括材料与方法、结果与分析、讨论。

　　10.设计型论文：包括场地分析与设计思想、功能分区与道路系统、景（节）点设计、种植设计等。

　　11.结论或结语：可不列标题。

　　12.致谢：对本文有实际贡献，但未署名的人、单位或项目。

　　13.参考文献：以近期发表的期刊论文为主，引入正文。按在文中出现的顺序排列，著录格式参见《文后参考文献著录规则》（GB/T 7714-2005）或近期本刊。

　　三、投稿要求

　　1.文档：稿件应为Word文档，字数以6000~8000字为宜（含图、表）。

　　2.图表：图表分别顺序编号，包括序号（图1、表1）、名称、表头、图注（例）等。请插入文档相应位置，并将序号引入正文相应句段。图片尺寸不小于15cm×20cm，分辨率不应小于300dpi；线条图以A4幅面为宜，以JPG、TIFF格式的附件随正文发送。

　　3.作者文责自负，对于侵犯他人版权或其他权利的文稿、图片，本刊概不承担连带责任；除非作者另有声明，本刊对来稿有修改、删节权。稿件自收到之日3个月内未接到本编辑部通知者，请自行处理；请勿一稿多投。

　　4.来稿经编辑初审通过后交纳专家审稿费（无论是否通过审稿费不退）。经专家审稿和主编终审后交纳版面费并就近安排版位。出刊后赠送每位作者当期刊物一册。

　　投稿邮箱：xiandaiyuanlin@126.com

卷首语

  从 2004 年至今，《现代园林》已经走过了 13 个年头。这样一份技术性非核心出版物能走这么长，全靠各位作者、编委、读者和理事单位的长期支持！也饱含了中绿园林科学研究院、《现代园林》编辑部辛勤、不懈的努力！在此深表感谢！

  随着现代园林的发展和稿件主题的变化，我们将栏目作了调整。首先，鉴于城市绿地系统规划的论文不多，将"园林生态与绿地规划"改为"园林生态与绿地系统"；也鉴于公园的总体规划和景观设计大多数情况下是一起进行的，故将"园林与景观设计"改为"园林景观规划设计"。其次，我们经常收到有关各地各类园林建设的论文，不太好归类。因此，将"园林经济与管理"改为"园林建设与管理"，为这些论文设置了比较贴合的栏目。最后，给"园林教育"增加了"学科发展"的内容。这样，我们的主要栏目还是 8 个，基本上保持了稳定和连续。

  第三届编委会成立于 2014 年，至今已届三年。尽管我们的编委平时也有调整，但该换届时还是要正常换届。我们的编委都是审稿人，工作量很大，非常辛苦，原则上是换届不换人。如此，我们成立了第四届编委会。

  《现代园林》原来在《农业科技与信息》旗下。从 2017 年第 14 卷开始，我们作为中国知网收录的学术出版物，由中国建筑工业出版社连续出版。为了节约出版费用，我们的出版周期会根据稿件数量，改为双月出版或每季出版，但每期的页码会大幅度增加，每年发表的论文数量不会明显减少。

  如此一来，我们的自主性更大了，编审时间更从容了，我们的论文质量也将会有明显的提高！

王清邦

2017 年 4 月 18 日

现代园林 2017,14(1):1-7.
Modern Landscape Architecture

太原市公园景观中地域文化的多样性及其表达
The Diversity and Expression of Regional Culture in Park Landscape of Taiyuan

▶ [1]申小雪 [1]杜景新 [1]郭春瑞 [2]武小钢 *
[1]Shen Xiaoxue, [1]Du Jingxin, [1]Guo Chunrui, [2]Wu Xiaogang*

[1] 山西农业大学林学院，太谷 030801；[2] 山西农业大学城乡建设学院，太谷 030801
[1]Shanxi Agricultural University, College of Forestry, Taigu 030801; [2]Shanxi Agricultural University, College of Urban and Rural Construction, Taigu 030801

摘 要：地域文化既延续历史文脉，又反映时代特征，是建造特色城市景观必不可少的因素。本文对山西太原公园景观中地域文化的应用现状进行了调查与分析。根据地域文化设计表达的常用手法，将地域文化分为地域历史遗迹的保留、地域文化艺术再创造、历史题材的借鉴、生活场景的再现、场所精神的隐喻五类。从地域文化的多样性及其表达上进行分析，结果表明：地域文化艺术再创造类景观数量最多，在五类地域文化景观中占有较大优势，而生活场景的再现类景观相对缺乏；地域历史遗迹的保留、地域文化艺术再创造以及历史题材的借鉴三类景观在文化传达方面比较成功；生活场景的再现类和场所精神的隐喻类景观，表现形式单一、文化内容不够丰富，应加强对地域文化的充分挖掘，追求地域文化的全面表达。

关键词：景观设计；历史遗迹；城市景观；场所精神

中图分类号：TU688　　　　文献标识码：A

Abstract: Continuing the historical context and reflecting the characteristics of the times, regional culture is an integral factor to the construction of city landscape. We investigated and analyzed the application status on the regional culture in park landscape in Taiyuan, Shanxi. According to the common ways in expression of regional culture design, the regional culture was divided into five categories, the preservation of regional historical relics, the recreation of regional culture and art, the inspiration of historical themes, the recurrence of life scenes and the metaphor of place spirit. Analyzing the diversity and expression of regional culture, we found that the number of the recreation of regional culture and art landscapes is the largest, being dominant in the five regional cultural landscapes, and the recurrence of life scenes landscapes is relatively lacking. Three types of landscapes including the preservation of regional historical relics, the recreation of regional culture and art and inspiration of historical themes are more successful in cultural communication. The expression of the recurrence of life scenes and the metaphor of place spirit landscape is relatively single and their culture contents are still not rich enough. We should strengthen the excavation of regional culture and pursue a comprehensive expression of regional culture.

Key Words: landscape design; historical relics; urban landscape; regional culture

　　在现代全球经济、文化一体化浪潮冲击下，传统地域文化与现代城市发展的矛盾愈加尖锐[1]，我国的城市建设在很多方面吸收了西方的规划理念和设计手法，使得如今在我国城市中西方现代景

作者简介：
申小雪/1989年生/女/山西长治人/在读硕士/研究方向为风景园林设计
武小钢（通讯作者）/1977年生/男/山西忻州人/山西农业大学城乡建设学院教授，硕士生导师/山西农业大学城乡建设学院
基金项目 山西省科技攻关项目（编号：20140311027-1），山西省城乡绿化交互式网络决策支持平台构建
收稿日期 2017-03-15 接收日期 2017-03-25 修定日期 2017-03-28

观越来越多，而自身的地域特色却逐渐丧失，"千城一面"已经不再是夸张化的警示性语句，而是实实在在展现在我们面前的现实写照。这使得人们对城市的记忆没有了地域性的依托对象，公众失去了对地域记忆的连续性和对文化根基的认同感和归属感[2, 3]。面对城市景观地域特色丧失带来的文化认同危机，重新认识地域文化、发掘整理并将其应用于城市景观设计就成为一种必然选择。

景观设计是实现人居环境自然生态与文化生态平衡的重要途径。在景观设计过程中充分挖掘地域传统文化，整合传统文化资源，进行必要的符号化处理后，通过系统规划设计再现于景观之中，是诠释和延续地域文化的重要形式[4]。它通过具体的外形、大小、材质、色彩等来反映景观的表面属性，将地方的历史、文化、生活等特色元素融入空间的结构组织和具体的景观设计中，使其表现出深层次的文化内涵[5]，唤起人们基于当地形成的文化认同，形成地域文化在空间上留下的印记，保护传统地域文化的同时，推进城市文化向前延续。

在当前文化趋同不断蔓延、地域特色不断失落的形势下，对地域文化资源进行发掘整理，将其整合到景观设计中，形成具有鲜明地域特色的城市风貌，是目前和未来发展的必然趋势。为了实现这一目标，了解地域文化在城市景观中的现状，从而明确未来地域文化景观的实现策略就成为当前风景园林学科研究的基本内容之一。基于此，本文以山西太原为研究样本，对公园景观中地域文化的应用现状进行了调查与

分析，以期为城市景观设计中地域文化的学术研究与设计实践给予一定的支撑。

1 地域文化的分类

在城市公园的设计中，对地域性表达手法的探讨一直在延续。本研究中，根据地域文化设计表达上的常用手法[6]借鉴、保留、再现、象征、隐喻，将地域文化分为五类。

1.1 地域历史遗迹的保留（Preservation）

古建筑、古街道、古树名木等是城市文化的印记，是经过长期历史发展而形成的，是一个地区特有的历史文化积淀。如唐槐公园内的千年古槐（图1），相传为唐朝名相狄仁杰之母手植；迎泽公园藏经楼，由太谷县东大寺（又名资福寺）迁建而来（图2）。在设计中，将人类历史活动所遗留下来的，承载了一定历史价值的遗迹进行保留，让人们根据这些历史遗存去探寻历史现象，唤起人们对曾经的记忆，能让人们在面对保留下来的遗迹时思考历史、探索历史，以此延续场地的地域历史文化，体现场所精神。

1.2 地域文化艺术再创造（Recreation）

通过对地域历史遗迹的保留来达到当今时代对地域文化传承的目的，则必定导致地域文化的创新。在园林设计中提取当地的民俗风情，如生产劳动、衣食住行、传统礼仪、节日庙会，民间工艺、曲艺杂耍、方言俚语等，进行再创造与设计。探寻适应当今时代的新风格，塑造新景观，是对地域文化的新传承[7]。如迎泽公园北门的锦绣太原牌楼（图3），以北京雍和宫的东西牌楼为蓝本，考虑到北门的空间、体量、尺

图1 千年古槐（唐槐公园）

图2 藏经楼（迎泽公园）

度和立体感，由明清传统的四柱三开间七楼牌楼形式调整为八柱三间七顶形制，并在两侧加了两个砖雕碉楼作为陪衬。既尊重传统，又大胆创新，是景观中地域文化艺术再创造的典型范例。

1.3 历史题材的借鉴（Inspiration）

对地方历史题材（人物和事件）加以精心提炼、概括，大胆抽象后，再赋予其新的形式，使现代景观设计内容与地域文化联系起来，又可以结合当代人的审美情趣，使设计具现代感与地域化。借鉴是继承精神，而不是拘泥于形式[6]。如在唐槐公园中，狄梁公断案传奇壁画，仿照原文雕刻出宋代著名文学家范仲淹撰文、著名书法家黄庭坚书狄梁公碑文。碑文主要将历史事件以及民间传说融入其中，精心构思，刻意处理，烘托唐槐文化园氛围。

1.4 生活场景的再现（Recurrence）

采用叙事手法，接近游人的尺度，通过对场地中原有的一些具有历史文化内涵的生活场景的再现，来体现其地域文化。多以艺术雕像的形式再现当时社会场景[9]，使观者能从视觉上了解到与场地相关的文化和历史信息。再现的场景有些是对乡土风情的真实重现，更多的场景则需要依靠设计师的想象来完善[6-8]。文瀛公园中一组以婚嫁民俗为主题的玻璃钢仿铜婚庆人物雕塑（图4），生动地再现了太原地区传统婚礼场景，富有生活气息。

1.5 场所精神的隐喻（Metaphor）

是从自然界及当地生活中提取设计元素，把具体、零散的事物提炼为有意义的视觉符号，产生富有地域特点的形式语言，通过暗示、联想、回忆等手法

使人领会设计之外的事物[9]。如玉门河公园中的鹭池荷风，为一座占地面积约4200m²的莲花池，周敦颐之《爱莲说》镌刻于池畔卧石，游人赏景之余又可体会"出淤泥而不染，濯清涟而不妖，中通外直，不蔓不枝，香远益清，亭亭净植，可远观而不可亵玩焉"的清雅韵味。

2 研究方法

2.1 研究区概况

太原，山西省省会，古称"晋阳""并州"，又名"龙城"。太原有2500余年建城史，具有深厚的历史文化和众多历史文物，为国家历史文化名城和国家园林城市。

太原市辖6区、4县和2个国家级开发区，全市建成区面积198km²。截至2013年底，全市建成区绿化覆盖率、绿地率、人均公园绿地面积分别达到39.88%、34.97%、10.96m²；已建成综合性公园31个，专类公园11个，带状公园5个，社区游园43个，游园、广场136个，街旁绿地110块[10]。为了发展旅游经济，太原市提出"唐风晋韵，锦绣龙城，清凉胜境"的城市风貌塑造目标，全方位推进城市景观的提质升级。

2.2 样本选取

公园绿地是向公众开放，以游憩为主要功能，兼具生态、美化、防灾等作用的绿地，包括综合公园、社区公园、专类公园、带状公园、街旁绿地。综合公园内容丰富，设施齐全，其景观设计水平在公园设计中具有代表性[11, 12]。因此，本研究选取综合性公园为

图3 锦绣太原牌楼（迎泽公园）

图4 玻璃钢仿铜婚庆人物塑（文瀛公园）

表1　样本基本情况表

公园名称	地理位置	建成年代	面积	备注
文瀛公园	迎泽区	明、清	8.93 hm²	俗称"海子边"
迎泽公园	迎泽区	1957 年 6 月	63.28 hm²	因位于太原古城迎泽门外而得名
碑林公园	迎泽区	1990 年 9 月	1.37 万 m²	由傅山碑林和三晋碑林组成
龙潭公园	杏花岭区	2004 年	42.82 hm²	原为太原动物园
漪汾公园	万柏林区	2009 年 5 月	9.92 hm²	
玉门河公园	万柏林区	2007 年 10 月	18.7 hm²	
和平公园	万柏林区	2016 年	30.81 hm²	
唐槐公园	小店区	1992 年春	6000 m²	又称"狄公故里"
学府公园	小店区	2009 年 5 月	20.4 万 m²	
南寨公园	尖草坪区	2005 年	39.5 万 m²	原太原市南寨苗圃

主要调研对象。根据《太原市园林志》和太原市园林局网站提供的资料，将一些太原市具有文化代表性的非综合性公园也列入调研对象。为保证研究结论的可靠性，调查样本覆盖全市各个区，选取 10 座城市公园进行调查分析，所选取的样本基本情况见表 1。

2.3 数据获取与分析

根据《太原市园林志》获取调研样本的基本情况，然后进行实地踏查，记录每个公园中地域文化载体的基本信息，包括名称、位置、文化类别、保存状况等特征信息。

参照植物多样性研究方法[13]，对地域文化的多样性特征进行数量分析。主要采用如下指标：

丰富度（Richness，S），即出现在调查样本中的类别数；

多度（Abundance，A），指调查样本中某一类别载体的数目；

频度（Frequency，F），是某一类别在研究样本中出现的频率，指包含该种类别的样方占样方总数的百分比；

重要值（Important Value，IV）是表示某个类别在此地区中的地位和作用的综合数量指标，等于相对多度和相对频度之和。

fals 根据上述定义，分别计算 5 类地域文化的相对多度、相对频度和重要值。

重要值 = 相对频度 + 相对多度

多度 = 样本中某一类别的载体数

$$相对多度 = \frac{某的多度一类别}{所有的多度之和类别} \times 100\%$$

$$频度 = \frac{某样出现方的一类别数}{样方总数} \times 100\%$$

$$相对频度 = \frac{某一类别的频度}{所有类别的频度之和} \times 100\%$$

3 结果与分析

3.1 地域文化的类型及数量分布特征

调查结果表明，太原市公园景观中体现地域文化的景观载体为 77 处。按照地域文化类型考察其数量分布，结果见图 5。地域文化艺术再创造类景观数量最多，占比为 32.4%；其次是历史题材的借鉴类景观，占比为 26%；再次是地域历史遗迹的保留和场所精神的隐喻，这两类景观占比均为 16.9%；而生活场景的再现类景观所占比例最小，仅为 7.8%。

从调查样本的地域文化丰富度上看（表 2），大多数公园的地域文化丰富度为 2~3，其中，文瀛公园的丰富度最大，囊括了地域文化的所有类别。而玉门河公园的地域文化丰富度最低，仅体现场所精神的隐喻这一类。

10 个公园内景观地域文化景观载体数量分布的情况见表 2。文瀛公园和迎泽公园最多，各为 18 处，均占地域文化景观总载体数的 23.38%，二者加起来约占调查范围内地域文化景观载体总数的一半。和平公园和玉门河公园的载体数量则明显小于其他公园，仅为 2 处。总体上看，地域文化丰富度高的公园中，景观载体数量也比较高。唐槐公园因其旧址为唐朝名相狄仁杰故居，故而文化丰富度偏低，但景观载体数量较多。

3.2 地域文化的多样性特征

对地域文化的多样性分析结果表明（表 3），相对多度、相对频度和重要值的最大值均为地域文化艺术再创造，在太原市公园地域文化景观中占有较大优势，而生活场景的再现各项指标都最小。

3.3 地域文化的表达

非物质文化遗产有两个重要元素，通过艺术表达出来的理念或信仰以及有效表达它们的技艺。而物质

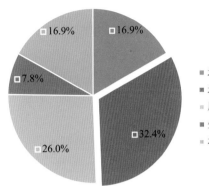

图 5　公园景观地域文化类别频度

■ 地域历史遗迹的保留
■ 地域文化艺术再创造
□ 历史题材的借鉴
■ 生活场景的再现
■ 场所精神的隐喻

文化遗产包括艺术家创造出来的物质或形象及艺术家们诉诸物质媒介的技艺。[14] 类似的，地域文化的成功表达也需要两方面：创作思想和表现形式的完美结合。

就本次调查范围内景观小品建筑的地域文化表达

表 2　太原市公园景观地域文化数量分布表

公园名称	地域历史遗迹的保留	地域文化艺术再创造	历史题材的借鉴	生活场景的再现	场所精神的隐喻	总载体数	相对多度（%）
文瀛公园	6	3	3	5	1	18	23.38
迎泽公园	5	12	1	0	0	18	23.38
碑林公园	0	3	7	0	1	11	14.29
龙潭公园	1	1	0	0	3	5	6.49
漪汾公园	0	2	2	0	2	6	7.79
玉门河公园	0	0	0	0	2	2	2.60
和平公园	0	1	0	0	1	2	2.60
唐槐公园	1	0	6	0	0	7	9.09
学府公园	0	0	1	0	3	4	5.19
南寨公园	0	3	0	1	0	4	5.19
合计	13	25	20	6	13	77	

表 3　太原市公园景观地域文化多样性特征表

地域文化分类	总载体数	相对多度（%）	相对频度（%）	重要值（%）
地域历史遗迹的保留	13	16.88	14.81	31.69
地域文化艺术再创造	25	32.47	25.93	58.40
历史题材的借鉴	20	25.97	25.93	51.90
生活场景的再现	6	7.79	7.41	15.20
场所精神的隐喻	13	16.88	25.93	42.81

而言，可以发现存在两种情形。第一，地域历史遗迹的保留、地域文化艺术再创造以及历史题材的借鉴三类景观在文化传达方面比较成功。如文瀛公园四美塔、迎泽公园藏经楼、龙潭公园凤鸣亭和唐槐公园千年古槐等，形态保存完好，富有艺术表现力，且精心写就的铭文向游客诉说着它们的悠长历史，不仅很好地反映出历史遗迹的价值，也营造出浓厚的地域文化氛围。又如漪汾公园方寸时空广场上的火柴盒雕塑，是以全省最早的民族工业为素材，将当时具有代表性的"双福"和"飞艇"火柴盒放大而成的，雕塑刻字上行为"用西北土货救农村破产"，下行为"购国产火柴免利权外溢"，形象地刻画了山西近代工业发展史，记录了近代民族工业的起步。第二，生活场景的再现类和场所精神的隐喻类景观，如文中提到的太原地区婚礼雕塑群（图4）以及学府公园的书简灯具，尽管设计与表达方面效果很好，但表现形式主要为雕塑及文化墙，表现手法较单一；其次文化内容的选择还不够丰富，对尚有很多地域特色的生活场景未进行挖掘，对于地域文化符号的抽象和艺术再创作也很欠缺。

4　结论与讨论

文化是随着时间的变化而变化的，所以各个公园所表现的地域文化也随着其建设的不同时代而呈现不同的文化主题和文化元素[15]。因此，对太原城市公园景观的地域文化调研结果呈现出各个公园的地域文化分布情况差异较大。比如2000年以前建设的公园，在地域历史遗迹的保留、地域文化艺术再创造这两类地域文化中表现较多，2000年以后的现代公园中多体现历史题材的借鉴、生活场景的再现、场所精神的隐喻等地域文化景观。

城市公园景观的设计主题决定着景观载体的形式与文化的选择。中国文化博大精深，但各个城市、各个时代的典型文化是相似的。文化虽然随着时间的变化而变化，但是公园的景观地域文化仍然不断重复。对于典型的地域文化，我们需要注重创新，只有不断地对地域文化赋予时代特色，融入现代生活，才能更好地传承和发展地域文化[16]。文化相似是一

方面，在地域文化景观的表现形式上，也是过于单一。比如历史题材的借鉴这一类文化景观中，尤其对于历史人物的表达，大多选择人物雕塑，忽视了对历史人物题材背后的文化精神的充分挖掘。人物雕塑表达方式呆板、不新颖，雕塑后大篇幅的人物介绍使游客无兴趣继续阅读。需注重对文化内涵的理解，创新景观形式的表达，将不同景观载体相结合，形成公园内系统的地域文化景观群，而不是单一的景观载体。塑造城市景观的地域文化特色，既兼顾历史文化协调传统城市特色，又适应新时代要求迎接未来，才能避免景观中地域文化与景观载体形式上的雷同现象发生，避免因景观雷同而带来的枯燥与乏味。

公园面积是有限的，而地域文化丰富多彩，真正体现一个公园的地域文化要突出重点，不能为了文化而文化，盲目塑造地域文化景观。并不是只要是地域文化就要全部表现出来，要结合公园内部自然景观，若任意堆砌景观的文化元素，只会削弱地域文化的传播与人文特色的建设。在城市公园景观地域文化的选择上，应有针对性地结合公园主题与周边城市环境，选择最恰当的地域文化来表现景观[17]。

文化是一个城市的灵魂，而地域文化是其他文化不能表达和复制的，其珍贵之处在于拥有民族特色，这种特色带有历史传承性，并与当地的历史、民族、地区和人文有关[18]。在今后的景观设计中，要加强与城市规划部门的沟通，注重前期合理的用地规划，对于一些濒临消失的特色文化进行恢复性重建，丰富地方文化的内涵。今后要大力开展地域文化的调研与开发，以便景观设计能更好地体现城市地域特色。

本文对山西太原公园景观中地域文化的应用现状进行了调查与分析，得出以下结论。

第一，地域文化数量分布上，地域文化艺术再创造类景观数量最多，各个公园的地域文化丰富度大多为2~3，文瀛公园和迎泽公园景观地域文化载体数最多。

第二，地域文化多样性特征上，地域文化艺术再创造这一类别占有较大优势，而生活场景的再现类景观相对缺乏。

　　第三，景观中地域文化的表达，地域历史遗迹的保留、地域文化艺术再创造以及历史题材的借鉴三类景观在文化传达方面比较成功。生活场景的再现类和场所精神的隐喻类景观，表现形式单一、文化内容不够丰富，应加强对地域文化的充分挖掘，追求地域文化的全面表达。

参考文献

[1]　严国泰, 卢轶. 全球化之下中国现代景观多元化的思考[J]. 中国园林, 2008, 24（10）:14-18.

[2]　王云才, 史欣. 传统地域文化景观空间特征及形成机理[J]. 同济大学学报（社会科学版）, 2010, 21（1）:31-38.

[3]　杜爽, 王崑. 浅议景观规划设计中的地域文化景观[J]. 农业科技与信息（现代园林）, 2011（5）:16-19.

[4]　林箐, 王向荣. 地域特征与景观形式[J]. 中国园林, 2005, 21（6）:16-24.

[5]　王云才. 传统地域文化景观之图式语言及其传承[J]. 中国园林, 2009, 25（10）:73-76.

[6]　申思. 城市公园中地域文化的表达[D]. 苏州大学, 2014.

[7]　赵钢. 地域文化回归与地域建筑特色再创造[J]. 华中建筑, 2001, 19（2）:12-13.

[8]　丁冬. 试论艺术的再现与表现[J]. 东华理工大学学报(社会科学版), 2008, 27（4）:322-325.

[9]　李方正, 李雄. 漫谈纪念性景观的叙事手法[J]. 山东农业大学学报（自然科学版）, 2013, 44（4）:598-603.

[10]　太原市园林局. 太原市园林志[M]. 太原: 山西经济出版社, 2015.

[11]　北京北林地景园林规划设计有限责任公司. CJJ/T 85-2002城市绿地分类标准[S]. 北京: 中国建筑工业出版社, 2002.

[12]　裴鸿菲. 中国综合公园的改造与更新研究[D]. 北京林业大学, 2009.

[13]　冷平生. 园林生态学[M]. 北京: 中国农业出版社, 2003.

[14]　麻国庆. 非物质文化遗产:文化的表达与文化的文法[J]. 学术研究, 2011（5）:35-41.

[15]　黄丽莎. 广西园博园城市展园地域文化景观调查与分析[D]. 广西大学, 2014.

[16]　何小嫒, 阮雷虹. 试论地域文化与城市特色的创造[J]. 中外建筑, 2004（2）:52-54.

[17]　张姝. 城市文脉在城市景观设计中的应用研究——以历史文化名城丹东为例[J]. 艺术与设计（理论）, 2012（3）:97-98.

[18]　李春玲. 论地域文化在园林规划设计中的表现[D]. 西北农林科技大学, 2014.

现代园林 2017,14(1)：8-15.

Modern Landscape Architecture

传统元素在西安书院门商业步行街景观中的应用

The Application of Chinese Traditional Elements in The Landscape of Xi'an Academy Gate

▶ 王琛 种培芳 *

Wang Chen, Zhong Peifang*

甘肃农业大学林学院，兰州 730070

Forestry College，Gansu Agriculture University，Lanzhou 730070

摘 要：中国传统元素源远流长，具有浓厚的历史气息和独特的艺术色彩，在现代景观设计中影响重大且地位显著。本文对中国传统元素和商业街景观设计两者进行了概述与分析,同时就中国传统元素在西安书院门商业步行街的建筑、景观小品及铺装中的具体应用进行了深入的分析和探究。从造型、材质、图案和色彩四个方面总结传统元素的运用方法，充分挖掘当地传统文化，正确把握传统元素本身含义及其象征意义，并加以合理应用。旨在加强人们对传统元素的充分认识与准确定位，促进传统文化在现代景观设计中的应用、创新和发展。

关键词：传统文化；景观要素；地域特色

中图分类号：TU986 **文献标识码**：A

Abstract: With strong historical atmosphere and unique art, Chinese traditional elements have significant effect and prominent place in the modern landscape design. In this research, Chinese traditional elements and commercial streets landscape design were summarized and analyzed and the specific applications of Chinese traditional elements in the buildings, landscape sketches and pavement of Xi An academy gate were deeply explored at the same time. To explore the local traditional culture fully, grasp the meaning and the symbolic meaning of traditional elements correctly and apply them rationally, we summarized the using methods of traditional elements in four aspects, shape, materials, drawings and colors. It is aimed to enhance the understanding of traditional elements and promote the application, innovation and development of traditional culture in modern landscape design.

Key words: traditional culture; landscape elements; regional characteristics

随着城市的发展和精神文明程度的提高，商业街已不再是单纯地为了消费购物而存在，而是发展成集购物、餐饮、娱乐、休闲、社交等多种功能为一体的公共场所。在城市发展和人类价值观的推动下，商业街已进入了新的时代，其规模逐渐扩大，特色也越来越突出，因此对商业街的景观设计提出了更高的要求[1]。创造人性化宜居的城市环境，成为城市商业街景观设计的主旨。中国的传统文化经历了几千年的沉淀，具有丰富多彩又独一无二的特点，随着时代的发展，传统元素的体现也呈现出多样性。将商业街景观与传统元素有效地融合是对传统文化传承的具体表现，也是社会进步的节奏。在商业街景观设计中，合理运用传统元素可以改善城市街景的文化生态系统，保护和发展城市的人文内涵，并延续城市的历史风貌。城市商业街景观设计中融入传统元素，不仅需要时尚而前卫的设计元素，更需要在尊重城市历史文化

作者简介：

王琛/1993年生/女/河南三门峡人/甘肃农业大学硕士研究生/景观规划方向

种培芳（通讯作者）/女/甘肃永登人/甘肃农业大学林学院园林系教授/硕士生导师

收稿日期 2016-11-30 **接收日期** 2017-03-23 **修定日期** 2017-03-30

的基础上坚持"以人为本",从人们生活的环境出发,通过设计改善与人息息相关的景观环境,让人们在快节奏的工作和生活中得以缓解压力。

中国传统元素主要指的是中国的传统文化,是人们为了满足更多需求而创作出的一种艺术享受和生活乐趣,是历史演变与文化沉淀共同作用的结果[2]。

传统元素包括物质元素和精神元素两方面。其中物质元素是具有历史性特征的物质形态,精神元素是传统物质形态所传达的精神内涵,是一个民族长期形成的带有情感和审美志趣的风俗习惯[3]。本文关于传统元素的论述,则是指民族、民俗、民风浓厚且有城市地域性的传统图形或介质。

商业街作为城市商业的缩影,是一种集合多种功能、多种业种的商业群体,是有一定规划并由多个零售网共同组成的城市商业形态[4]。商业街虽然只是城市空间中的一小部分,却有着重要功能。它改善城市环境和整体面貌的同时,记载着城市丰厚的历史文化,是重要的文脉资源。为城市的物质文明和精神文明都作出了重大贡献。

随着社会的发展,越来越多的商业街应运而生。然而,我国商业街的发展相对缓慢,缺少完善的理论基础,这使商业街景观建设暴露出很多问题,如规划不合理、缺少人性化设计、盲目建设破坏了原有的历史风貌、设计没有创新性、形式单一、不能合理应用传统文化造成商业和文化相脱节,等等。解决这些问题成为中国传统元素在商业街景观设计中合理应用的关键所在。

西安书院门古文化商业步行街区围绕着文庙和三学街,一直以来都被人们视为文风炽盛之地。书院门商业步行街通常是指从关中书院到碑林博物馆的这段步行街。它位于西安市明城墙南门内东北方向,西临南大街,东至西安碑林博物馆,全长570m。改造后的书院门虽然定位为商业步行街,但仍保留了很多文化遗产,如碑林博物馆、关中书院、宝庆寺华塔等。整个街区富有深厚的文化底蕴,格调古朴,风格统一。沿街有200多家铺面,统一延续明清时期的建筑风格临街而建,主要经营文房四宝、名人字画、书籍碑帖、珠宝玉器等[5]。由于书院门商业步行街临近西安城墙,因此又为步行街增添了大量的人文景观。目前,书院门街以其统一的传统建筑风格、浓郁的传统

商业氛围和丰富的人文环境得到游人的极高认可,是西安市的重要文化景点之一。

中国传统元素是几千年历史长期积累的产物,极其珍贵,对人类的影响是其他艺术元素无法比拟的。中国现代很多成功的商业街是在传统商业街区的基础上发展起来的,如苏州的观前街、上海的南京路等。由于特殊的历史背景,街道景观中包含了丰富的传统元素和独具特色的地域文化。商业街景观中蕴含着深刻的文化内涵,不同城市的商业街景观也体现了不同的风俗习惯,大众的审美和价值取向,也反映出特殊的文化观念。因此传统元素对商业街景观起到了积极的作用。

现代商业街区的主要特征就是便捷,集购物、娱乐、交通、餐饮等多功能于一身[6]。由于人们怀旧的心理,一条街道上曾经的历史会在人心中留下深刻的记忆。所以,传统元素、街道元素、招牌元素的使用就显得非常重要,以此来展示城市的历史风貌和文化精髓。城市的发展不但使城区规模扩大,也使得传统元素在街景中更加大量的应用。因此,准确把握传统元素在城市中的应用方法,使其与现代风格完美融合,对于城市的改建和历史的传承都具有重要的意义[7]。

1 传统元素在书院门街建筑外观中的应用

商业街的建筑与商业效益、景观、交通等都有着密切关联,建筑的空间布局及外立面形式影响着商业街的整体氛围。商业街建筑设计除要体现其本身应具有的功能性、整体性外,还要有景观性。在形象鲜明、特性突出的同时,合理运用传统元素,注重"以人为本",考虑市民审美的视觉感受。西安书院门的建筑虽仿照明清建造,但主要倾向于朴素的关中民居和铺面房的样式,整体风貌古朴素雅,极具感情色彩和民风意向,最能表现地域文化对其的影响。书院门沿街建筑采用传统"下店上宅"的空间模式,满足人们多方面使用需求的同时也保持了传统特色的经营方式和生活方式,让游客能充分感受到西安书院门独有的传统地域特色[8]。

1.1 传统元素在建筑顶部中的应用

在陕西的自然条件和人文条件下,关中民居自成特色,民居的坡屋顶形式以硬山顶居多。因此,书院

图 1 硬山顶

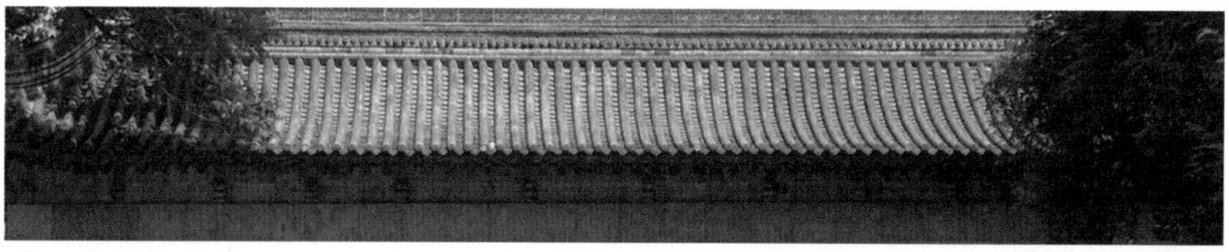

图 2 单坡屋顶

图 3 多种形式结合屋顶

图 4 琉璃瓦

图 5 彩绘屋檐结构

图 6 花纹图案

门街的临街建筑的屋顶形式也以硬山顶居多（图1）。延伸的院落中有少量单坡屋顶（图2），个别建筑采用多种屋顶相结合，如重檐顶、硬山顶和单坡屋顶相结合（图3）。关中书院两侧建筑则是悬山顶居多。屋顶铺装以灰陶为主，搭配青灰色墙体，形成中国古建中最常见的色调。部分屋顶的屋脊和瓦当采用了绿色的琉璃瓦（图4）。其屋檐结构上的彩绘颜色以朱砂、藤黄、草绿和石青四种为主（图5），也是传统建筑彩绘中的典型色彩搭配。同时运用丰富多样的传统图案，以如意纹、宝相纹、卍字纹等具有美好象征意义的图案为主，搭配富丽的龙纹、连叶纹、团花纹、凤纹，再以火焰纹、回纹等加以点缀（图6）。

1.2 传统元素在建筑立面中的应用

（1）墙体：书院门街建筑的墙体没有过多的装饰造型，用青灰色的青砖与灰陶屋顶相结合（图7）。沿袭了北方民居朴素的特点，只显露青石、青砖的本色，整体淡泊素雅并反映出传统建筑的历史厚重感。个别墙面雕刻有精美的砖雕和石雕（图8、图9），有

些店面的大门和梁架上还有仿古的木质雕花（图10），以方形构图，并涂刷油彩，把古建筑的韵味展现得淋漓尽致。

（2）门窗：书院门街传统建筑门窗材质以木质、黄铜和铁为主，有双扇板门、单扇板门、隔扇门和半窗等样式，以棂格、门钉（图11）、铺首等作配饰。色彩有铜黄色、朱红色、金色、深红色、黑色。以莲花纹、梅花纹、回字纹等图案作为装饰雕花和彩绘。

1.3 传统元素在其他建筑构件中的应用

（1）立柱：书院门街的立柱柱身采用木质并刷有红色油漆。柱础分为"顶、肚、腰、脚"四个部分，以青灰色石材作材料，采用明清时期较成熟的样式，常用如意纹、卷草纹、工字纹等传统图案雕饰。也有些立柱并没有柱础，上下两端粗细相同（图12）。

（2）牌匾：书院门街中牌匾多用于商铺和一些重要景观。为突出牌匾上的文字艺术，体现浓厚的文化气息，多以黑底金边为主。牌匾上的文字图案以行书

图 7 墙面

图 8 砖雕

图 9 石雕

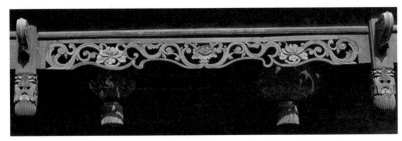

图 10 木雕

图 11 门钉

图 12 立柱

图 13 牌匾

居多，还有楷书、隶书、篆书等多种风格。有些牌匾边框还装饰有龙纹、卷草纹等图案或浮雕（图 13）。

2 传统元素在书院门景观小品中的应用

景观小品是构成景观空间的重要元素，是指具有休息、装饰、照明、展示等功能的小型建筑设施[9]。景观小品既可以丰富景观空间层次，也可以提供文化休闲场所。在商业街中，景观小品一方面满足市民的使用功能，另一方面其形态、材质、色彩各方面都能营造出传统文化氛围。从商业街的使用方面介绍可以分为休憩类、装饰类、展示类、服务类四类。

2.1 传统元素在休憩类景观小品中的应用

休憩类景观小品包括桌、椅、凳、遮阳伞、遮阳罩等。主要目的是创造出舒适的室外空间，提供稳固

的地方，供人们休息等候。由于书院门街道尺度较小，其休息椅设置在东段的休闲广场中。座椅采用木质材料涂刷仿红木油漆，并呈八角形，以大树为中心围合；另有石材座凳，石凳腿部装饰有莲花纹图案，以此提升传统文化氛围（图 14）。

2.2 传统元素在装饰类景观小品中的应用

装饰性景观小品包括雕塑、花钵、盆景等。还有些装置物品如门狮、拴马桩、石槽、抱鼓石等，现如今已从实用功能转变为装饰功能，成为公共环境的一部分，可从中汲取传统文化，使装饰意味更加富有传统特色。

（1）雕塑：书院门街中的景观雕塑多为人物雕塑。关中书院前的人物雕塑为书院创始人冯从吾先生（图 15）。以红砂岩本色呈现，没有图案和色彩修饰，

图 14　休息座椅

图 15　冯从吾雕像　　　　　图 16　雕塑头像　　　　　　　　　　　图 17　门狮

与整体环境融为一体。休闲广场中的人物雕塑是一组头像，从左向右分别是商鞅、孔子和孟子（图 16）。将信息标识牌与雕塑组成一体，在整体环境中起到装饰作用的同时，还向游客科普了文化知识，在展现民俗魅力的同时准确地传达了历史信息。

（2）门狮：书院门街中的石狮子造型多样（图17），分为狮子和莲花座两部分，莲花座采用青石材料，雕刻莲瓣纹、龙纹等传统图案。其作用已从镇宅辟邪转变为装饰单体建筑或公共环境，是整体景观环境的一部分。

（3）拴马桩：书院门街中的拴马桩有两种，分别为桩头雕刻石狮子和桩头雕刻人骑狮子两种。采用青石或砂岩等材料，如意纹等图案雕刻在柱身的顶端（图 18）。作为陕西三大民间艺术之一，以其特殊的形态、古老的韵味，体现书院门独有的地域文化。

（4）石槽：石槽也称"石臼"，古时候用来盛放水或饲料饲养牲畜。书院门街中将刻有牡丹纹图案的

石槽置于墙下（图 19），配以盆栽形成装饰艺术，优雅而独特。

（5）抱鼓石：抱鼓石同样作用于装饰书院门街的公共环境，其造型分三种（图 20），有铺首和无铺首两种造型居多，较特殊的一个在石鼓的顶端又增加了石狮的造型。以砂岩、青石或大理石为材料，雕刻麒麟纹和连珠纹。其中没有铺首的则在石鼓顶端雕刻铺首纹。

2.3 传统元素在展示类景观小品中的应用

展示类景观小品包括解说牌、宣传牌等，用来进行科普和精神文明宣传等，更好地接近群众的同时还能美化环境。我国传统建筑并不是通过橱窗来展示商品。一般通过招牌、幌子等方式来进行宣传，采用较为鲜明的色彩挂于店面，不仅可以传达经营内容，还有装饰店面的作用。所以在现代传统商业街景观设计中，把老字号招牌、匾额等广告的外在形式保留，然后融入现代的新材料、新技术及经营内容，让古老的

图 18　拴马桩　　　　　　　　　　　图 19　石槽

图 20　抱鼓石

市容、市色依然可以延续下去。这相对于现在杂乱的广告牌，更能体现传统商业街的味道。

（1）牌坊：书院门街在书院门街入口处和关中书院入口处各有一座牌坊（图21），都起到相对较弱的指示性作用，更多的是作为一个展示性景观用来营造历史文化氛围。

（2）摊位：书院门街作为商业步行街，其摊位的功能主要是用来展示商品，很多摊位在设计上也可以见到传统元素的应用。采用木质结构，涂刷仿红木油漆，以传统建筑中歇山顶的屋顶造型样式作为摊位顶棚（图22），摊位货柜两端的外立面则用隶书纹样的

装饰图案突出文化特色（图23），使之与整体的景观环境协调统一。

2.4　传统元素在服务类景观小品中的应用

服务性景观小品包括标识牌、垃圾箱、路灯、饮水台、售货亭、洗手钵、隔离柱等，体量不大，占地极小，能够为游人提供多方面的便捷。许多设计作品造型别致，色彩突出，融入丰富的文化元素，常被称作"放置在室外的公共艺术品"，使人们的日常生活也充满艺术性，在有限的带状空间里，用艺术形式体现了人们的生活状态和需求，让人们充分感受到人性化的商业街。

图 21　牌坊

图 22　摊位顶棚

图 23　摊位货柜

图 24　标识牌

（1）标识牌：在书院门街中，最常见的是综合指示牌、道路指示牌和门牌等。这些标识牌并没有复杂的装饰图案，均为石材，并采用碑刻的传统形式记录信息，强调了碑林特色。它们以多种造型呈现，如以石碑的样式设立，以景石的造型直接固定在地面上，或在广告栏的的基础上增加了传统建筑坡屋顶的造型等。最为特殊的标识牌是以石柱为造型，配有鼓形的柱础和柱头，整个路牌看上去像放大了的拴马桩，在柱身上雕刻路名作标识（图 24）。

（2）垃圾桶：书院门街中的垃圾桶造型均为圆柱体，筒身以回纹和四神纹样图案装饰（图 25）。采用金属材质，筒身涂刷仿红木油漆，在色彩上与传统风格进行了统一。

（3）路灯：照明设计是商业环境中必不可少的要素，可营造出昼夜两种不同的商业街景观，通过灯光与其他景观元素的结合，利用灯光工程创造更具艺术效果的商业氛围及人文特性，赋予商业街另一景观面貌。由于书院门街人流量大，街道又相对狭窄，因此灯光的设置相对较简单（图 26）。灯杆为四棱柱，灯罩的造型采用了传统灯笼的样式，在金属的材质上涂

刷仿红木的油漆，使之更好地融入整体氛围。

（4）隔离柱：人车分流是步行街的一个重要特征，因此用来隔离车辆的隔离柱是街区中必不可少的景观设施。街区中隔离柱造型以圆柱体居多，柱身上端雕绘卷草纹传统图案，并采用花岗石，使其颜色呈麻灰色，与整体环境完美结合。休闲广场的边界采用石磙这种传统器具，起到隔离作用的同时，又可用作装置小品，营造传统文化环境（图 27）。

3　传统元素在书院门铺装中的应用

虽然路面并不在游人的主要视线范围之内，但街道的路面作为街道的重要承载面，在景观中也发挥着重要作用。路面所使用的材质、铺装的样式、色彩的搭配都使它成为商业街空间中举足轻重的景观构成要素。书院门街的地面铺装以青石和花岗石为主，主要道路和两侧人行道均采用花岗石（图 28）。府学巷的地面铺装为青石，以此延伸至休闲广场，两者达到一致。广场以青砖拼贴，并用浅灰色的花岗石进行了棋盘式分割（图 29），部分棋盘方格还采用民间艺术剪纸图案，并以砖雕的形式进行装饰点缀（图 30）。

图 25 垃圾桶

图 26 路灯

图 27 隔离柱

图 28 花岗石铺装

图 29 广场铺装

图 30 剪纸图案砖雕

4 结语

商业街目前已成为能够体现城市经济发展必不可少的重要实体。当其不再只是单一的购物场所时，景观的介入对于商业街价值的提升起到了突出的作用。这种价值不仅体现在经济方面，更体现在传统元素文化的传承、发扬以及城市形象的提升上。尽管中国传统元素在现代景观设计中的表现形式多种多样，但是商业街作为现代景观的重要组成部分对传统元素的传承和发展仍有待加强，要求人们在遵循设计原则的同时，还要遵从传统元素的内涵。在现代商业街设计中，设计人员必须充分挖掘当地的传统元素，把握传统元素的内在含义和象征性意义，并把它们作为自己设计的灵感来源和表现手段，充分应用在现代商业街景观设计中，以发挥自身的创造性。只有这样，才能够做到既传承了中国传统元素的本质，又能适应现代景观设计审美观的可持续性发展。希望能以本文引导更多的人去关注中国传统文化、了解历史底蕴以及重视城市景观的发展，为城市未来环境建设作出贡献。

参考文献

[1] 李学工.商业街发展趋势与消费者行为分析[J].商讯商业经济文荟,2003（4）:40-42.

[2] 罗玉婷.中国传统元素在现代园林景观设计中的应用[J].中华民居,2014（10）:2.

[3] 吕春.古典艺术在现代园林景观设计中的表现形式探析[J].中国农业信息,2014（1）:218.

[4] 王萌.城市商业步行街景观设计的研究[D].哈尔滨理工大学,2013.

[5] 李磊峰.传统元素在西安历史街区公共环境设计中的应用研究[D].西安建筑科技大学,2014.

[6] 王曦.现代城市商业步行街景观融入传统元素的研究[D].长春工业大学,2012.

[7] Barbel Tress. Cpitalising on multiplicity: A transdisciplinary systems approach to landscape research[J].Landscape & Urban Planning,2001, 57（3-4）:143-157.

[8] 周凌燕.商业街景观设计问题探讨[J].中国城市林业,2014（10）:55-58.

[9] 赵瑞云.历史街区商业步行街传统特色营造——以成都大慈寺历史街区商业步行街为例[D].西安建筑科技大学,2009.

現代園林 2017，14(1)：16-24．
Modern Landscape Architecture

老年人对城市公园声景观的心理倾向性研究

Research on the Psychological Tendency of the Elderly to the Urban Park Soundscape

► 闫明慧 张运吉 * 吴广 张敬玮
► Yan Minghui, Zhang Yunji*, Wu Guang, Zhang Jingwei

山东农业大学园艺科学与工程学院，泰安 271018
College of Horticulture Science and Engineering, Shandong Agricultural University, Tai'an 271018

摘 要：以泰安市两个典型的城市公园为调查地点，通过主观评价问卷调查，对老年人对城市公园内声景要素的好感度、协调度及声景观综合感受进行研究。结果发现老年人最喜欢的声景要素是鸟类活动及叫声、跌水声、谈话声、儿童活动声及风吹植物声，对自然声景观综合好感度更高；声景要素的好感度与其环境协调度呈高度正相关，与环境不协调的声景要素主要属于人文声；相比年龄和性别，文化程度差异对老年人的主观评价影响较大；通过 SD 语义差别法获得老年人对 16 个观测区声景观十大感受指标得分，并使用 SPSS 22.0 软件进行聚类分析，发现城市公园声景空间类型可分为交流声景空间、娱乐运动声景空间、休闲声景空间、过渡声景空间，并从稳态声景和动态声景两方面对老年人青睐的城市公园声景设计进行了探讨，以期据此为城市公园老年活动区的声景观设计提供指导。
关键词：声景要素；自然声；人文声；主观评价；好感度
中图分类号：TU986 文献标识码：A

Abstract: Taking 2 typical city parks as our investigation places, we studied the appreciation and coordination degree of the elderly on sound landscape elements and their comprehensive feelings about sound landscape through subjective evaluation questionnaire survey. The results showed that the favorite sound landscape element is bird activity, tweeting, falling water sound, talking sound, children activity sound and hearing the wind in the leaves also promote natural landscape comprehensive appreciation. The preference of sound landscape elements is highly correlated with its environmental coordination degree. Humanistic sound is the mainly sound landscape element which is uncoordinated with environment. Compared with age and gender, the difference of education level affects hugely on the subjective evaluation of the elderly. Through semantic differential method, we acquired elder men's scores of 10 feeling index of 16 observation areas and made cluster analysis by SPSS 22.0 software. We found that urban parks sound space types can be divided into communication sound space, entertainment sports sound space, leisure sound space and transition sound space and discussed the urban parks sound landscape design that elder men prefer in terms of steady-state sound landscape and dynamic sound landscape. It is aimed to provide references to sound landscape design of urban parks and other areas that are suitable for the elderly.
Key Words: sound landscape elements; natural sound; humanistic sound; subjective evaluation; preference

　　20 世纪 60 年代末，加拿大作曲家、音乐教育家 R.Murray Schafer 首次提出的声景观概念，为以视觉体验效果为主要设计方向的园林景观设计提供了新的切入点，它不同于传统声学概念，而是相对于景观的

作者简介：
闫明慧/1992年生/女/山东泰安人/山东农业大学园艺科学与工程学院/硕士研究生/研究方向：农业园区规划设计
张运吉（通讯作者）/1970年生/女/吉林人/山东农业大学园艺科学与工程学院/副教授/研究方向：绿地规划设计
收稿日期 2017-01-12 接收日期 2017-03-13 修定日期 2017-03-26

概念，提出一种听觉景观的理念，主要研究人们对于声环境的感受以及声音如何影响人们的主观体验。在当今中国老龄化严峻的形势下，老年人群体无疑已经成为城市公园的主要使用群体，老年人群体有着其特殊的心理、生理、行为特性，探究老年人群体青睐的声景观形式，既能够为城市公园中老年活动区及"银发"主题公园声景观的设计提供相关理论依据，有针对性地丰富、完善园林绿地声景观的设计形式，丰富针对老年人的景观规划设计理论体系，又是提高老年人晚年生活品质，弘扬关爱老年人优良传统，实现积极老龄化的重要举措。目前对城市声景观的评价主要采用主观和客观评价两种方法[6]。本文采用主观评价方法，以泰安市南湖及东湖公园为主要调查地点进行相关调查，以期深入了解老年人群体对城市公园声景观的心理倾向性，进而对老年人青睐的声景形式进行探讨。

1 研究内容与方法

1.1 研究对象

（1）年龄

目前我国很多城市老年人，尤其是退休后的60到65岁的老年人大多因为身体相对较为强壮，被单位返聘或自己找事情做等原因，来公园的人数偏少[11]。随着我国社会经济发展和人民生活条件逐步改善，人均期望寿命也在不断提高，据2016年人社部最新消息，我国将实施"渐进式延迟退休"，预计直至2045年退休年龄延迟到65岁，而90岁以上的老年人大多很少出门活动[11]，故选取65岁到89岁的老年人为调查对象。

（2）听力情况筛查

本研究需要利用老年人的听觉给予切实的信息反馈。据调查，65岁以上约有25%~40%的人存在听力障碍[13]。目前国际上使用的老年听力障碍筛查量表（HHIE-S）对老年人听力损失状况进行了解，该量表具有较好的便捷性、实用性、敏感性及特异性，同时具有较高的内部一致性信度[1]。而根据翟秀云[10]、汪国庆[7]等人的研究，汉化版的老年听力障碍筛查量表（CHHIE-S）除了具备英文版的特性之外，更符合中国老年人的理解习惯，更适合我国老年人听力障碍情况筛查。在进行系列调查前，借助CHHIE-S量表（见附录）筛除得分大于24分[12]的重度听力障碍、无法对园中声景观作出确切主观评价的老年人。

1.2 老年群体关注的公园声景要素筛选

笔者于2016年8月~9月在南湖公园、东湖公园进行声景观构成要素调查统计并使用评比量表法（评价尺度7级：从完全不关注到非常关注赋程度值-3、-2、-1、0、1、2、3）对老年人进行声景要

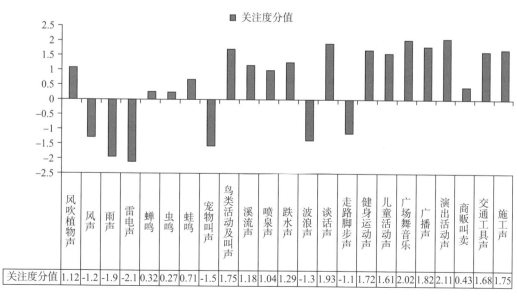

	风吹植物声	风声	雨声	雷电声	蝉鸣	虫鸣	蛙鸣	宠物叫声	鸟类活动及叫声	溪流声	喷泉声	跌水声	波浪声	谈话声	走路脚步声	健身运动声	儿童活动声	广场舞音乐	广播声	演出活动声	商贩叫卖	交通工具声	施工声
关注度分值	1.12	-1.2	-1.9	-2.1	0.32	0.27	0.71	-1.5	1.75	1.18	1.04	1.29	-1.3	1.93	-1.1	1.72	1.61	2.02	1.82	2.11	0.43	1.68	1.75

图1 老年人对声景要素关注度统计图

表1 调查对象的基本属性

	年龄		性别		文化程度	
	65~79	80~89	男	女	专科及以上学历	专科以下学历
人数（人）	312	64	181	195	108	268
占比（%）	82.98	17.02	48.14	51.86	28.72	71.34

表2 老年人关注的声景要素统计表

大类	亚类	声景名称
自然声	植物声	风吹植物声（风吹树叶声、风吹草地声）
	动物声	蝉鸣、虫鸣、蛙鸣、鸟类活动及叫声
	水声	溪流声、喷泉声、跌水声
人文声	生活声	谈话声（正常交流声、喧哗声）
		健身、运动声（乒乓球、运动器械声等）
		儿童活动声（儿童娱乐器械、儿童嬉戏声等）
		广场舞音乐（广场舞、交谊舞团中大型音响声等）
		广播声
		演出活动声（合唱、戏曲、乐器演奏、跳舞声等）
		商贩叫卖
	交通声	园外交通工具声（汽车声、摩托车声、自行车声、警笛报警声等）
		园内交通工具声（清洁车、巡逻车声等）
	施工声	设施维修、园路维护、吊车施工声等

表3 描述声景观的形容词对

编号	描述类别	形容词对
1	热闹感	热闹的—冷清的
2	嘈杂感	嘈杂的—静谧的
3	阳气感	阳气的—阴气的
4	愉快感	愉快的—不快的
5	温暖感	温暖的—清凉的
6	活力感	活力的—沉闷的
7	平和感	平和的—烦躁的
8	自然感	自然的—人工的
9	舒适感	舒适的—不适的
10	安全感	安全的—不安的

表4 好感度与协调度得分统计

编号	声景名称	好感度	协调度
A11	风吹植物声	1.65	1.77
A21	蝉鸣	0.46	0.56
A22	虫鸣	0.32	0.43
A23	蛙鸣	0.72	0.98
A24	鸟类活动及叫声	1.72	1.87
A31	溪流声	1.52	1.71
A32	喷泉声	1.52	1.67
A33	跌水声	1.76	1.50
B11	谈话声	1.72	1.56
B12	健身、运动声	0.92	0.97
B13	儿童活动声	1.68	1.32
B14	广场舞音乐	1.06	0.97
B15	广播声	−0.97	−0.68
B16	演出活动声	1.04	0.92
B17	商贩叫卖	−0.20	−0.36
B21	交通声	−1.66	−1.70
B31	施工声	−1.56	−1.62

素关注度调查，每项得分结果如图1，筛除关注度得分负值的项目，得到表2以进行接下来的问卷调查。

1.3 老年人对城市公园声景观的主观评价

于2016年9月下旬（非节假日）在两公园（图2、图3）共计16个观测区（南湖公园：S1、S2、S3、S4、S5、S6、S7、S8；东湖公园：E1、E2、E3、E4、E5、E6、E7、E8），使用评比量表（五级评价尺度）对老年人进行声景要素好感度及与环境协调度评价调查。使用SD语义差别量表法（五级评价尺度）对老年人进行声景观综合感受评价调查，参考秦华，孙春红[4]进行声景观研究设定主观感受形容词对的方式，结合对两处调查地点的多次现场考察，最终确定能够形容老年人主观感受的十对形容词（表3），将其设定为评价指标，由老年人对所在观测点声景观给其带来的综合感受进行赋分。调查共计收回有效问卷376份，有效率93.2%。

2 研究结果与分析

2.1 老年人对单一声景要素好感度、协调度评价及相关性分析

综合图4来看最受老年人喜欢的声景观要素是鸟类活动及叫声（1.72）、跌水声（1.76）、谈话声

图2 南湖公园观测区位置图　　图3 东湖公园观测区位置图

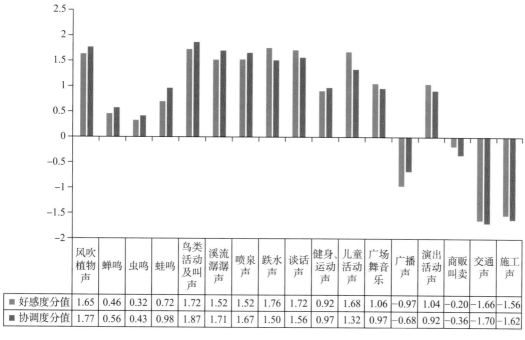

	风吹植物声	蝉鸣	虫鸣	蛙鸣	鸟类活动及叫声	溪流潺潺声	喷泉声	跌水声	谈话声	健身运动声	儿童活动声	广场舞音乐	广播声	演出活动声	商贩叫卖	交通声	施工声
好感度分值	1.65	0.46	0.32	0.72	1.72	1.52	1.52	1.76	1.72	0.92	1.68	1.06	-0.97	1.04	-0.20	-1.66	-1.56
协调度分值	1.77	0.56	0.43	0.98	1.87	1.71	1.67	1.50	1.56	0.97	1.32	0.97	-0.68	0.92	-0.36	-1.70	-1.62

图4 老年人对声景要素好感度、协调度统计图

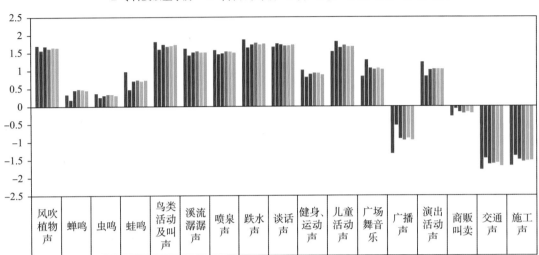

■ 专科及以上学历 ■ 专科以下学历 ■ 男 ■ 女 ■ 65~79岁 ■ 80~89岁

图 5 老年人不同属性对应的好感度评价得分

（1.72）、儿童活动声（1.68）及风吹植物声（1.65），讨厌的是交通声（–1.66）、施工声（–1.56）、广播声（–0.97）、商贩叫卖声（–0.2）。自然声景要素的协调程度相比人文声景要素高，环境不协调的声景要素主要属于人文声。

结合两者柱状图（走向相似，程度相近）及综合得分（表4），对好感度与协调度进行相关性分析，采用秩相关（rank correlation）来描述两个变量之间的关联程度与方向，用 spearman 相关系数来表示。结果相关系数 r 为 0.895，对相关系数的检验双侧的 P（0.000）值小于 0.01，所以可以认为两变量有密切的关系；r 值 =0.895>0.8，所以老年人对声景要素好感度及协调度呈高度正相关。即对老年人来讲，对声景的好感度与该声景与环境的协调度有密切的关系，也说明了声景要素是景观整体中不可忽视的一部分。

2.2 老年人对声景要素好感度与其个人属性相关性分析

图 5 是按照老年人三项不同属性进行分类统计的好感度评价结果。

（1）学历因素

根据孟琪[3]对地下商业街声景的研究，听者的文化水平与主观舒适度有较高的相关性（p ≤ 0.01），听者的文化层次会影响其审美水平及认知能力，进而影响其对声景观的主观评价。由图 5 及数据可知，

高学历的老年人对自然声有更高的好感度（高学历 1.26，低学历 1.11），而对人文声相比好感度略低（高学历 0.19，低学历 0.32）；对健身运动声、演出活动声好感度较高，说明其更加注重健康的生活品质及内在精神追求；并且与低学历老年人相比，高学历老年人对人文声中负分声景的得分更低，说明其对声景质量要求更高。

（2）年龄因素

从图 5 可看出年龄的影响差异不大；经独立样本曼惠特（Mann-Whitney）U 检定，零假设是老年人对声景好感度的评价在年龄上不存在差异，其 p 值 =0.943>0.05，故接受原假设。但实地调查发现，高龄老年人更多选择在相对安静平和的声环境中活动，对于广场舞类比较喧闹的场所多是保持一定距离，在一边旁观；中低龄老年人由于精力相对充沛，更喜欢热闹的氛围。

（3）性别因素

结合图 5 及独立样本曼惠特（Mann-Whitney）U 检定，其 p 值 =0.973>0.05，说明在老年人群体内部，性别的差异对声景观好感度的评价影响并不显著。

2.3 老年人对声景观综合感受主观评价

声景观的各个要素与外界环境紧密相连，对各个观测点指标得分（表5）进行聚类分析（图6），以了解不同的声景观给老年人带来的综合感受。

表5　16个观测区声景各指标综合得分

编号	热闹感	静谧感	阳气感	愉快感	温暖感	活力感	平和感	自然感	舒适感	安全感
S1(1)	1.1	−0.17	1.32	1.17	1.5	−0.4	1.63	−1.03	1.47	1.38
S2(2)	0.34	−0.32	−0.58	−1.27	−1.34	−1.58	−1.27	−1.17	−1.45	−1.03
S3(3)	1.75	−1.68	1.32	1.83	1.67	1.82	0.79	1.31	1.89	1.89
S4(4)	0.32	1.57	−0.62	0.36	−1.29	−0.97	1.32	1.43	0.37	−0.77
S5(5)	0.51	1.42	0.21	0.85	0.58	−0.32	1.53	−0.82	0.88	0.68
S6(6)	0.68	0.83	−0.32	1.02	−0.23	1.23	0.63	1.05	0.41	0.97
S7(7)	0.62	0.92	0.57	0.91	−0.62	−0.27	1.56	1.47	1.32	0.76
S8(8)	1.82	−1.87	1.76	1.92	1.79	1.93	0.82	−1.43	1.76	1.68
E1(9)	0.52	−1.66	0.41	−1.08	−1.41	−0.87	−1.33	−1.73	−0.59	−1.23
E2(10)	1.22	−0.58	1.37	1.47	1.52	1.42	1.57	1.06	1.52	1.66
E3(11)	0.52	0.86	−1.06	0.96	−0.56	−0.36	1.42	1.68	1.05	0.72
E4(12)	1.93	−1.76	1.86	1.88	1.72	1.79	1.27	−1.26	1.88	1.88
E5(13)	0.31	1.21	−0.33	0.79	0.61	−0.22	1.29	1.36	1.17	0.28
E6(14)	1.86	−1.52	1.72	1.82	1.83	1.58	1.78	−1.22	1.92	1.89
E7(15)	0.68	−0.38	0.66	1.13	0.89	0.89	1.52	0.79	0.61	1.25
E8(16)	1.24	−1.79	1.06	0.81	0.86	1.37	−1.36	−1.68	0.33	−0.97

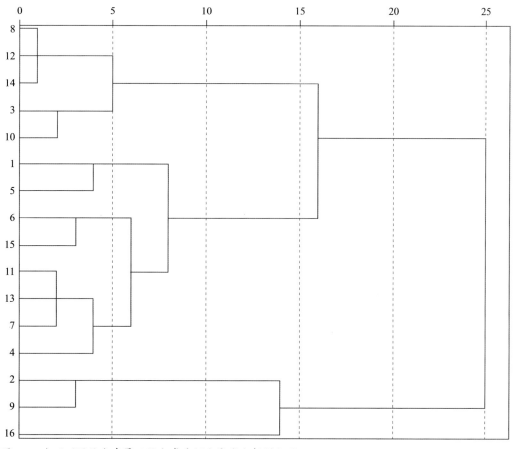

图6　16个观测区综合声景观综合感受倾向聚类分析树状图

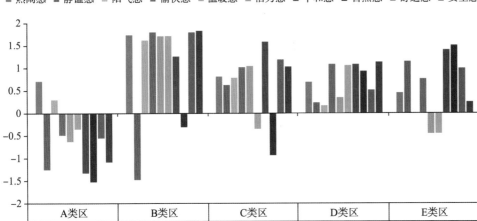

■ 热闹感 ■ 静谧感 ■ 阳气感 ■ 愉快感 ■ 温暖感 ■ 活力感 ■ 平和感 ■ 自然感 ■ 舒适感 ■ 安全感

图 7 五分区各指标综合得分

根据结果，16 个观测区根据各指标得分相互距离的亲疏可以分为五个类别（图 7）。

（1）A 类区—嘈杂声景区

此类区包括南湖公园的 S2，东湖公园的 E1 和 E8，前者临近公园公厕、设备房，往来多设备声、施工声、园丁工作声；后者临近人流车流繁杂的城市街道，交通声、叫卖声、广播声占主导。声景特点是不快（-0.51）、嘈杂（-1.26）、烦躁（-1.32）、不适（-0.57）和缺乏安全感（-1.08）的，鲜有老年人活动，E8 区是东湖公园临近居住区的一处大入口广场，定期会有中老年舞团演练，期间会有老年人围观，但没有广场舞的时候老年人往往不会选择在此区多做停留。

（2）B 类区—娱乐运动声景区

此类区包括南湖公园的 S3、S8，东湖公园的 E2、E4、E6。这些是老年人集中活动的区域，声景特点是热闹（1.72）、阳气（1.61）、愉快（1.78）、温暖（1.71）、有活力（1.7）、平和（1.25）、舒适（1.79）和有安全感的（1.8）。位置大多深入园内抑或是有宽厚的植被隔离带包围，有效隔绝外界的交通声、施工声，地势平坦，内部开敞，拥有小型健身器材、凉亭等休憩设施，吸引众多游客在此逗留休闲，以谈话声、儿童嬉戏声、娱乐歌舞声等人文声占主导，自然声（-0.31）被削弱得，分较低，喧闹度较高（-1.48）。

（3）C 类区—休闲声景区

此类区包括南湖公园的 S1 和 S5，声景特点是静谧（0.63）、愉快（1.01）、舒适（1.18）、平和（1.58）和有安全感的（1.03），其声环境适合老年人安静休息、聊天、晒太阳等比较安逸愉快的游憩模式。同样是入口区的 S1，并不像典型喧闹入口区那样嘈杂，S1 虽紧邻车流众多的灵山大街，但入口进深很深，南北狭长，中设大型影壁喷泉，有效隔绝交通噪声，在南侧形成了较安静的环抱空间。此区人气稍欠娱乐运动区，高龄老年人占更大比例，可能是因为过于嘈杂纷乱的声环境会导致其内心的烦乱，对于听力状况不好的老年人，过于喧闹的环境不利于相互交流。

（4）D 类区—过渡声景区

此类区包括南湖公园的 S6 和东湖公园的 E7，有健步走锻炼的声音，所以给老年人的感觉较有活力（1.06）和平和（1.07），总体声环境比较安静，人文声和自然声相交叠。此区域以通过功能为主，并非大多数老年人逗留的场所。

（5）E 类区—自然声景区

此类区包括南湖公园的 S7、S4 和东湖公园的 E3、E5。声景特点是静谧（1.14）、自然（1.49）、平和（1.40）、轻松舒适（0.98）和愉快的（0.76）。属于自然观赏区，声环境相对安静，以自然声为主导。在此区活动的老年人多是安静休息、赏景、摄影、与友人交谈等，氛围平和静谧。

3 结论与讨论

老年人对自然声的好感度得分比人文声要高；人文声中，老年人喜欢的声景依次是谈话声，儿童活动声，演出活动声，健身，运动声，广场舞音乐声；讨厌的有施工声、交通声、广播声、商贩叫卖声；在自然声中喜欢的依次是跌水声、溪流声、鸟类活动及叫声、喷泉声、风吹植物声、蛙鸣、蝉鸣、虫鸣。综合来看老年人最喜欢的声景要素是鸟类活动及叫声、跌水声、谈话声、儿童活动声及风吹植物声，在进行声景设计时，要根据老年人的喜好度进行相应的声景营造；声景要素的好感度与环境协调度呈高度正相关，即某种声景受老年人喜欢，那么它应该是与环境相协调的，自然声景要素的协调程度相比人文声景要素高，环境不协调的声景要素主要属于人文声；老年人对声景观的喜好度评价受文化水平影响较大，在进行声景设计的时候要考量公园的主要受众——老年人的文化程度，例如学府区声景设计要考虑较高文化水平老年人对声景观的心理需求。年龄及性别的影响相对较小，但高龄老年人更青睐安静平和的声环境，在进行声景营造时，动静分区要合理，要选择合适的声景类型。结合老年人游憩行为分析，以热闹、活力为主导特点的娱乐活动声景区，以自然、静谧为主导特点的自然声景区及以舒适、平和为主导特点的休闲声景区是老年人群集中活动的区域。两公园的声景空间布局与功能分区基本吻合，过渡声景区的存在使得园区声景空间衔接自然，但是分散的运动器械、园内外噪声的干扰对老年人的游园体验好感度造成了不同程度的减分。

根据声源特征，城市公园中的声景要素大体可以分为两种。动态声景元素是随时间变化而变化的，如鸟鸣声、昆虫声等自然声，以及使用者创造的声音，如跳舞、儿童游戏、露天音乐等，良好的空间景观设计可以创造动态声景要素；稳态声景要素则与景观元素相应，例如声音雕塑、水景、报时钟等[8]。对稳态声景要素，要根据老年人的心理倾向进行声景正、负设计；对动态声景要素，可以充分利用植被、水系对自然声的诱导；根据老年人游憩特点，设计合理的活动空间以诱导老年人青睐的人文声。在消噪降噪方面，可以限制施工时间，利用树林带[2]、动水[9]等作为公园的声屏障。进行整体规划时，要进行声景的功能划分，合理规划动、静声景区，注重对声景空间尺度的把握。

孟琪、瞿飞等人在进行声景研究时也进行了关于某些个人属性方面差异对游客主观评价影响的初步探讨，通过对年龄分类研究，发现与中青年相比，老年人（60岁以上）对声音的容忍度及适应性较差[5]，但研究结果仅限于将老年人与儿童、中青年人进行横向比较；本研究采用主观评价的方法深入老年人群内部，以老年人为调查主体，通过纵向分类对比调查，深入了解老年人对声景观的心理倾向，探讨了老年人群体内年龄层次、文化水平及性别等个人因素对其主观好感度的影响，并结合老年人的游憩行为对老年人青睐的声景形式进行探讨，希望能够为老年活动区的景观设计提供新的思路，为老年人营造更为舒适健康的公园景观。

参考文献

[1] 陈建勇,胡娴婷,裴斐等. 中文版老年听力障碍筛查量表临床应用评价[J]. 听力学及言语疾病杂志,2015,23（5）:449-452.

[2] 葛坚,赵秀敏等. 城市景观中的声景观解析与设计[J]. 浙江大学学报（工学版）,2004,38（8）:994-999.

[3] 孟琪. 地下商业街的声景研究与预测[D]. 哈尔滨工业大学,2010.

[4] 秦华,孙春红. 城市公园声景特性解析[J]. 中国园林,2009（7）:28-31.

[5] 瞿飞. 海口综合性公园声景调查与研究[D]. 海南大学,2014.

[6] 宋秀华. 声景观在园林中的应用进展[J]. 现代园林,2014,11（4）:71-74.

[7] 汪国庆. 筛选型老年听力残疾量表中文版的研译及初步应用[D]. 泸州医学院,2014.

[8] 王丹丹. 城市公园声景观声景元素量化主观评价研究[D]. 天津大学,2007.

[9] 武倩倩,宋秀华. 城市动水声遮蔽效应分析[J]. 华中建筑,2016（10）:63-67.

[10] 瞿秀云,刘博,张玉和等. 老年听力障碍筛查量表在老年性聋调查中的应用与相关性分析[J]. 中国耳鼻咽喉头颈外科,2016,23（1）:27-30.

[11] 张运吉. 老年人公园利用的研究——以济南与泰安为例[D]. 山东农业大学,2009.

[12] American Speech-Language-Hearing Association.Guidelines for the identification of hearing impairment/handicap in adult/elderly persons[J]. ASHA,1989,31:59-63.

[13] Huang Q,Tang JG. Age-related hearing loss or presbycusis[J].European Archives of Oto-Rhino-Laryngology,2010,267（8）:1179-91.

附录：

修改版 CHHIE-S 量表

本量表的目的是了解您是否存在听力问题，以便安排您作进一步的准确判断，请务必根据提问，仔细回答每一个问题，勾出选择答案，如果您佩戴助听器，请回答在您使用助听器后的情况，请在10分钟之内完成整个量表内容。

姓名：　　　　性别：男　女　　　年龄：

文化程度：专科以下　　专科及以上

项目：是（4分），有时（2分），从不（0分）

1. 当你遇见陌生人时，听力问题会使你觉得难堪吗？

2. 和家人谈话时，听力问题使你觉得难受吗？

3. 如果有人悄声和你说话，你听起来困难吗？

4. 听力问题给你带来一定残疾吗？

5. 当你访问亲朋好友、邻居时，听力问题会给你带来不便吗？

6. 因听力问题，你经常不愿意参加公众聚会活动吗？

7. 听力问题使你和家人有争吵吗？

8. 当你看电视和听收音机时，听力问题使你有聆听困难吗？

9. 听力问题是否影响、限制和阻挠你的社会活动和生活？

10. 在餐馆和亲朋吃饭时，听力问题让你感到困惑吗？

▶ 园林文艺与评价
▶ Garden Art, Culture and Evaluation

现代园林 2017,14(1):25—32.
Modern Landscape Architecture

五台山风景名胜区景观视觉综合评价
Visual Comprehensive Evaluation of Scenic Areas Landscape in Wutai Mountain

▶ [1,2] 张玮 [3] 李喜民 * [1] 郭晋平 *
▶ [1,2]Zhang Wei, [3]LI Ximin*, [1]Guo Jinping*

[1] 山西农业大学城乡建设学院，太谷 030801；[2] 山西农业大学林学院，太谷 030801；[3] 山西省城乡规划设计研究院，太原 030000
[1]College of Urban and Rural Construction, Shanxi Agricultural University, Taigu 030801; [2]College of Forestry, Shanxi Agricultural University, Taigu 030801; [3]Shanxi Academy of Urban & Rural Planning and Design, Taiyuan 030000

摘　要：风景名胜区内部城市化现象十分普遍，特别是景区观光游赏关键区域或线路周围，严重破坏整体景观视觉环境。本文以五台山风景名胜区为研究对象，针对景区内部景点数量多、分布范围广、地理环境复杂、视觉敏感性强等特点，尝试运用 GIS 技术，判别风景区内景观视觉的关键线路，并结合视觉敏感度分析和视觉吸收力分析方法，最终得到风景区景观视觉综合评价结果。该研究尝试运用数字景观技术，来丰富山岳型风景区在景观视觉评价上的理论研究，并构建风景区景观视觉评价体系，从而识别风景区内的视觉敏感区域,为未来风景区建设控制指引提供参考意义。
关键词：GIS；视觉敏感度；景观视觉评价；自然景观；数字景观技术

中图分类号：TU688　　　　文献标识码：A

Abstract: The urbanization phenomenon in scenic areas is very common, especially around the key areas or lines of sightseeing and touring, and the overall visual environment of landscape is damaged seriously. Regarding scenic areas in Wutai Mountain as the research object, we tried to apply GIS technology to some features in scenic areas such as a large number of scenic areas, a wide range of distribution, complex geographical environment and strong visual sensitivity and discriminated key roads of landscape vision. Finally, we got the comprehensive evaluation results on landscape vision, integrating visual sensitivity analysis with visual absorption capacity analysis. In this research, we tried to use digital landscape technology to enrich theory research on landscape visual evaluation in mountainous scenic spots and construct landscape visual assessment system of scenic spots in order to discern the visual sensitivity areas in scenic spots and provide references for the future scenic spots construction.
Key Words: GIS; visual sensitivity; landscape visual evaluation; natural landscape; digital landscape technology

　　风景名胜区是以具有美学、科学价值的自然景观为基础，融自然与文化为一身，主要满足人对自然的精神文化活动需求的地域空间综合体 [1]。作为旅游产业发展重要载体，其观光游览、休闲游憩功能得到了普遍和充分的认识，但其景观资源保护功能却往往被忽视，风景区景观资源的过度开发或不合理开发建设，导致风景区城市化、商业化问题严重，其实质是经济利益与资源保护之间的突出矛盾在空间结构上的

作者简介：
张玮 /1991 年生 / 男 / 山西晋中人 / 硕士 / 研三 / 山西农业大学城乡建设学院 / 研究方向为风景园林规划设计
李喜民（通讯作者）/1963 年生 / 男 / 山西阳泉人 / 山西省城乡规划设计研究院，院副总规划师、院专家工作室主任、高级规划师
郭晋平（通讯作者）/1963 年生 / 男 / 山西原平人 / 山西农业大学城乡建设学院教授，博士生导师 / 山西农业大学城乡建设学院
收稿日期　2016—11—17　接收日期　2016—12—22　修定日期　2016—12—20

集中体现[2]。特别是围绕风景区交通沿线轴向延伸的建设项目与风景区环境风貌不协调，严重影响风景区交通沿线及风景区整体视觉环境[3]。解决这一问题就需要在风景区整体景观空间上进行协调开发建设与保护。

但是，传统景观视觉评价方法主要依靠定性的主观视觉感知指标，视觉关键线路的选择依靠实地踏勘，不仅筛选过程复杂且效率低下，难以覆盖景区的全部范围，加之视觉感知具有抽象性特征，评价标准也很难统一[4]。

运用 GIS 技术的空间分析工具能够有效处理复杂的地形因素，整合各类视觉影响要素，有助于克服单纯依靠景观美学视觉感知方法的不足，得到更全面和准确的景观视觉综合评价结果[5]。汤晓敏等运用 GIS 的视域分析工具对长江三峡重庆段的关键流域进行敏感度分析[6]，覃婕等利用 GIS 的坡度和缓冲区分析功能对森林公园中各个小班的林业资源观测进行了可视程度的分析[7]，齐增湘[8]、明慧[9]、李俊英[10]等在自然山体观赏、森林景观、生态旅游景观的评价工作中也应用了 GIS 技术。可见，面对山岳型风景名胜区地理环境多变、视觉敏感度高等特点，探索 GIS 技术在风景名胜区景观视觉敏感性分析中的应用，是拓展和完善景观视觉评价技术的有效途径。因此，建立基于 GIS 空间分析技术的景观视觉综合评价体系，实现景观视觉关键线路判别、景观视觉敏感性评价和景观视线敏感区域划分，对指导风景区规划和建设实践具有非常重要的现实紧迫性。

五台山风景名胜区作为世界遗产地，拥有优质的自然生态基础，荟萃了丰富的佛教文化、建筑艺术、地质遗迹等众多景观资源，具有非常高的视觉观赏价值，如果在发展过程中，对景观视觉环境缺乏有效保护，很容易对风景名胜区景观感知过程造成严重破坏。本文针对风景区新版规划范围调整后景点数量、游览线路等的变化，探索运用 GIS 技术建立数字化景观视觉综合评价体系的途径，并对风景区优质景观观赏线路和视觉敏感区域进行判别与评价，为风景区景观视觉评价研究提供范例，为风景区各类规划和建设提供依据。

1 研究区域概况

五台山风景名胜区位于山西省东北部，地处忻州市五台县与繁峙县交界，风景区范围内最高海拔3061m，落差最大2437m，素有"华北屋脊"之称。其复杂的地理特征与多变的气候条件造就了丰富的自然生态资源。五台山风景名胜区是以文化景观遗产、文物古迹、地质遗迹为核心资源，以山岳景观与建筑和佛教文化完美共生为主要景观特征，以宗教朝圣、观光游览、生态休闲、科研与教育为主要功能的山岳类国家级风景名胜区和世界遗产地。新版五台山风景名胜区总体规划范围面积总计607.43km²，包括台怀景区592.88km²，佛光寺景区14.44km²，界线外11处独立景点面积总计0.11km²。本次研究的空间范围仅包括台怀景区（图1）。

基于五台山风景胜区总体规划和各类自然保护区保护规划，以及历史文物古迹保护规划等的有效实施，风景区内现存的文化景观、文物古迹、地质遗迹三类重要资源的本体保护状况良好。但随着风景区旅游产业不断发展，也随之产生了一些威胁因素，包括风景区内外采矿业对地质资源和自然环境的破坏；居民聚集地扩张；旅游服务设施过度建设等，对核心景区文化景观遗产和文化氛围造成了严重冲击；寺庙内外私搭乱建，对寺庙文物建筑及其环境的真实性、完整性带来的负面影响等。这些问题都对五台山风景区的整体视觉环境造成影响。

2 研究方法

本次研究借鉴了国内外相关的理论研究与实践成果，综合利用景观视觉吸收力评价、视觉敏感度评价、层次分析法等方法构建视觉综合评价体系，并针对山岳型风景区内景源数量众多、类型丰富、地形地貌复杂等特点，结合研究区域视觉环境突出问题与评价目的对评价体系进行改进和修正，构建视觉综合评价体系，得到山岳型风景区景观视觉质量评价结果。

2.1 景观视觉关键线路的判别

景观视觉关键线路指区域内对优秀景观资源拥有良好视线关系的重要观景点或观景线路，判别关键线路是景观视觉评价的基础环节。基于 GIS 技术的空间分析工具，建立数字化景观资源和景观线路数据库，并利用视域分析工具，对景区内资源点可见数量较高的位置进行可见度识别，再与风景区规划道路进行叠加分析，从而确定风景区景观视觉的关键线路。

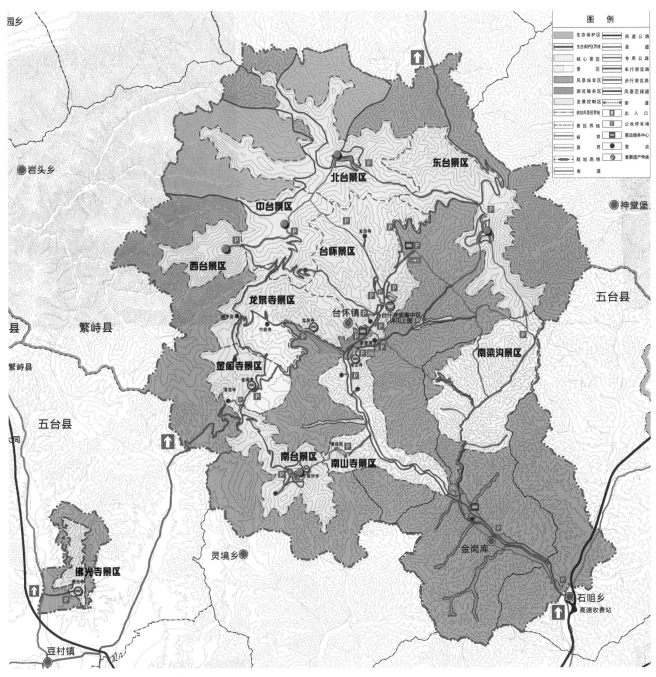

图1　新版五台山风景名胜区规划总图

2.2　评价指标选取和分级赋值

　　在风景区内，景观视觉综合评价应包括两个方面的内容，一方面是针对景源本身，指其在所有景观中的受关注程度，这与其本身的地理位置、形态特征以及游客观景位置有很大的关系，即视觉的敏感度[11]；另一方面是针对风景区的地形地貌环境，指局部环境在整体环境中的视觉融合程度，这与景观所处区域的

地貌特征相关，即视觉吸收力强度。因此，本研究的景观视觉综合评价指标包括景观视觉敏感度和视觉吸收力两类。

　　（1）景观视觉敏感性指标

　　景观视觉敏感性指标具体反映包括景源的可见程度、清晰性、易观察性等特征，本研究具体采用相对坡度、视觉频率、视觉距离3个因子。相对坡度分

表 1 景观视觉综合评价体系表

中间层	权重	指标层	权重	分级标准	赋值
视觉敏感度	0.75	坡度	0.25	大于30°	3
				15°~30°	2
				小于15°	1
		视距	0.38	小于500m	3
				500m~1500m	2
				大于1500m	1
		视频	0.12	大于60%	3
				25%~60%	2
				小于25%	1
视觉吸收力	0.25	坡向	0.15	南向	3
				东向和西向	2
				北向	1
		地形起伏度	0.10	14~179m	3
				179~250m	2
				250~531m	1

为大于30°、15°~30°、小于15°三级[12]；视觉频率按照线路的可见性百分比，利用自然裂点法分为大于45%、20%~45%、小于20%三级[13,14]；视觉距离分为小于500m、500~1500m、大于1500m三级[15]。按照敏感程度由高到低，各因子分级指标的赋值见表1。

（2）视觉吸收力指标

视觉吸收力指标是指景观在保证总体视觉环境的质量稳定的基础上，对自然环境变化的耐受能力[16]，在山岳型风景区内主要表现为地形要素，视觉吸收力越强的区域，其整体环境的地形复杂程度越高，对视觉环境改变的敏感程度也就越小。

本研究选择坡向、地形起伏度两个地形因子作为视觉吸收力的评价指标。其中，将坡向划分为北向、东向与西向、南向三个等级，将地形起伏度分为14~179m、179~250m、250~531m三个等级。因为本次研究是为了分析风景区内景观视觉敏感度强弱、识别视觉环境承载力脆弱的区域，因此，按照因子分级标准对视觉吸收力的各项指标因子进行逆向赋值，即视觉吸收力强的区域赋值较低，相反，视觉吸收力弱的区域赋值较高（表1）。

2.3 指标权重的确定

采用AHP层次分析法对两个中间层因子以及各个指标层因子进行矩阵判断，最终确定各个因子之间的权重，其值的大小体现了因子在景观视觉评价体系中的重要程度。最终完成景观视觉评价体系的构建（表1）。

3 景观视觉综合评价

3.1 景观视觉关键线路判别

3.1.1 景观资源点和道路选择

五台山风景名胜区资源以文化景观遗产、文物古迹、地质遗迹等为核心资源特色，景观资源类型丰富，数量众多。新版规划根据《风景名胜区规划规范》GB50298-1999对各类资源进行分类评价，筛选出人文景点85个、自然景点56个，共计141个景点，最终分为包括特级景点在内的五个级别。本次研究区域为五台山风景区——台怀片区范围，不包含佛光寺片区，在景观视觉评价时对非物质类景源无法进行分析，且由于景点数量众多，因此仅选择台怀片区内级别较高的特级、一级、二级（物质类）景观资源

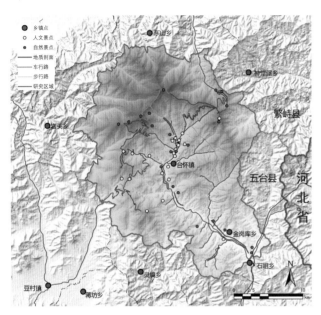

图 2　景点及道路分布图

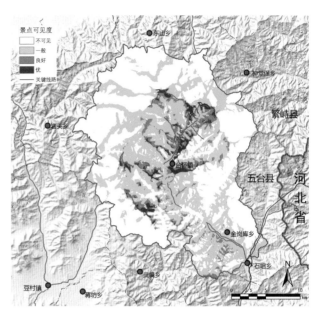

图 3　景点可见度分级示意与景观视觉关键线路判别图

图 4　坡度等级图

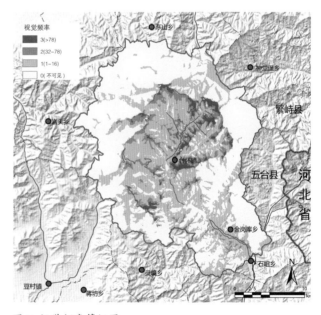

图 5　视觉频率等级图

作为研究对象，包括自然景点 32 个（其中包含 8 段地质剖面）、人文景点 29 个，共计 61 个景点。并选择新版风景区规划全部道路交通（包括车行路和步行路）作为研究对象，在进行数字化后导入 GIS 系统，建立风景区景观资源点和道路交通数据库（图 2）。

3.1.2　景观资源点视域分析

　　运用 GIS 视点分析技术，将 61 处资源点数字化后的矢量数据作为观测点，视点高度设定为 1.5m，

对风景区 DEM 数字高程模型进行可视性分析，得出资源点所能看到风景区范围内区域的栅格数据集，根据视通性原理，所得范围即为风景区对于全部资源点的可视区域。在得到可视区域之后，对数据进行分析，以能够观测到景点的数量占全部景点的百分比大小为依据，对区域进行景点数量可见度分级。其中，将风景区可见资源点数量占比大于 40% 的区域定为可见度优秀区域，将可见资源点数量占比在

表 2 景观视觉综合评价分区统计表

视觉敏感等级	高敏感区	中敏感区	低敏感区
面积（km²）	12.86	336.86	243.16
比例（%）	2.21	56.82	40.97

16%~40% 的区域定为可见度良好区域，将可见资源点数量占比小于 16% 的区域定为可见度一般区域，剩余区域可见景点数量为 0，即为不可见区域，从而得到风景区景点可见度分级图（图 3）。

3.1.3 关键线路判别

将风景区规划道路与风景区景点可见度分级图进行叠加分析，选择位于景点可见度等级较高区域内的路段，最终作为五台山风景区的景观视觉关键线路（图 3）。

3.2 景观视觉单因子评价

3.2.1 景观视觉敏感度单因子评价

（1）相对坡度

运用 GIS 的空间分析工具，按照坡度因子的分级标准，对 DEM 数字高程模型进行坡度计算和等级赋值，得到相对坡度等级图（图 4）。

（2）视觉频率

本文中为了实现风景区对关键线路可见性视觉频率分析，使用 GIS 进行视觉累积量的计算作为分析方法，获得关键线路的可视区域栅格数据[14]。首先利用

GIS 对关键线路进行视觉水平的量化，即每隔 100m 作为一个观测点，景观被观测点可视的次数越高，则视觉频率越高。运用 GIS 视域分析功能，对量化后景观视觉关键点进行可见性分析，计算风景区范围内对所有观测点的可见性累积量，并按照视觉频率因子的分级标准，得到视觉频率等级图（图 5）。

（3）视觉距离

运用 GIS 的多环缓冲区工具，按照视距的分级标准作为三级缓冲距离，对量化后的景观视觉关键点进行缓冲区分析，得到视觉距离等级图（图 6）。

3.2.2 视觉吸收力单因子评价

（1）坡向

运用 GIS 技术空间分析工具对 DEM 高程数据进行坡向分析，并利用重分类工具进行分级与赋值，得到坡向等级图（图 7）。

（2）地形起伏度

利用 GIS 空间分析中的邻域分析工具，以 17×17 像元的矩形作为模板[17]，对 DEM 高程数据进行焦点

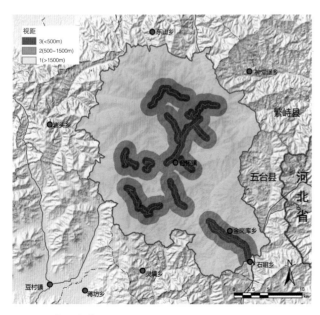

图 6 视觉距离等级图

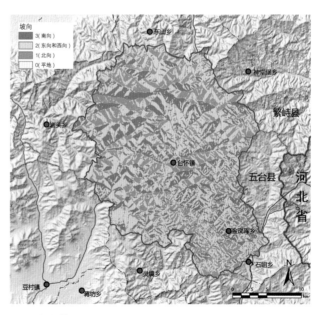

图 7 坡向等级图

图 8 地形起伏度等级图

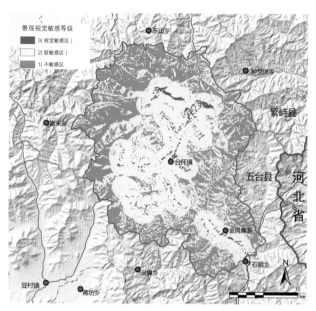

图 9 景观视觉综合评价图

统计的邻域分析，计算邻域范围的高程的最大值和最小值栅格数据集，并利用栅格计算器取得两者之差，得到地形起伏度等级图（图 8）。

3.3 景观视觉综合评价分区及其特点

3.3.1 景观视觉综合评价分区

根据已经明确的视觉敏感度、视觉吸收力评价结果及各个因子自身权重，利用 GIS 空间分析工具的 Reclassify 功能进行加权叠加，得到五台山风景区景观视觉综合评价结果（图 9），共分为高、中、低三级视觉敏感区域，各区域面积与所占比例见表 2。

3.3.2 分区特点

对分区结果进行分析，得出各景观视觉敏感区域的特点如下：

（1）高敏感区：从研究结果可以看出，敏感性最高的区域面积最小，面积为 12.86km²，仅占研究区域总面积的 2.21%。主要分布在关键线路 500m 缓冲区范围之内，如石砂线旅游公路石咀乡至东台顶两侧以及五个台顶之间的步行连接线路两侧。这些地段的主要特征是与风景区游赏线路的视觉距离较近，极易受到沿线游客的观察；同时道路两侧地形起伏度较低，山体舒缓平远，视线通过性较好，因此视觉敏感性较高；还有少部分分布在景点密集区域，如台怀寺庙集中区、黛螺顶、南山寺等景点附近，这

些区域与大量景观资源相邻，视觉频率多在 45% 以上。

（2）中度敏感区：中度敏感区的面积最大，包含核心景区的主要区域，总面积为 336.86km²，占研究区域的 56.82%。区域主要围绕在景点密集区周边以及关键线路的二级缓冲范围内，地形起伏度相较高敏感区略高，与关键线路之间并没有复杂地形遮挡；其余区域零散分布在海拔较高的山脊线和山体之上，其坡度较高且面朝南向，作为景观视线的背景层容易被游赏者观察。

（3）低敏感的区：总面积为 243.16km²，占总面积的 40.97%。主要分布在核心景区外围、非关键线路的道路缓冲范围以及一些地形起伏较大的沟谷之中。这些区域大多处于风景区的边缘以及山体阴坡，周围景点较少，交通线路缺乏，且地形地貌复杂多变，游客一般难以到达，更不便于观察。

4 结论

（1）以风景区内道路沿线城市化现象带来的视觉环境破坏问题为切入点，研究通过对景观资源点进行视域分析来判别风景区景观视觉关键线路，并在传统景观资源评价研究的基础之上，针对山岳型风景名胜区地理环境多变、视觉敏感度高等的特点，引入了视

觉敏感度分析与视觉吸收力分析研究成果中的相对坡度、视觉距离、视觉频率因子与坡向、地形起伏度因子，采用分级赋值和层次分析方法，确定评价因子的三级分级标准和各因子之间的权重分配，建立了一套适合山岳型风景名胜区的景观视觉综合评价方法。

（2）以五台山风景名胜区为案例，通过梳理新版五台山风景名胜区总体规划中重要景观视觉资源和道路资源，运用GIS技术的视域分析工具进行景观资源点可视性分析，判别风景区景观视觉质量的关键线路。根据已明确的视觉综合评价方法，对五台山风景区地貌特征和关键线路判别结果进行视觉敏感度分析和视觉吸收力分析，按照评价指标分级标准和权重，运用GIS空间分析技术对评价因子进行定量化运算，并对评价结果进行加权叠加，成功识别风景区内高、中、低三级景观视觉敏感区域。通过对景观敏感区域特征进行分析，最终获得五台山风景名胜区景观视觉综合评价结果。

本文运用数字景观技术构建山岳型风景区景观视觉评价体系，丰富了景观视觉评价的理论研究成果，并运用其成功实现对五台山名胜区景观视觉敏感区域的判别，从景观视觉质量评价角度为五台山风景名胜区资源保护和合理开发利用提供技术支撑，并希望通过此研究为进一步落实总体规划以及其他山岳型风景区保护规划和建设管理提供有效依据。

参考文献

[1] 贾建中,邓武功.城市风景区研究（一）——发展历程与特点[J].中国园林,2007,23（12）:9-14.

[2] 陶一舟,严国泰.风景名胜区城市化问题及其规划对策研究——以安徽太平湖风景名胜区为例[J].华中建筑,2012,30（06）:133-135.

[3] 周年兴,俞孔坚.风景区的城市化及其对策研究——以武陵源为例[J].城市规划学刊,2004（1）:57-61.

[4] 贾翠霞.基于GIS和遥感的景观视觉资源评价[D].西安建筑科技大学,2010.

[5] 裘亦书,高峻,詹起林.山地视觉景观的GIS评价——以广东南昆山国家森林公园为例[J].生态学报,2011,31（4）:1009-1020.

[6] 汤晓敏,王云,咸进国等.基于RS-GIS的长江三峡景观视觉敏感度模糊评价[J].同济大学学报（自然科学版）,2008,36（12）:1679-1685.

[7] 裘亦书,高峻,詹起林.山地视觉景观的GIS评价——以广东南昆山国家森林公园为例[J].生态学报,2011,31（4）:1009-1020.

[8] 齐增湘,徐卫华,肖志成.基于GIS的秦岭山系视觉景观评价[J].广东农业科学,2012,39（11）:15-18.

[9] 明慧,张夸云,赵林森等.基于GIS的昆明市海口林场森林景观视觉敏感度评价[J].林业调查规划,2016,41（1）:11-16.

[10] 李俊英,胡远满,闫红伟等.基于景观视觉敏感度的棋盘山生态旅游适宜性评价[J].西北林学院学报,2010,25（5）:194-198.

[11] 覃婕,周志翔,滕明君等.武汉市九峰城市森林保护区景观敏感度评价[J].长江流域资源与环境,2009,18（5）:453-458.

[12] US Department of the Interior-Bureau of Management Manual H-8410-1-visual resource inventory[EB/O L] .[2007-05-23].

[13] 俞孔坚.景观敏感度与阈值评价研究[J].地理研究,1991,10（2）:38-51.

[14] 旷莉珠.峡谷型风景区景观视觉敏感度评价研究[D].西南大学,2015.

[15] 裘亦书.基于GIS技术的景观视觉质量评价研究[D].上海师范大学,2013.

[16] 帕特里克·米勒,姜珊.美国的风景管理:克莱特湖风景管理研究[J].中国园林,2012,28（3）:15-21.

[17] 陈学兄,毕如田,刘正春等.基于ASTER GDEM数据的山西地形起伏度分析研究[J].山西农业大学学报（自然科学版）,2016,36（6）:417-421.

现代圆林 2017,14(1):33—39.
Modern Landscape Architecture

基于低影响开发的东莞市小山小湖保护利用模式
The Protection and Utilization Mode of Small Hills and Lakes Based on Low Impact Development

▶ 梁笑琼 陈明辉
Liang Xiaoqiong, Chen Minghui

东莞市地理信息与规划编制研究中心，东莞 523129
Dongguan Geographic Information & Urban Planning Research Center,Dongguan 523129

摘　要：东莞市针对生态线外、城市建成区内的自然山体和河涌水体开展"小山小湖"保护利用工作。对小山小湖的景观格局分析表明，小山小湖总体景观破碎度高、分布较均匀。为了保护小山小湖资源，提倡利用小山小湖建设社区公园，建设社区公园时结合小山小湖的分布特点及景观特点，采用低影响开发模式，依据原有地形、绿地和水景，布置源头分散式的雨水处理设施，达到雨水管理和景观保护的目标。
关键词：山水资源；社区公园；绿地；水景；景观格局分析
中图分类号：TU986　　　　文献标识码：A

Abstract: The Dongguan government has taken some measures to protect and utilize the natural hills and lakes outside the basic ecological lines and inside the construction area of the city. The results of landscape pattern analysis of small hills and lakes show that the overall fragmentation degree is high and the distribution is even. To protect the natural resources, we advocate to employ the low impact mode to construct community parks combining the distribution and landscape characteristics. According to the natural topography, green landscape and waterscape, rainwater treatment facilities are placed separately at the source of surface runoff to achieve the objective of rainwater management and landscape protection.
Key Words: resources of hills and lakes; community garden; green space; waterscape; landscape pattern analysis

东莞市位于广东省中南部，改革开放以来，依赖"外源经济＋社区股份合作制＋外来人口"这种传统的经济模式取得经济的巨大发展，但目前东莞的资源环境承载能力接近上限，建设用地开发强度已接近50%的警戒线。东莞市政府在城市建设过程中始终注重生态保护，于2008年在全市2466.10km^{2}的市域面积内划定1103.58km^{2}生态控制线范围，占市域面积44.75%。2014年为保护全市生态控制线范围以外，城市建成区内具有生态、景观、休闲利用价值的自然山体和河涌水体，东莞市启动"小山小湖"的保护利用工作。"小山"指山体特征明显、现状植被良好的小山体，"小湖"指小河涌和常水位面积大于1000m^{2}的基塘和湖。

作者简介：
梁笑琼/1986年生/女/广东东莞人/同济大学环境工程硕士/环境工程工程师/东莞市地理信息与规划编制研究中心/研究方向为城市生态环境规划
陈明辉/1978年生/湖南东安人/中山大学博士/教授级高级工程师、注册规划师/东莞市地理信息与规划编制研究中心/研究方向为城市规划研究
基金项目　住房和城乡建设部2015年科学技术项目，基于RS和GIS的城市"小山小湖"生态资源识别、评估与管护研究（编号：2015-K8-026）
收稿日期　2016-10-28　接收日期　2017-03-15　修定日期　2017-03-27

东莞市小山小湖保护利用工作主要分为两步，第一步是采用遥感摸查技术对全市的小山小湖进行摸底调查，然后结合土地现状和各镇街的发展诉求，将资源禀赋良好的小山小湖资源登记造册，形成《东莞市小山小湖保护名录》；第二步是为实现小山小湖的长效保护，提倡利用小山小湖资源建成社区公园，达到在利用中保护的目的，同时为广大市民提供优良的公共开放空间和休闲活动场所。

海绵城市建设强调生态优先，城市开发建设应保护河流、湖泊、湿地、坑塘、沟渠等水生态敏感区，优先利用自然排水系统与低影响开发设施，实现雨水的自然积存、自然渗透、自然净化和可持续水循环[1]。小山小湖开发建设积极响应海绵城市的建设理念，建设小山小湖社区公园时秉承低影响开发的建设理念，从源头控制径流的产生[2]，在建筑、铺装、道路、停车场等场所采用低影响开发雨水利用设施，如透水铺装、绿色屋顶、下沉式绿地、生物滞留设施、渗透塘、渗井、湿塘、雨水湿地、蓄水池、雨水罐、调节塘、调节池、植草沟、渗管/渠、植被缓冲带、初期雨水弃流设施、人工土壤渗滤等[3]，建成城市中的小海绵体。

1 小山小湖低影响开发的可行性

1.1 低影响开发雨水景观工程

任何形式的场地开发都会带来雨水径流的增加，径流是应该受到重视的问题。水是景观规划的一个中心环节，也是重要的景观要素。水系统可以将各种景观要素相衔接，低影响开发的理念和技术涉及水资源保护利用、非点源污染控制、洪涝灾害控制、基础设施建设和城市环境保护等多个方面，与场地景观的规划设计有着密不可分的关系。由于低影响开发雨水利用设施利用园林植物和渗透性土壤的双重作用收集、净化或下渗来自硬质铺装的雨水，即便在绿地面积有限的城市建成区也能够创造出景观优美、富于生物多样性的多功能景观[4]。

低影响开发与场地景观规划相结合[5]可以提高景观的功能性，同时在设计中统筹相关专业（总图专业、景观专业、给排水专业等），提高场地用地规划的兼容性，保护环境，调节场地微气候，提高生物多样性。

1.2 低影响开发与绿地

城市绿地作为生态系统的一部分、作为城市用地的一种类型，自身承担着改善生态环境、美化城市风貌的职能。城市绿地是最好的渗透设施，是通过地表渗透或者辅助设施使雨水下渗至浅表土壤以及地下水层，使雨水得以利用的方式。城市绿地系统可有效地控制雨水径流量、实现对雨水的回收再利用，因此城市绿地系统在海绵城市体系中承担重要作用。

我国现行的城市绿地分类标准将城市绿地分为五大类，分别是公园绿地、生产绿地、防护绿地、附属绿地及其他绿地，不同类型的城市绿地在海绵城市体系中可承担不同的功能。其中公园绿地具有较为稳定的生态系统与丰富的游憩功能；公园绿地的斑块数量虽少于附属绿地，但是在绿地规模上却占有绝对优势，对于周边区域的辐射作用也较为明显；公园绿地可分为综合公园、社区公园、专类公园、带状公园与街旁绿地，绿地形态十分丰富，包含点状、线状及面状。因此，公园绿地可同附属绿地相结合，共同控制雨水径流量，同时也可以作为"暴雨花园"控制雨水峰值流量[6]。

1.3 小山小湖的保护利用采用低影响开发模式的可行性

从小山小湖的本质来看，小山为城市的绿地，小湖为城市的水体，既可收集雨水，又可进行雨水净化和渗透，是城市景观中不可缺少的部分。从小山小湖的景观格局分析结果来看，小山小湖的分布破碎，较为均匀，分散在建筑与小区旁边，可就近吸纳周边建筑、铺装、道路、停车场等不透水地面产生的雨水径流，从源头上处理雨水径流，符合低影响开发采取源头小规模、分散式的控制措施的原则。相关研究表明，城市绿地空间可以减少城市雨水径流，绿地斑块面积、聚集指数的增加能增大城市雨水径流的削减能力[7]。在小山小湖的具体开发利用过程中，结合小山小湖周围的建筑与小区，把小山小湖与周边环境视为一个整体进行设计，保持小山小湖原有景观特色的同时发挥小山小湖对雨水的控制功能。

2 东莞市小山小湖的分布特点和景观格局分析

2.1 小山小湖的分布特点

东莞具有优良的山水格局，南部是莲花山系，北部是东江水网，西部是狮子洋；同时有丰富的生态资

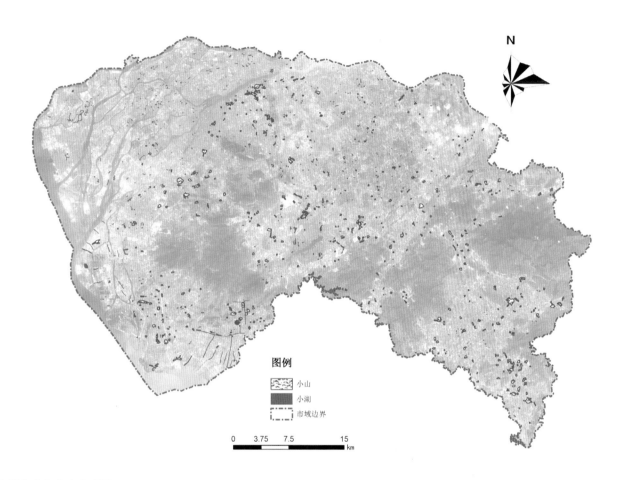

图 1　东莞市小山小湖分布图

源，已划定的基本生态控制线涵盖森林、自然保护区、饮用水源保护区等。由于生态线划定时主要遵循维系自然生态的完整性、连续性的原则，划定的基本都是规模较大的山水资源，生态线外的坡度较缓的小山、分布较零散的小湖则是本次小山小湖保护利用工作的重点目标对象，它们是生态线内大山大水的延续。

目前纳入保护名录中的小山小湖共有约 1280 处（图 1），总面积共 28.70km²，占市域面积的 1.16%。小山的面积范围是 2523~546226m²，平均面积是 10694m²；小湖的面积范围是 709~214854m²，平均面积是 10694m²。小山小湖分散在生态控制线外的城市建成区内，邻近建筑与小区，在居民慢行 500m 的可达范围内（图 2）。

2.2 小山小湖景观格局分析

根据东莞市小山小湖遥感摸查的初步成果，对全市小山小湖资源进行景观格局分析，从定量分析的角度分析小山小湖的分布规律。

东莞市 2014 年生态控制线外"小山小湖"生态资源中山体的斑块（NP）较少，只有 1108 个，但面积（CA）较大，约为 6999.27km²，占东莞市 2014 年生态控制线外"小山小湖"生态资源（PLAND）的 61.26%，是东莞市生态资源类型的优势斑块。从斑块密度（PD）来看，水体的平均斑块密度（PD）最大，为 20.88，表明水体斑块的连通性较差，破碎化程度较高，破坏了生态资源类型间斑块的连接度和连通性。而且，根据景观形状指数（LSI），水体的 LSI 值比山体要大，表明水体受人类活动的影响较大，较易被社会因素所影响。山体的平均斑块面积（MPS）最大，为 6.32hm²，且其平均欧氏邻近距离（MENND）最大，为 231.99，说明自然山体斑块较大且分布间隔较大。此外，两类生态资源平均分形维数（MPFD）较为相近，说明自然山体和河涌水体形

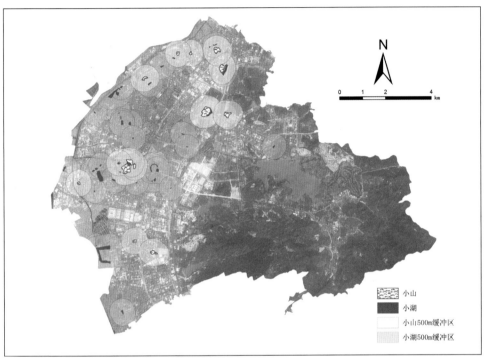

图 2 东莞市厚街镇小山小湖 500m 缓冲区图

图例：小山 / 小湖 / 小山500m缓冲区 / 小湖500m缓冲区

表 1 东莞市 2014 年生态控制线外"小山小湖"生态资源类型级别景观指数

城市自然资源	斑块数量（NP）	斑块类型面积（CA）	斑块面积比（PLAND）	平均斑块密度（PD）	景观形状指数（LSI）	平均斑块面积（MPS）	平均欧氏最近邻距离（MENND）	平均斑块分维数（MPFD）
小山	1108	6999.27	61.26	9.70	44.20	6.32	231.99	1.08
小湖	2386	4425.90	38.74	20.88	55.59	1.85	227.49	1.09

表 2 东莞市 2014 年生态控制线外"小山小湖"生态资源景观级别景观指数

斑块个数（NP）	平均斑块密度（PD）	景观形状指数（LSI）	平均斑块面积（MPS）	平均斑块分维数（MPFD）	平均欧氏最近邻距离（MENND）	景观丰度（PR）	香农多样性指数（SHDI）	香农均度指数（SHEI）
3494	30.58	68.49	3.27	1.08	228.9	2	0.67	0.96

状的复杂程度相似，并且两者的 MPFD 值都非常接近 1，说明这两类生态资源用地类型都较容易受人类活动及社会因素的影响。

将两类生态资源作为整体进行分析，小山小湖的平均斑块密度（PD）为 30.58，且平均欧氏最近邻距离（MENND）也达到了 228.9，说明其破碎化程度很高。景观形状指数（LSI）较大，达到 68.49，且平均斑块分维数（MPFD）也较小，为 1.08，非常接近于 1，说明东莞市生态控制线外小山小湖生态资源整体受人类活动的影响非常大。其平均面积（MPS）并

不小，为 3.27hm²，说明其面积的分异较大。斑块在景观中的分布状况由香农均匀度指数（SHEI）说明，SHEI 的值为 0.96，较为接近 1，表明这两种斑块类型中没有明显的优势斑块，分布较为均匀。香农多样性指数（SHDI）作为能反映景观异质性的指标，特别对景观中各斑块类型非均衡分布状况较为敏感，能够比较和分析不同景观或同一景观不同时期的多样性与异质性变化，其值为 0.67，反映了所涉及的土地利用类型较少。

从全市的景观格局角度看，小山小湖的分布破

图 3 麻涌镇大步村小山小湖社区公园现状图

图 4 麻涌镇大步村小山小湖社区公园排水图
图片来源：走进香飘四季 – 大步村（园建＋水电＋绿化）
施工图

碎，分布较为均匀，因在城市建成区中，受人类活动影响大。

3 基于低影响开发观念的小山小湖保护利用模式

东莞市政府对小山小湖社区公园的建设总体提出"三多三少"的建设原则，一是"多新建，少翻新"，二是"多自然，少建筑"，三是"多文化，少装饰"。在社区公园中采用低影响开发模式时需要重点考虑以下问题：总体布局、场地原有的自然水文状况、污染源、雨洪利用等[8]。

3.1 小山小湖社区公园整体布局及竖向的设计方法

小山小湖社区公园应依据小山小湖自身的资源特色，结合周边的自然环境和人文环境进行设计，最大程度地保留小山小湖原有的景观特点，做到依山而立，临水而建。充分利用原有绿地、水景等地形布置低影响开发雨水设施，因地制宜地确定建筑、道路的竖向位置，合理地组织地面排水，解决场地内外的高程衔接，建筑、道路、不透水铺装等不透水区域应布置于高地，以有助于雨水排向低洼区。尽量沿用原有的排水路径，使雨水尽可能在小山小湖范围内就地处理，基本不外排，若有条件消纳周边雨水的还可以接纳周边

的客水，通过渗、滞、蓄、净、用、排等多种技术实现雨水管控的目标[9]。广场和路径的铺装应首选透水铺装，以利用自然土壤的蓄水力。图 3 中的麻涌镇大步村小公园，因麻涌镇属于东莞市的水乡地区，河塘密布，当地的小山小湖资源以小湖为主，小湖可接纳周边广场和周围居民住宅区的雨水径流[10]（图 4）。

3.2 小山小湖社区公园绿地的设计方法

绿地是城市中最主要的透水面形式，是维持城市

图 5 横沥镇田头村公园生态排水沟

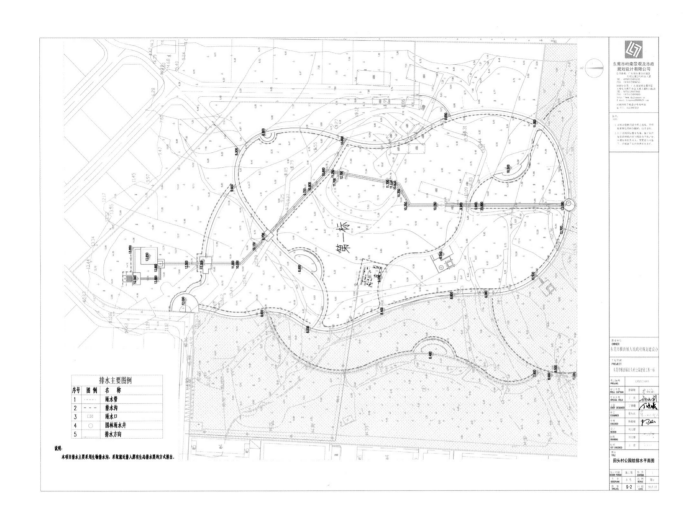

图6 横沥镇田头村公园给排水平面图（本图来自：走进香飘四季—大步村（园建＋水电＋绿化）施工图）

生态环境最重要的手段，也是雨水最好的渗透场所。影响雨水下渗的主要因素有土壤的特性、降水强度、历时、降水时程分配、植被条件、地形条件等，而绿地设计则需要通过调整竖向设计、增加植物覆盖以及利用其他技术措施来降低暴雨径流的流速、流量，延长滞留时间，改善绿地土壤的渗透条件，从而增加雨水的入渗量[11]。社区公园的绿地应针对"点—线—面"不同形式的绿地进行不同的设计。较小绿地可设计成景观欣赏度高的雨水花园，消纳周边的雨水；公园内的建筑物屋顶应建成绿色屋顶。公园内的路径边缘采用植草沟代替传统的排水沟渠，形成公园中的雨水排放绿道，在完成输送排放功能的同时满足雨水的收集及净化处理的要求[12,13]。如图5、图6中的横沥镇田头村公园采用以植草砖为基础的生态排水沟代替传统的雨水管。公园内连片的绿地标高应低于周边，建成下沉式绿地，消纳自身雨水的同时接纳周边的雨水。

3.3 小山小湖社区公园水景的设计方法

因为小山小湖基本临近建筑与小区，基于小湖建设社区公园时，应发挥小湖的调蓄功能，将小湖作为临近区域的雨水滞留池。为营造科学、健康、可持续的水景观，要做好水质保障。通过现场考察，发现小湖周边多为农民的自建房，楼间路巷为水泥路面，地面硬质化程度高，农村排水设施不完善，多为合流制，甚至有部分合流管道（沟渠）的污水直接排向河涌或周边的小湖，因此对此类小湖进行保护利用时，

图7 麻涌镇大步村的小山小湖社区公园

首先要对小湖外围进行截污处理，保证排入湖中的污染物不超过小湖自身的自净能力。小湖周边堤岸应采用生态驳岸，作为岸边径流进入小湖的缓冲区，净化初期雨水。为维持湖水的自净，应筛选合适的植物和动物，构建合理的自然生态系统。如图7中麻涌镇大步村的小山小湖社区公园，小湖靠近民居，水质污染较严重，在建设社区公园过程中，均进行截污清淤，再沿周边建设亲水平台和生态驳岸。

4 讨论

东莞市城市建设用地的规模已接近警戒线，应保护生态线外城市建成区的小山小湖，进一步增加城市的绿地空间和水面。小山小湖的分布在全市景观格局上呈现破碎、均匀的特点，同时贴近住宅区，对比大山大水，建设社区公园更具有步行可达的优势。因自身的景观特点和雨水消纳作用，小山小湖更具有从源头分散处理雨水的优势。虽然少部分小山小湖社区公园已探索性地采用低影响开发技术，但仍未得到全面推广，因此以后在对小山小湖进行开发利用时应依据原有的地形特点，合理布局和设置竖向，以绿地和水景为依托，合理布局源头和分散式的雨水设施，构建景色宜人的城市景观，同时推进全市海绵城市的建设。

参考文献
[1] 住房城乡建设部.海绵城市建设技术指南——低影响开发雨水系统构建（试行）[S]. 2014.10.
[2] Department of Defense（DoD）United Facilities Criteria（UFC）. Low Impact Development Manual [S]. November,2010.
[3] 王芳,潘鸿岭.低影响开发技术在城市公园设计中的应用探讨[J].现代园林,2013（10）:76-80.
[4] 王媛媛,白伟岚,王莹.基于低影响开发的城市空间雨水景观工程设计方法[J].现代园林,2014（2）:16-22.
[5] 王佳.基于低影响开发的场地景观规划设计方法研究[D].北京建筑大学,2013.
[6] 胡楠,李雄,戈晓宇.因水而变——从城市绿地系统视角谈对海绵城市体系的理性认知[J].中国园林, 2015, 31（6）:21-25.
[7] Zhang Biao, Xie Gaodi, Li Na, Wang Shuo. Effect of urban green space changes on the role of rainwater runoff reduction in Beijing, China [J]. Landscape and Urban Planning, 2015（140）: 8-16.
[8] 曹艳群,任心欣,俞露,杨晨,胡爱兵.城市公园中低冲击设施规划布局探讨[C].多元与包容——2012中国城市规划年会论文集（9.城市生态规划）.
[9] 白伟岚,王媛媛.风景园林行业在海绵城市构建中的担当[J].北京园林,2015（4）:3-6.
[10] 马姗姗,许申来,薛祥山等.城市在建小区海绵化实现思路的探讨[C].2015年中国城镇水务发展国际研讨会.
[11] 王沛永,张媛.城市绿地中雨水资源利用的途径与方法[J].中国园林,2006（2）:75-81.
[12] 张炜,车伍,李俊奇,陈和平.植被浅沟在城市雨水利用系统中的应用[J].给水排水,2006,32（8）:33-36.
[13] 李明怡,程洁心,邹涛,周正楠.小区绿地分散式排水系统的水质控制作用及设计方法研究[J].给水排水,2014,40（2）:81-87.

石楠在北京地区的应用现状及推广前景
Application Status and Prospects of *Photinia Serrulata* in Beijing

▶ [1] 金衡 [2] 许联瑛 *
▷ [1]Jin Heng, [2]Xu Lianying*

[1] 北京市天坛公园管理处，北京 100061；[2] 北京市东城区园林绿化管理中心，北京 100061
[1]Temple of heaven, Beijing 100061; [2]Dongcheng District Beijing Landscaping Management Center , Beijing 100061

摘　要：根据目前的了解，我们认为北京最早露地栽植石楠是在 1987 年，经过 30 年左右的引种驯化和相关基础研究，目前石楠已经在北京多处园林绿地得到了实际应用，但在扩大推广应用方面仍然处于瓶颈状态。本文提出应科学认识气候和环境变化的周期循环规律，强调对气候变暖的科学利用以及对北京自然地理和气候的复杂多样性条件的利用，发挥"人类活动"在改善生态环境中的能动作用，因势利导进行常绿阔叶植物的引种驯化，为北京的冬季增加绿量。通过对石楠在北京的应用前景分析，认为应积极稳妥地对其进行科学推广，使之成为一种改善北方冬季园林景观的优良植物材料。

关键词：常绿阔叶植物；引种；评价

中图分类号：S688　　　　文献标识码：A

Abstract: According to the current understanding, we believe the first outdoor planting heather in Beijing was in 1987. After 30 years of introduction and domestication and related basic research,heather has now been applied in landscape and green lands of many areas in Beijing, but it is still in a state of bottleneck in expanding application. This paper puts forward some points such as scientific understanding of periodic cycles of climate and environment change, emphasizing the scientific use of climate warming and complex diversity of natural geography and climate conditions in Beijing, making human activity play an active role in improving ecological environment, introducing and domesticating evergreen broad-leaf plants according to specific situation and increasing green quantity for Beijing's winter. Through analysis of the heather application prospects in Beijing, we found out there should be active and steady scientific extension and made it become a good botanical material to improve winter's landscape in the north.

Key words: evergreen broad-leaf plants;introduction;evaluation

　　石楠（*Photinia serrulata*），常绿阔叶园林观赏植物。1987 年以前，北京少量应用于温室栽培。许联瑛（1999）、贾麦娥（2002）、郑淮兵（2005）、万矜（2012）等人对石楠在北京园林绿地中的栽植应用以及相关基础研究等方面开展了相关工作。目前石楠在北京多处得到了景观实际应用，但在扩大推广以及生产应用方面仍然处于瓶颈状态。

　　北京地处北纬 39°54'，东经 116°23'。东部、南部属于海河平原，西部、北部山区属于燕山山脉和太行山脉，是天然形成的有利屏障，平原和山区面积

作者简介：
金衡/1984年生/男/北京人/本科/中国农业大学/北京市天坛公园管理处/研究方向为园林绿化管理
许联瑛（通讯作者）/1955年生/女/山西大同人/硕士/北京市东城区园林绿化局教授级高级工程师/研究方向为园林植物
收稿日期 2017-04-01　接收日期 2017-04-03　修定日期 2017-04-07

分别是 2/5 和 3/5。行政区域内地形复杂，山区和平原的地形、气候、降水及土质差异很大，这种自然地理和气候的复杂多样性，本身形成了特色鲜明和相对丰富的植物资源[1]。

北京的植物区系，绝大部分属于北极植物区的中国—日本植物亚区，少数来自于中亚—西亚植物亚区和古热带植物区的东南亚植物亚区[1]。从植物的总体分布看，北京地处暖温带半湿润半干旱大陆性季风气候区域，地带性植物群落为针阔叶混交林，没有常绿阔叶树种。但地史变迁以及气候冷暖的周期性变化能够说明，这种状态不是一成不变的。最近几十年来，全球气候变暖趋势明显，北京地区表现为冬季气温逐年转暖升高。1996 年，许联瑛等人提出，应当科学利用气候逐年转暖升高的自然条件，适当改变北京冬季缺乏常绿阔叶树种的状态[2]。

1 常绿阔叶植物在北京的应用情况

20 世纪 80 年代，北京市园林局所属西南角苗圃、北京植物园就开始利用全球气候变暖尝试引种过常绿阔叶树种，但并未获得理想的效果[3]。有人认为"北京地区大气湿度小不利于常绿树木生存"[4]。随着北京冬季气温逐年转暖升高以及植物引种工作的持续开展，北京园林中应用的常绿阔叶树品种逐年增多。从 1999 年的 8~9 个品种[2]、2001~2002 年的 10 几个品种[5, 6]，到 2004 年已经有近 30 个左右的品种[7]。

表 1 是笔者根据 1995 年以来的持续收集与观察，在 2017 年所做的统计。

2 石楠在北京地区的引种应用

2.1 早期引种试验

1985 年，北京市园林局所属西南角苗圃[3]从河南鲁城引种石楠并一直在温室越冬。从 1994 年开始在庭院露地栽植（图 1）。

根据郑淮兵、贾麦娥等在 2002 年的研究[8, 9]，得知西城区裕民路原北京市人民警察学校曾在 1987 年从江苏引种 2 株 3 年生、株高 1.8m 的石楠。到 2000 年时，株高约 5~6m，树冠圆整，枝繁叶茂，结实量大，曾被采集用于播种。2001 年学校搬迁，这 2 株石楠因平整场地被毁（图 2）。

许联瑛等人从 1999 年开始进行石楠在北京引种驯化的研究，经过了初步引种试验、小规模推广和 2 次（2006~2008 年和 2010~2012 年）实生播种育苗试验。

2.2 初步引种试验（1999~2005 年）

1999 年 3 月，原北京市崇文区园林局从江苏武进引进 6 株 3 年生、株高 1.2~1.5 m、冠幅 0.5~0.8m、丛生状石楠幼苗，栽植于北京城区某学校庭院，栽植地位于楼南 9~20m 范围内，西北部为 4 层楼房，庭园西北角有 6m 宽的过街门楼，背风向阳，有东西方向穿堂风，整体小气候条件较好。土壤条件较差，土层较薄，pH 值为 8.88。连续

图 1　北京机械自动化研究所庭院石楠（2016 年 12 月 15 日许联瑛摄）

图 2　原北京市人民警察学校庭院栽植的石楠（贾麦娥摄）

表1 北京（以中心区为主）露地栽植主要常绿阔叶植物统计（2017 年 3 月统计）

型态	科名	属名	品种名
乔木	木兰科	木兰属	广玉兰 *Magnolia grandiflora*
			阔瓣含笑 *Micheliacavaleriei* var. *platypetala*
	金缕梅科	蚊母树属	蚊母 *Distyliumracemosum*
	木犀科	女贞属	女贞 *Ligustrumlucidum*
		木犀属	丹桂 *Osmanthustragrans* 'Aurantiacu'
			金桂 *Osmanthusfragrans* 'Thunbegrii'
			银桂 *Osmanthusfragrans* 'Latifolius'
			四季桂 *Osmanthusfragrans* 'semperflorens'
	棕榈科	棕榈属	棕榈 *Trachycarpusfortune*
灌木	桑寄生科 壳斗科	槲寄生属	槲寄生 *Viscumcoloratum*
		栎属	岩栎 *Quercusacrodonta Seem*
	小檗科	小檗属	细叶小檗 *Berberispoiretii*
		南天竹属	南天竹 *Nandinadomestica*
	蔷薇科	火棘属	火棘 *Pyracanthafortuneana*
		枇杷属	枇杷 *Eriobotrya japonica*
		石楠属	石楠 *Photiniaserrulata*
			椤木石楠 *Photiniadavidsoniae*
			锐齿石楠 *Photiniaarguta*
	黄杨科	黄杨属	黄杨 *Buxussinica*
	冬青科	冬青属	枸骨 *Ilex cornuta*
	卫矛科	卫矛属	北海道黄杨 *Euonymus japonicus* 'Cuzhi'
			大叶黄杨 *Euonymus japonicus*
	胡颓子科	胡颓子属	胡颓子 *Elaeagnuspungens*
	木犀科	女贞属	小叶女贞 *Ligustrum quihoui*
	忍冬科	荚蒾属	日本珊瑚树 *Viburnum odoratissimum* var. *awabuki*
			皱叶荚蒾 *Viburnum rhytidophyllum*
	禾本科	箬竹属	箬竹 *Indocalamus tessellates*
	百合科	丝兰属	凤尾兰 *Yucca gloriosa*
攀缘	五加科	常春藤属	洋常春藤 *Hedera helix*
		八角金盘属	八角金盘 *Fatsia japonica*
	卫矛科	卫矛属	扶芳藤 *Euonymus fortunei*
			爬行卫矛 *Euonymus fortunei* var. *radicans*
			胶东卫矛 *Euonymus kiautschovicus*
	夹竹桃科	络石属	络石 *Trachelospermum jasminoides*
地被	百合科	山麦冬属	丹麦草 *Liriopegraminifolia* 'Danmaicao'
	莎草科	苔草属	崂峪苔草 *Carexgiraldiana*

注：1. 含 19 个科 24 个属 36 个品种。2. 竹类仅列阔叶箬竹一个品种。

图3　1999年栽植（北京50中学庭院）（2009年11月10日许联瑛摄）

图4　有独立主干的石楠（西城区滨河公园）（2014年7月许联瑛摄）

图5　地上部分抽条死亡（2008年4月26日金衡摄）

图6　根部萌蘖（2008年4月26日金衡摄）

3个（1999~2001年）冬季有越冬防寒措施。2000年1月极端最低气温达到-16.6℃，是1997年以来同期的最低值，-14℃~-16℃的持续时间达一个多月，但石楠耐寒表现良好。据2002~2004年北京气象台发布的历史气象信息[10]，北京地区极端最低气温为-18.3℃，包括2003年冬季大雪降温，均未发生异常表现。自第四年取消防寒措施至2009年期间，未发现因北京特有的早春低温、干旱、大风而出现哨条的现象，无冻伤表现[11]。2009~2010年冬季，在北京明显低温异常情况下，石楠叶片发现有部分冻伤，未发现有植株死亡（图3）。

2.3 小规模推广阶段（2006~2014年）

根据循序渐进、逐步推广的原理，许联瑛等在引种苗木数量、规格以及示范地类型和数量等方面适度扩大应用规模，苗木引种的地点，除了江苏之外，增加了山东。植株的类型，除了丛生灌木之外，又增加了10年生大规格苗木，株高2.0~2.2m，冠幅2~2.5m，地径5cm，有40~60cm高独立主干苗木。其中的重点是建立了7个不同立地条件和类型的示范地，以便于更多考察石楠在北京地区露地栽植的普遍适应性。观察认为，小规模推广的苗木成活率，受不同立地小环境影响明显。

2012~2014年，许联瑛等又先后在北京西城区地安门内东西绿地、西滨河公园、天坛公园、人定湖公园等地陆续栽种石楠。其中地安门内东西绿地、西滨河公园2012年试验引种20多株有独立主干的苗木。

图7 2012年5月受灾前生长状况

图8 受灾后状况（2012年8月王秀春摄）

2015年观察发现，有独立主干的苗木成活率低于丛生状苗木（图4）。

1985~2017年石楠在北京部分地区种植及生长简况统计见表2。

3 播种育苗试验

3.1 平谷（2006~2008年）

2006年4月穴盘播种出苗率为57%，扦插成活率仅为10%左右。2007年春季，将所获1400株幼苗移入大田，水肥管理较好，当年生长旺盛。但2008年5月20日观察，地上绝大部分抽条干死，多数根部仍有萌蘖，但由于需要腾地，苗木被全部铲除（图5、图6）。

3.2 房山（2010~2012年）

2010年采用穴盘播种，出苗率为75%，次年春季移植到室外并有冬季防寒措施。到2012年5月，生长势与生长量正常，3000株幼苗普遍株高达到70~120cm。但因2012年"7.21"水涝灾害，全部死亡（图7、图8）。

3.3 播种育苗的经验和教训

3.3.1 技术性原因分析

石楠作为原产我国中部及南部的常绿阔叶植物，本身具有生长期较长的特点，在北京引种时表现为秋梢木质化程度低，这一点与北京冬季寒冷、早春有倒春寒以

及伴生的干旱、风大的气候特点有着突出的矛盾。

平谷扩繁失败比较充分地说明，种子繁殖、扦插繁殖以及幼苗抚育确有一定的技术和养护管理难度，其中控制幼苗过快生长以及防寒是圃期育苗的关键技术。分析主要原因如下。（1）1年生幼苗在次年移入大田后水肥控制不当，造成营养生长过快，入冬时木质化程度不足直接导致抗寒性不强。与成品苗栽植情况对比，可以说明不同树龄的抗寒性差别很大。（2）防寒措施不到位，树龄1、2年生幼苗，在露地越冬的第一年仅采取封堰和培土护根是远远不够的。应当采用阳畦或冷棚保证幼苗安全越冬，在使用冷棚时，还需要考察周边环境以确定是否需要沿风口方向增设风障。（3）扩繁种植区域选择不当，主要是区位冬季低温（冻土层深度和春季开化时间早晚）造成幼苗死亡。

房山区扩繁试验吸取了平谷区位低温和防寒措施简陋不利的教训，2年生幼苗生长健壮。但由于2012年"7.21"水灾，还是造成2年生幼苗全部死亡，证明了石楠忌涝的生物学特性。

3.3.2 观念性原因分析

除了技术方面的不成熟以外，还存在传统观念方面的疑虑，以及直接外购苗木无法适应当地环境的问题。

由于北京地带性植物群落中没有常绿阔叶树种，现在常见的常绿阔叶植物都存在引种应用时间相对短

表2 1985~2017年石楠在北京部分地区种植及生长简况统计

种植年代	种植地名称	面积(m²)	立地条件描述与评价	种植苗木规格			2009年观察苗木规格（平均）				2017年观察苗木规格（平均）		
				苗龄	株高(m)	冠幅(m)	数量	成活率(%)	株高(m)	冠幅(m)	现存数量(株)	株高(m)	冠幅(m)
1987	原北京市人民警察学校	不详		3年生	1.8		2	2000年时，株高约5~6m，树冠圆整，枝繁叶茂，结实量大，曾被采集用于播种。2001年学校搬迁至平整场地时被毁					
1994	北京机械自动化研究所	多个楼院	背风向阳								2	6.5	5
1999	北京第50中学	1000	较背风向阳	3年生	1.2~1.5	0.5~0.8	6	100	2.0~2.5	2.0~2.2	4	3.5~4.0	3~3.5
2004	北五环万豪大厦	2000	背风向阳	3年生	1.0~1.2	0.8~1.2	130	96	1.5~1.6	1.3~1.4			
2005 2006 2007	东花市居住区中心花园及其他楼院	800~1000 多个楼院	背风向阳	3年生	1.2~1.5	0.6~1.0	60	100	1.5~2.2	1.2~2.2	60	3.0~4.0	3.0~4.0
2006	左安门桥头西绿地	3000	街头开敞，背风向阳	3年生	1.0~1.2	0.6~0.8	30	100	2~2.5	1.5~1.8	30	4.0~4.5	2.5~3.5
2006	龙潭公园西北门	300	背风向阳	3年生	1.0~1.2	0.6~0.8	17	100	1.5~2.0	1.2~1.5	4	1.8~2.2	1.2~1.4
2006	明城墙遗址公园	800	南北通透，西侧有墙	3年生	1.0~1.2	0.4~0.6	3	100	1.2~1.5	1.0~1.2	3	2.5~3.0	2.5~3.0
2006	海淀北七家苗圃	500	较背风向阳	3年生	1.0~1.2	0.4~0.6	120	0					
2007	新景家园楼间绿地	1000	背风向阳	10年生	2.0~2.2	2.0~2.5	10	90	2.0~2.2	2.0~2.5	3	3.5~4.5	3.5~4.5
2011	地安门内绿地	1000	街头绿地	5年生	独干 1.2~1.5	1.0~1.2	19						
2011	西滨河公园	500	公园绿地	5年生	独干 1.2~1.5	1.0~1.2	5				3	1.5~1.8	1.2~1.5
2014	天坛公园	300	庭院绿地	3年生	0.6~0.8	0.6~0.8	3				0		
2014	人定湖公园	1000	开敞绿地	3年生	1.0~1.2	1.0~1.2	7				4	1.0~1.2	1.0~1.2
合计							412				113		

的问题。因此，北京的生产性苗圃对于常绿阔叶植物引种，目前主要采用直接外购或囤苗抚育的方法，采用实生播种科学育苗的不多。这种情况对于石楠的育苗选种来说，具有一定的挑战。但是，如果我们把目标确定在为北京选育抗寒石楠品种上面，采用实生播种选育仍然是绕不开的路径。

不能否认，育苗期需要较大的经济投入，预期回报又具有一定风险，且育苗3年，栽植3年的防寒管理确实是一个较大的周期。完成这样的课题，从某种角度看，是一种风险投资，的确需要政府相关部门和有条件、能承担的相关企业的帮助和支持。

4 石楠抗寒性及其相关研究

4.1 增强种子萌发期间抗寒性研究

2001年，北京林业大学郑淮兵等，通过对石楠种子的不同处理，开展过增强种子萌发期间的抗寒性，进而提高种子露地发芽率，扩大石楠的繁殖系数方面的研究。研究表明，使用低温和PEG"渗控"预处理，对种子萌发过程、种子吸水速率、种子蛋白质含量以及相关抗寒性物质增加等方面都有可能产生一定影响[8]。

4.2 提高一年生幼苗抗寒性研究

2002年，北京林业大学贾麦娥，通过对1年生石楠实生苗实施低温锻炼、土壤水分胁迫和脱落酸处理等措施，进行过提高石楠幼苗抗寒性方面的研究。这项研究主要从温度、水分、激素等方面，通过栽培试验和实验室测定的方法，探求提高石楠1年生幼苗抗冻性更有效的处理方法[9]。

4.3 北京常见常绿阔叶树种抗寒性分级研究

2011年，中国农业大学万矜等，根据北京常见的12种常绿阔叶树种的越冬表现，进行过抗寒性分级的研究。这12种植物为黄杨、大叶黄杨、洋常春藤、胶东卫矛、阔叶箬竹、女贞、石楠、早园竹、火棘、枇杷、叶莱迷、凤尾兰。这项研究以植物冬季景观质量为主要分级标准，将抗寒性分为5级，其中Ⅰ～Ⅱ级可以不受小气候限制，在露地推广应用；Ⅲ

级需要小气候环境，才能正常生长和观赏；而Ⅳ～Ⅴ级基本上不能推广，只能在特殊情况下应用。结果表明，石楠的抗寒性达到Ⅱ级，论证了石楠在北京露地栽培的可行性[12]。

4.4 提高石楠耐寒性途径的研究

2012年，万矜等选择北京市东城区（原崇文区）3个示范区的石楠，对不同立地条件的石楠，通过植株越冬形态观察、叶片组织结构显微观测和叶片电导率的测定，分析了小气候环境对石楠耐寒性的影响，认为小气候环境对石楠的耐寒性有一定的影响，光照条件是提高石楠耐寒性的主要途径[13]。

5 对气候变化的利用与建议

5.1 气候和环境变化的周期循环与对全球气候变暖的科学利用

中国地理气候学家竺可桢在20世纪70年代的研究认为，气候和环境变化具有自身周期性循环规律[14]。

世界气象组织（WMO）和联合国环境规划署（IPCC）的多次报告，认为人类排放的温室气体始终是地球变暖的强大动力，因此全球变暖的大趋势不会改变[15]。

5.2 北京自然地理和气候复杂多样性条件利用

北京3000多年建城史和800多年建都史所引起的地史变迁，必然带来生态环境的相应变化（有利和不利两个方面）。我们看到，一方面，各类城市建筑形成了许多优良小环境，客观上为发展多样性的园林植物提供了一些条件；另一方面，"从历史上看，北京这个古老的都城历代都是从外地引种园林植物"[16]。北京市园林绿化处1989年完成相关研究，从17个科24个属38个树种中筛选出6种常绿阔叶树，分别有蚊母、女贞、刺桔、胶东卫矛、构骨、月季等，在北京一定条件下的露地栽植[17]。20世纪90年代北京园林绿地中出现的蚊母、女贞、刺桂、胶东卫矛、构骨等阔叶常绿树，给北京的冬景增添了生机[18]。因此我们相信，只要科学合理、因地制宜地加以利用，就能够为北京造福。

5.3 植物及其绿量改善环境的作用

植物及其绿量在改善环境质量过程中，始终是"生产者"的角色，而植物与环境之间也始终存在着一种相互适应与改变的关系。如果我们能科学地顺应和利用自然波动周期性循环规律，发挥"人类活动"在改善生态环境中的能动作用，利用气候变暖的自然现象，因势利导进行植物引种驯化，为北京增加更多的绿量，对于有效缓解全球暖化给人类生产、生活带来的压力，进而达到抑制并减缓其发生发展趋势，有效调节生态环境是可以做到的，至少在小环境范围内[19]。

5.4 建议

建立相关生产性实验苗圃，在自然驯化的基础上，结合辐射诱变，从驯化植株及其第二代实生苗中选育更加耐寒的北京石楠无性系，为北方城市冬季园林景观提供新品种。

参考文献

[1] 贺士元等.北京植物志[M].北京:北京出版社,1984:1~3,131,367.
[2] 许联瑛等.长绿色期及冬季有色彩植物在北京园林绿地中的示范应用[J].中国园林,1999（6）:29~31.
[3] 黄士昆.国宝珙桐[M].北京:中国农业大学出版社,2009:116.
[4] 张春静.木本植物引种驯化研究[C].庆祝中国科学院植物研究所北京植物园建园三十周年论文集（1955~1985）,1985:10.
[5] 董丽.北京园林中常绿阔叶植物引种栽培现状及思考[J].北京林业大学学报,2001（增刊）:68~70.
[6] 董丽,黄亦工,贾麦娥等.北京园林主要常绿阔叶植物抗冻性及其测定方法[J].北京林业大学学报,2002（3）:70~73.
[7] 马海慧,赵艳春,戴思兰.常绿阔叶植物在北京园林景观中的应用[A].中国观赏园艺研究进展,2004[C].北京:中国林业出版社,2004:415~421.
[8] 郑淮兵,董丽,郑彩霞.低温和PEG"渗控"预处理促进石楠种子萌发研究[J].林业科学,2005（3）:54~57.
[9] 贾麦娥.几种不同处理对石楠幼苗越冬适应性的影响[D].北京林业大学,2002.
[10] 北京气象局信息www.bjmb.gov.cn.
[11] 许联瑛等.常绿阔叶植物石楠在北京地区的引种示范应用[J].中国园林,2010（3）:45~48.
[12] 万豸,李云华,刘青林.北京常绿阔叶树种的越冬表现及其引种适应性分析[J].现代园林,2011（1）:62~65.
[13] 万豸,许联瑛,刘青林.小气候环境对北京石楠耐寒性的影响[J].现代园林,2012（5）:41~46.
[14] 竺可桢.中国近五千年来气候变迁的初步研究[J].中国科学（A辑）,1973,16（2）:168~189.
[15] 邓爱华.全球气候变冷还是变暖[J].科技潮,2012（2）:30~33.
[16] 李嘉乐,陈自新.如何进一步丰富绿化首都的植物材料[C].园林科研,1989（2）:340.
[17] 北京市地方志编纂委员会.北京志.市政卷.园林绿化志[M].2000:430.
[18] 徐黎,林世青,黄士昆.植物体内叶绿素a荧光动力学在北京地区常绿阔叶树的引种驯化中的应用[J].植物学通报,1994,11（2）:2~34.
[19] 许联瑛.梅花在京城早绽芳华[J].科技潮,2008（9）:35.

柳州市园林植物病虫害调查研究

A Research of Garden Plant Disease and Pest in Liuzhou

▶ 黎兆海 刘思 蒙兴宁 李明健
Li Zhaohai, Liu Si, Meng Xingning , Li MingJian

柳州市园林科学研究所，柳州 545005
Guangxi Liuzhou Institute of Landscape Garden，Liuzhou 545005

摘　要：通过设立系统观测点和集中调查，结果表明，柳州市园林植物主要病害有 24 种，分属于叶枯病、白粉病、炭疽病、黑斑病、煤污病、锈病、褐斑病、黄化病等 8 大类。危害严重的有桃花白粉病、木芙蓉白粉病、紫薇白粉病、茶花褐斑病、广玉兰褐斑病等。害虫有 80 种，其中食叶类害虫有 26 种，占总种数的 32.5%；刺吸类害虫有 40 种，占总种数的 50%；蛀干类害虫有 12 种，占总种数的 15%；地下害虫 2 种，占总种数的 2.5%。危害严重的有大青叶蝉、棉叶蝉、桃粉大尾蚜、杜鹃冠网蝽、白粉虱、星天牛、相思拟木蠹蛾等。提出了病虫害的治理要防控结合，应用源头管理、物理防治、生物防治、园林技术和适当化学防治相结合的绿色防控技术。
关键词：物理防治；生物防治；园林技术；绿色防控；生态调控
中图分类号：S436　　　　　　文献标识码：A

Abstract: Through establishing systematic observation points and centralized survey, we found out that garden plants have 24 kinds of main diseases in Liuzhou, belonging to 8 categories such as blight, powdery mildew, anthrax, nigrities artis, black blight, rust disease, brown blotch and yellows. The most serious ones are peach powdery mildew, hibiscus powdery mildew, lagerstroemia powdery mildew, camellia brown blotch, magnolia brown blotch and so on. There are 80 kinds of pests including 26 species of leaf-eating pests, which is 32.5% of the total, 40 species of piercing-sucking mouth parts pests, which is half of the total, 12 species of trunk-boring pests, which is 15% and 2 species of underground pests, which is 2.5%. The most serious ones are *Cicadella viridis, Empoasca biguttula, Hyalopterus amygdali, Stephanitis pyriodes, Trialeurodes vaporariorum, Anoplophora chinensis, Arbela baibaranamats* and so on. The combination of prevention and control was put forward to manage pests and diseases by using ecological prevention technologies which combines source management, physical control, biological control, and garden technology with appropriate chemical control.
Key words: physical prevention; biological prevention; gardening skills; greening prevention and control;ecological regulation

作为林木生态系统中的一种较为频繁发生的自然灾害，病虫害对城市园林植物具有较大的危害性。园林植物病虫害的发生不仅会受到自身生物特征的影响，还会受到气候、地理条件、树种以及海拔等因

作者简介：
黎兆海/1965年生/男/广西阳朔人/高级工程师/主要从事园林植物引选育和城市园林生态研究
基金项目 柳州市科技项目（编号：柳科2013J010401）
收稿日期 2017-02-15　接收日期 2017-03-29　修定日期 2017-03-29

素的影响[1]。病虫害常常导致园林植物生长衰弱和死亡，影响植物生长发育、繁殖及观赏价值[2]。当前蛀干害虫和"五小害虫"，即蚜、蚧、螨、粉虱、蓟马和生态枝干病害，是城市园林植物的主要病虫害[3]。因此，进行园林植物病虫害种类及其危害性的调查，是有效防治园林植物病虫害的重要基础工作。广西南宁、山西运城、广东佛山等地开展了城市园林植物病虫害调查和防治研究[4-7]。许多城市在园林植物病虫害防治上存在"三不到"，即预测预报不到位、检疫不到位和防治不到位[8]。当前城市园林植物病虫害防治出现新的问题，需要对不同城市环境、植物特点开展园林植物病虫害调查防治研究。防治方法从单一化学防治，发展到 20 世纪 80 年代"预防为主，综合防治"，到现在提倡的绿色防控和生态调控防治方法[7-11]取得良好效果，对维护城市生态系统平衡具有积极作用，也是今后研究的重点方向。

柳州市是广西最大的工业城市与历史文化名城，园林资源丰富，现有园林植物 539 种[12]。随着城市规模的不断扩大，绿地大幅增加，生态环境质量逐步得到改善。新的绿化植物的引进以及绿化布局的多样性，使得园林植物病虫害种类不断增加，有的种类局部危害严重。为全面了解柳州市园林植物病虫害主要种类和发生危害情况及为防治提供依据和对策，开展了柳州市园林植物病虫害调查研究。

1 材料与方法

1.1 调查地点

研究区位于柳州市河西公园、雀儿山公园、马鹿山奇石园、江滨公园、露塘苗圃，每个点设立 5 个系统观测区。每月每隔 10 天调查 1 次，观察期 2~3年。同时每年不定期调查其他主要公园、街道和苗圃病虫害发生情况。

1.2 调查方法

食叶害虫调查：虫株率采用随机取样，每次调查20 株。虫口密度采用随机取样，每次调查 100~200张叶片。刺吸式害虫：虫株率采用随机取样，每次调查 20 株。虫口密度采用随机取样，每次调查 50~100张叶片（小枝）。蛀干害虫调查：虫株率采用随机取样，每次调查 20 株；侵入孔或羽化孔采用随机取样，

每次调查 10 株。枝、叶病害调查：病株率采用随机取样，每次调查 20 株。调查过程中观察并记录园林植物病虫害的寄主、分布、危害部位、危害程度、危害特点等情况。

1.3 病虫危害程度划分

分轻微、中等、严重 3 个等级，分别以 +、++、+++ 表示。叶部病害：病情指数 ≤ 30 属轻微发生，病情指数 31~50 属中等发生，病情指数 ≥ 51属严重发生；枝干部病害：发病率 ≤ 10% 为轻，11%~20% 中等，≥ 21% 为重；根部和枝干受害率≤ 5% 为轻微，6%~10% 为中等，≥ 10% 为严重；叶部受害程度以叶片受害 ≤ 15% 为轻微，16%~25%为中等，≥ 25% 为严重[13]。

2 结果与分析

2.1 主要病害种类

调查结果表明，柳州市园林植物主要病害有 24种，分属于叶枯病、白粉病、炭疽病、黑斑病、煤污病、锈病、褐斑病、黄化病 8 大类。危害严重的有桃花白粉病、木芙蓉白粉病、紫薇白粉病、茶花褐斑病、广玉兰褐斑病（表 1）。寄主范围广、危害严重的病害是白粉病，其次是褐斑病。

2.2 主要害虫种类及其危害特点

调查结果：柳州市园林植物主要害虫有 80 种，分属 1 个纲、5 个目、72 个属。各种类、寄主、危害部位、危害程度、危害特点见表 2、表 3。危害部位有叶、梢、花蕾、枝干、根，危害特点有食叶、刺吸、蛀干和地下。危害程度为 +++ 的分别有大青叶蝉、棉叶蝉、桃粉大尾蚜、杜鹃冠网蝽、白粉虱、星天牛、相思拟木蠹蛾等。观测调查发现有 1 种检疫性有害生物，为红棕象甲。

柳州市主要害虫以鳞翅目科最多，占总科数的42.1%，半翅目属和种最多，分别占总属数、种总数的 45.8% 和 48.8%（表 3）。

柳州市主要园林植物害虫种类有食叶、刺吸、蛀干和地下 4 类害虫。其中食叶类害虫有 26 种；鳞翅目种最多，有 21 种；刺吸类害虫有 40 种；半翅目种最多，有 39 种；蛀干类害虫有 12 种；地下害虫有 2种（表 4）。

表1 柳州市园林植物主要病害

病害	病原菌	危害植物	危害部位	危害时间(月)	危害程度	主要分布地点
杜鹃花叶枯病	(Pestalotia rhododedri) 属半知菌类真菌	毛杜鹃 Rhododendron pulchrum	叶片	3~8	++	雀儿山公园、河西公园
三角梅叶枯病	(Phyllostica bougainvilleac) 属半知菌类真菌	三角梅 Triangle plum、红继木 Loropetalum chinense	叶片、小侧枝	6~8	++	雀儿山公园、江滨公园、柳石路
大王椰叶枯病	(Phyllosticta caryotae) 属半知菌类真菌	散尾葵 Chrysalidocarpus lutescens、鱼尾葵	叶片	3~7	++	露塘苗圃
马尼拉草叶枯病	(Rhizoctonia solani) 属半知菌类真菌	马尼拉草 Zoysia matrella	叶片、叶鞘	3~5	++	雀儿山公园、江滨公园
桃花白粉病	(Podosphaera tridactyla) 属子囊菌门真菌	桃 Prunus persica、李 Prunus salicina	叶片	3~8	+++	雀儿山公园、江滨公园、河西公园、龙潭公园
木芙蓉白粉病	(Sphaerotheca fulignea) 属子囊菌门真菌	木芙蓉 Hibiscus mutabilis	叶片	3~8	+++	雀儿山公园、江滨公园、河西公园、柳石路
紫薇白粉病	(Oidium sp.) 属半知菌类真菌	紫薇 Lagerstroemia indica、月季、九里香、南天竹 Nandina domestica、金银花 Lonicera japonica	嫩叶、嫩梢	3~6	+++	雀儿山公园、江滨公园、河西公园、奇石园、柳石路、潭中西路
樟树炭疽病	(Glomerella cingulata spauld) 属子囊菌门真菌	樟树	枝干、叶片、果实	3~9	+	雀儿山公园、奇石园
桂花炭疽病	(Colletotrichum gloeosporioides) 属半知菌类真菌	桂花、蒲葵 Livistona chinensis、鱼尾葵、罗汉松 Podocarpus macrophyllus	叶片	5~9	+	雀儿山公园、露塘苗圃
袖珍椰子炭疽病	(Colletotrichum sp.) 属半知菌类真菌	袖珍椰子 Chamaedorea elegans、棕竹、琴叶珊瑚 Jatropha pandurifolia、红背桂 Excoecaria cochinchinensis、鸡冠花	叶片	7~9	+	科技园
山茶花炭疽病	(Colletatricham camelliae) 属半知菌类真菌	茶花	叶片	6~9	+	雀儿山公园、园博园
银杏黑斑病	(Altemaria altemata) 属半知菌类真菌	银杏 Ginkgo biloba、荷花 Nelumbo nucifera、千日红 Gomphrena globosa	叶片	5~8	++	园博园、东环路
月季黑斑病	(Actinonema rosae) 属半知菌类真菌	月季、玫瑰	叶片、叶柄、茎、花梗	4~6、9~11	++	河西公园、园博园
加拿利海枣黑斑病	(Dothiorella sp.) 属子囊菌门真菌	加拿利海枣 Phoenix canariensis	叶柄	5~8	++	奇石园
紫薇煤污病	(Capnodium sp.) 子囊菌门真菌	紫薇、柳树 Salix babylonica	叶片	6~10	++	雀儿山公园、江滨公园、河西公园、奇石园、柳石路、潭中西路
扶桑煤污病	(Fumago vagans) 属半知菌类真菌	扶桑 Hibiscus rosa-sinensis、茶花	叶片、叶柄、茎	6~10	++	雀儿山公园、江滨公园、河西公园、奇石园、柳石路
柳树锈病	(Melampsora coleospirioides) 属担子菌类真菌	柳树	叶片、嫩梢	6~10	+	雀儿山公园、江滨公园、河西公园
马尼拉草锈病	(Puccinia zoysiae) 属担子菌类真菌	马尼拉草、假俭草	叶片、叶鞘	4~6	+	雀儿山公园、奇石园、园博园

续表

病害	病原菌	危害植物	危害部位	危害时间(月)	危害程度	主要分布地点
黄化病(生理性黄化)	生理性黄化：土壤酸碱度过高、缺少铁元素	杜鹃、洋紫荆 Bauhinia variegata、红继木、樟树、龙吐珠 Clerodendrum thomsonae、鸡蛋花 Plumeria rubra	叶片、枝条	9~11	+	雀儿山公园、江滨公园、河西公园、奇石园
黄化病(侵染性黄化)	侵染性黄化：线虫、细菌类、病毒、支原体(Mycoplasma)等病原体	杜鹃、洋紫荆、红继木、香樟、龙吐珠、鸡蛋花	叶片、枝条	9~11	+	雀儿山公园、江滨公园、河西公园、奇石园
洋紫荆褐斑病	(Cercospora bauhiniae)属半知菌类真菌	洋紫荆、杜鹃、夹竹桃 Nerium indicum	叶片	5~10	++	露塘苗圃
茶花褐斑病	(Phyllosticta camelliaecola)属半知菌类真菌	茶花	叶片、花蕾、叶芽	6~7、9~10	+++	雀儿山公园
广玉兰褐斑病	(Psetalotiopsis guepini)属半知菌类真菌	广玉兰 Magnolia grandiflora、南天竹	叶片	5~9	+++	雀儿山公园、露塘苗圃
香樟毛毡病	Eriophyes sp.	樟树	叶片	6~8	+	柳高校园、学院路

表2 柳州市主要园林植物害虫寄主、危害一览表

昆虫名称	危害特点	主要寄主植物	危害部位	危害程度	主要分布地点
家白蚁 Coptotermes formosanus	地下	柳树、樟树	根、干	++	科技园、露塘苗圃、雀儿山公园
白翅叶蝉 Thaia rubiginosa	刺吸	木芙蓉	叶	++	奇石园、河西公园
大青叶蝉 Cicadella viridis	刺吸	碧桃 Prunus persica	干、枝	+++	奇石园、河西公园、龙潭公园
小绿叶蝉 Empoasca flavescens	刺吸	秋枫 Bischofia javanica	叶	+++	奇石园、河西公园、雀儿山公园、露塘苗圃
棉叶蝉 Empoasca biguttula	刺吸	木棉 Bombax ceiba	叶	+++	奇石园、河西公园、江滨公园、露塘苗圃
黑尾叶蝉 Telligoniella ferruginca	刺吸	白玉兰 Michelia alba	叶	+	奇石园、露塘苗圃
黑蚱蝉 Cryptotympana atrata	刺吸	垂柳 Salix babylonica、桂花	叶、枝	+	奇石园、雀儿山公园
龙眼鸡 Pyrops candelaria	刺吸	龙眼 Dimocarpus Longan	干、枝	+	奇石园
青翅蜡蝉 Geisha distinctissima	刺吸	海桐 Pittosporum tobira	叶	+	奇石园、雀儿山公园
八点广翅蜡蝉 Ricania speculum	刺吸	小花紫薇	叶	++	奇石园、雀儿山公园
华卵痣木虱 Macrohomotoma sinica	刺吸	小叶榕 Ficus microcarpa	叶	+	奇石园、河西公园、雀儿山公园、露塘苗圃
白粉虱 Trialeurodesum vaporarior	刺吸	九里香 Murraya paniculata	叶	++	奇石园、江滨公园
柑橘木虱 Diaphorina citri	刺吸	九里香	嫩叶、芽	+	雀儿山公园
蒲桃木虱 Trioza syzygii	刺吸	水蒲桃 Syzygium jambos	嫩叶	++	奇石园、雀儿山公园
马氏粉虱 Aleuidolobus marlatti	刺吸	洋紫荆	叶	+	江滨公园
黑刺粉虱 Aleurocanthus spiniferus	刺吸	秋枫	叶	+	河西公园、雀儿山公园、露塘苗圃
夹竹桃蚜 Aphis nerii	刺吸	夹竹桃	叶、枝、干	+	雀儿山公园、江滨公园、露塘苗圃
桔蚜 Toxoptera citricdus	刺吸	九里香	叶、枝、干	+	奇石园、雀儿山公园
紫薇长斑蚜 Tinocallis kahaualuokalani	刺吸	紫薇	叶、枝、干	++	奇石园、河西公园、江滨公园
柳蚜 Aphis farinosa	刺吸	柳树	叶	+	奇石园、江滨公园

续表

昆虫名称	危害特点	主要寄主植物	危害部位	危害程度	主要分布地点
月季长管蚜 *Macrosiphum rosirvorum*	刺吸	月季	嫩叶、芽、花蕾	+++	科技园
海桐蚜 *Aphis sp.*	刺吸	海桐	叶	++	雀儿山公园、江滨公园
桃粉大尾蚜 *Hyalopterus pruni*	刺吸	碧桃、紫叶李 *Prunus cera-sifera*	嫩叶	+++	雀儿山公园、江滨公园、河西公园、龙潭公园
丽绵蚜 *Formosaphis micheliae*	刺吸	白玉兰	叶	++	雀儿山公园、江滨公园、河西公园、露塘苗圃
吹绵蚧 *Iceryapur chasi*	刺吸	月季、海桐、广玉兰	叶、枝、干	++	雀儿山公园、江滨公园、露塘苗圃
矢尖盾蚧 *Unaspis yanonensis*	刺吸	苏铁 *Cycas revoluta*、茶花	叶	+	雀儿山公园、江滨公园、奇石园
樟白轮盾蚧 *Aulacaspis yabunikkei*	刺吸	樟树、阴香 *Cinnamomum burmannii*	叶	+	奇石园
月季白轮盾蚧 *Aulacaspis rosarum*	刺吸	月季、苏铁	叶	+	科技园
桑盾蚧 *Pseudaulacaspis pentagona*	刺吸	碧桃	叶	+	雀儿山公园、江滨公园、龙潭公园
黑褐圆盾蚧 *Chrysomphalus aonidum*	刺吸	苏铁	叶	++	雀儿山公园、江滨公园、奇石园
考氏白盾蚧 *Pseudaulacaspis cockerelli*	刺吸	茶花、白玉兰	叶	+	雀儿山公园、江滨公园、奇石园
草履蚧 *Drosicha contrahens*	刺吸	樱花 *Cerasus sp.*	叶	++	柳侯公园
紫薇绒蚧 *Eriococcus legerstroemiae*	刺吸	紫薇	枝、干	+	奇石园、河西公园、雀儿山公园、露塘苗圃
红蜡蚧 *Ceroplastes rubens*	刺吸	水蒲桃、苏铁	枝	+	奇石园、露塘苗圃
褐软蚧 *Coccus hesperidum*	刺吸	蝴蝶果 *Cleidiocarpon cavaleriei*	枝	+	雀儿山公园、江滨公园
龟蜡蚧 *Ceroplastes japonicas*	刺吸	小叶榕、茶花	枝	+	雀儿山公园、江滨公园、奇石园
荔枝蝽 *Tessaratoma papillosa*	刺吸	龙眼	梢、花蕾、果	+	奇石园
麻皮蝽 *Erthesina full*	刺吸	白玉兰	叶	+	雀儿山公园、江滨公园
杜鹃冠网蝽 *Stephanitis pyriodes*	刺吸	毛杜鹃	叶	++	奇石园、河西公园、雀儿山公园、江滨公园
丽盾蝽 *Chrysocoris grandis*	刺吸	栾树 *Koelrenteria paniculata*	叶	+	雀儿山公园、奇石园、露塘苗圃
榕管蓟马 *Gynaikothrips uzeli*	刺吸	小叶榕	叶	+	奇石园、河西公园、雀儿山公园、江滨公园、露塘苗圃
铜绿丽金龟 *Anomala corpulenta*	食叶	木槿 *Hibiscus syriacus*、茶花	根、叶	+	雀儿山公园、江滨公园
大绿金龟 *Anomala virens*	食叶	台湾相思 *Acacia confusa*	叶	+	雀儿山公园
小绿金龟 *Anomala siniea*	食叶	小叶榕	叶	+	奇石园、雀儿山公园
星天牛 *Anoplophora chinensis*	蛀干	柳树、樟树	干、枝	+++	奇石园、河西公园、雀儿山公园、江滨公园、露塘苗圃
眉斑楔天牛 *Glenea cantor Fabricius*	蛀干	美丽异木棉 *Ceiba insignis*、木棉	干、枝	++	奇石园、江滨公园
薄翅锯天牛 *Megopis sinica*	蛀干	柳树	干、枝	+	奇石园、江滨公园
桑粒肩天牛 *Apriona germari*	蛀干	栾树	干、枝	+	奇石园、露塘苗圃
樟密缨天牛 *Mimothestus annulicornis*	蛀干	樟树	干、枝	+	奇石园、江滨公园、柳高校园

续表

昆虫名称	危害特点	主要寄主植物	危害部位	危害程度	主要分布地点
橘绿天牛 *Chelidonium citri*	蛀干	九里香	干、枝	+	奇石园、雀儿山公园
柳圆叶甲 *Plagiodera versioalora*	食叶	柳树	叶	+	奇石园、雀儿山公园、江滨公园、露塘苗圃
红棕象甲 *Rhynchophorus ferrugineus*	蛀干	加拿利海枣、银海枣 *Phoenix sylvestris*	干	++	奇石园、露塘苗圃
绿鳞象甲 *Hypomeces squamosus*	食叶	紫薇	叶、嫩枝、芽	+	奇石园
樟蚕 *Eriogyna pyretoum*	食叶	樟树	叶	+	奇石园、科技园
灰白蚕蛾 *Ocinara Varians*	食叶	小叶榕	叶	+	奇石园、雀儿山公园、江滨公园、露塘苗圃
马尾松毛虫 *Dendrolimus punctatus*	食叶	马尾松 *Pinus massoniana*	叶	+	河西公园
茶蓑蛾 *Clania minuscula*	食叶	木槿、紫薇、茶花	叶	+	奇石园、雀儿山公园
褐带卷叶蛾 *Pandemis heparana*	食叶	茶花、紫叶李	叶	+	奇石园、雀儿山公园
黄刺蛾 *Cnidocampa flavescens*	食叶	潺槁树 *Itsea glutinosa*	叶	+	奇石园、江滨公园
褐边绿刺蛾 *Latoia consocia*	食叶	小叶榕、桂花、秋枫	叶	+	奇石园、雀儿山公园、江滨公园
扁刺蛾 *Thosea sinensis*	食叶	白玉兰	叶	+	奇石园、江滨公园
相思拟木蠹蛾 *Arbela bailbarana Mats*	蛀干	洋紫荆、秋枫、柳树	干、枝	+++	奇石园、雀儿山公园、江滨公园、露塘苗圃
木棉织蛾 *Binsitta sp.*	蛀干	木棉、白玉兰	嫩枝、叶柄、枝、干	+	奇石园、江滨公园、露塘苗圃
小地老虎 *Agrotis ypsilon*	地下	马尼拉草	根、茎	+	奇石园
斜纹夜蛾 *Spodoptera litura*	食叶	荷花	叶	+	雀儿山公园
长斑拟灯蛾 *Asota plana*	食叶	小叶榕	叶	+	奇石园、雀儿山公园
棉铃虫 *Helicoverpa armigera*	食叶	秋枫	叶	+	奇石园、雀儿山公园、江滨公园
黄杨绢野螟 *Diapani perspectalis*	食叶	小叶黄杨 *Buxus microphylla*	叶	++	奇石园、雀儿山公园、江滨公园
樟巢螟 *Orthag aolivacea*	蛀干	樟树、阴香	叶	+	奇石园、江滨公园
桃蛀螟 *Dichocrocis punctiferalis*	蛀干	桃、樱花	枝、干、果	++	奇石园、雀儿山公园、江滨公园
竹织叶野螟 *Algedonia Coclesalis*	食叶	竹	叶	+	江滨公园
豆野螟 *Maruca testulalis*	蛀干	鸡冠刺桐 *Erythrina crista-galli*、洋紫荆	叶、果	+	奇石园、雀儿山公园、江滨公园
棉卷叶野螟 *Sylepta derogata*	食叶	木槿、木芙蓉	叶	+	奇石园、雀儿山公园、江滨公园、河西公园
女贞尺蠖 *Naxa seriaria(Motschulsky)*	食叶	桂花、女贞 *Ligustrum lucidum*	叶	+	奇石园、雀儿山公园
大造桥虫 *Ascotis selenaria*	食叶	木槿、月季	叶	+	河西公园、雀儿山公园
曲纹紫灰蝶 *Chilades pandava*	食叶	苏铁	叶	++	奇石园、雀儿山公园、江滨公园
竹毒蛾 *Pantana visum*	食叶	佛肚竹 *Bambusa ventricosa*	叶	+	奇石园、江滨公园
乌桕毒蛾 *Black dotted tussock moth*	食叶	乌桕 *Triadica sebifera*、樟树	叶、嫩枝、果	+	奇石园、雀儿山公园、江滨公园
松毒蛾 *Dasychira axutha*	食叶	马尾松	叶	+	河西公园
樟青凤蝶 *Graphium sarpedon*	食叶	广玉兰	叶	+	雀儿山公园

表3 柳州市主要园林植物害虫种类

目名称	科（个）	占总科数比例（%）	属（个）	占总属数比例（%）	种（个）	占总种数比例（%）
蜚蠊目 Blattaria	1	2.6	1	1.4	1	1.3
半翅目 Hemiptera	15	39.5	33	45.8	39	48.8
缨翅目 Thysanoptera	1	2.6	1	0.1	1	1.3
鞘翅目 Coleoptera	5	13.2	10	13.9	12	15.0
鳞翅目 Lepidoptera	16	42.1	27	37.5	27	33.8
合计	38		72		80	

表4 柳州市主要园林植物食叶、刺吸、蛀干、地下害虫统计

目名称	种（个）				占总种数比例（%）			
	食叶害虫	刺吸害虫	蛀干害虫	地下害虫	食叶害虫	刺吸害虫	蛀干害虫	地下害虫
蜚蠊目				1				2.6
半翅目		39				48.8		
缨翅目		1				1.3		
鞘翅目	5		7		6.3		8.8	
鳞翅目	21		5	1	26.3		6.3	2.6
合计	26	40	12	2	32.6	50.1	15.1	5.2

吸汁类害虫主要是蚜虫、蚧壳虫、粉虱、蓟马、螨5类害虫。以5~10月份危害最为严重，同时为害时间较往年也有扩大趋势，极大原因是2012年以来柳州地区冬季普遍短暂，低温、霜冻等极端天气较少，大有暖冬趋势；食叶害虫主要以鳞翅目蛾类、鞘翅目叶甲类为主，危害的时间主要是4~10月份，此类昆虫多数善于飞行，扩散迅速，因而危害范围大、速度快，所以要提早做好防治措施；蛀干类害虫主要有天牛类害虫、红棕象甲、相思拟木蠹蛾、白蚁等，这类害虫为害隐蔽，极难发现，且大多蛀食树干内，因此幼虫防治难度大。

2.3 柳州市主要病虫害防控对策

通过近几年对柳州市园林植物病虫害系统观测、调查，掌握了其发生规律和危害情况，制定了防控对策。建立以生态环境为主线的绿色防控模式，采用生态调控与综合防治手法对城市园林植物病虫害进行防治[14]，增加昆虫和鸟类等物种的多渠道防治技术，形成绿色防控集成技术，达到生态环保和谐发展、永续利用。

主要病害采取的绿色防控措施如下。一是阻止病原物的侵入，重点做好蚜虫、粉虱、木虱、蚧壳虫类等虫害的防治；二是加强养护管理，利用和提高寄主植物的抗病能力；三是消灭、减少或抑制病原物；四是创造有利于寄主而不利于病原物的生长环境；五是治疗已发病的植株。

对害虫的治理要防控结合，采用绿色防控技术，本着预防为主的指导思想和安全、有效、经济、简便的原则，因地制宜，合理运用物理的、化学的、生物的方法及其他有效生态手段，把虫害的危害控制在经济阈值以下，达到提高经济效益和生态效益的目的。重点防治刺吸类和蛀干类害虫。一是源头管理。加强植物检疫防止外来害虫侵入。二是强化对害虫的监测和预报工作。三是采用物理防治方法。在绿地中安装频振式诱虫灯诱杀相思拟木蠹蛾、杜鹃冠网蝽等鳞翅目、半翅目多种害虫；在植物上吊挂色板诱杀蚜虫、叶蝉等害虫。四是采用生物防治方法。采用性诱剂诱杀星天牛、红棕象甲等害虫成虫。采用寄生性生物如管氏肿脚蜂、花绒寄甲防治危害柳树等植物的天牛类害虫。应用捕食螨防治危害紫薇等植物的红蜘蛛、粉虱、吹棉蚧等害虫，并保护好鸟类。五是

园林技术防治。合理搭配树种与布局，加强园林管理。六是适当化学防治。要贯彻植保方针，做好预防工作，严控化学防治次数。防治虫害时，要使用无公害药剂种类。星天牛在雀儿山公园危害柳树较严重，2014年采用绿色防控方法对危害柳树的星天牛进行防控。4~11月每月进行3次固定观测虫情，掌握其发生动态；在柳树林分中安装频振式诱虫灯，4~10月开灯诱杀其成虫；在5月、9月释放管氏肿脚蜂、花绒寄甲成虫；日常加强对柳树修剪和水肥管理，通过这些综合措施，2014年雀儿山公园危害柳树的星天牛绿色防治区比对照区（常规防治方法）4~11月平均有虫株率下降11.2%，防控效果良好（图1）。

3 结论

调查结果表明，柳州市园林植物主要病害有24种，分属于叶枯病、白粉病、炭疽病、黑斑病、煤污病、锈病、褐斑病、黄化病8大类。主要害虫有80种，分属1个纲、5个目、72个属，危害方式有食叶、

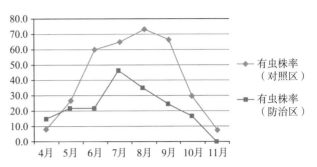

图1 雀儿山公园2014年星天牛危害柳树有虫株率对比

刺吸、蛀干和地下4类。

通过对园林植物病虫害系统观测、调查，掌握了其发生规律和危害情况，提出了应用源头管理、物理防治、生物防治、园林技术和适当化学防治相结合的绿色防控技术。

对危害严重的杜鹃冠网蝽、相思拟木蠹蛾、星天牛等，要加强对其生物学和生态学特性与发生规律研究，并针对重要害虫探索其绿色防控技术的集成应用研究。

参考文献

[1] 王路平.园林树木病虫害防治中的绿色技术和传统方法分析[J].绿色科技,2014（2）:56-57.
[2] 郑进.园林植物病虫害发生特点与防治进展[J].湖北林业科技,2003（3）:27-29.
[3] 邹志燕,李磊.城市园林植物病虫害发生特点与防治对策[J].广东园林,2007（2）:65-67.
[4] 谢彦洁,梁萍,覃连红等.广西南宁市绿化树木木蠹蛾发生为害调查[J].广西植保,2010（3）:1-4.
[5] 刘有莲,黄寿昌,刘建敏.柳州市园林害虫调查与综合治理建议[J].北方园艺,2011（15）:132-135.
[6] 曹书阁,庞正轰,林艳青等.拟木蠹蛾对广西桂中地区绿化树种危害调查[J].广东农业科学,2012（10）:101-104.
[7] 陆恒,吕浩荣,鄢海印等.佛山新城城市绿地有害生物调查及防控对策[J].广东园林,2016（4）:80-84.
[8] 王万磊.城市园林植物病虫害生态控制探析[J].防护林科技,2014,126（3）:48-49.
[9] 卢志华,包颖,李永生.城市园林植物病虫害防治存在问题和措施[J].吉林林业科技,2016,45（6）:32-36.
[10] 王大平.城市园林植物病虫害的综合防治[J].渝西学院学报（自然科学版）,2003,2（4）:58-60.
[11] 刘天峰.园林植物病虫害绿色防控措施[J].现代农业科技,2014（20）:123,126.
[12] 隆卫革.柳州市园林植物树种调查与评价[J].安徽农业科学,2008,36（2）:532-534,556.
[13] 关继东.森林病虫害防治[M].北京:高等教育出版社,2011:89-277.
[14] 安旭,陶联侦.城市园林植物后期养护管理学[M].杭州:浙江大学出版社,2013:162-178.

现代园林 2017,14(1);56-64.

Modern Landscape Architecture

江西省上饶县中华蜜蜂谷植物景观提升研究

Research on Promotion of Plants Landscape in Valley of Bees of Shangrao Jiangxi

▶ 刘幸佳* 芮雅佳 陈巧
Liu Xingjia*, Rui Yajia, Chen Qiao

浙江远见旅游设计有限公司，杭州 310015
Zhejiang Yuanjian Tourism Planning and Design Co. Ltd., Hangzhou 310015

摘　要：本文结合中华蜜蜂谷项目的前期规划和项目地本身的资源特点，提出了项目地植物景观营造的具体方案与建议，根据"四大区块，一条主轴、若干节点"的景观空间结构，在溪谷、花田、蜜蜂保种繁殖区等重要节点，补植油菜、紫云英、柑橘、山乌桕、柃等蜜源植物，通过合理配置等，提升节点景观的观赏性，提出核心景区的植物配置方案，丰富蜜蜂谷的空间层次，形成多样化的植物景观。

关键词：场地分析；景观结构；旅游景观

中图分类号：TU986　　　　文献标识码：A

Abstract: Combining the pre-planning of valley of bees with its natural resources characteristics, we put forward specific schemes and suggestions for the plants landscape construction in valley of bees. According to the landscape spatial structure, *Four Blocks, One Main Spindle and Several Nodes*, nectar plants such as *Brassica, campestris, Astragalus, Sinicus, Citrus, Reticulata* etc should be planted in some important nodes such as brooks, flower fields and breeding areas of bees etc. Through rational configuring, the ornamental value of nodes would be enhanced and schemes regarding plant configuration of core areas would be put forward to rich the space hierarchy and construct diverse plants landscape.

Key words: place analysis; plant configuration; tourism landscape

　　中华蜜蜂谷位于上饶县五府山镇内，是五府山国家森林公园的重要组成部分，以中蜂源地、原生蜂群、森林秘境、高山峡谷为特色资源，结合蜜蜂养殖、蜜蜂保种、蜜蜂疗养等传统文化，旨在建设成集科普体验、自然观光、运动养生、休闲度假为一体的蜜蜂观光示范园区。根据项目的场地特征、环境特点及功能要求，确定"一带四区"的空间结构布局，即蜜蜂溪谷亲水景观带，园区入口综合服务区、蜜蜂科普文化体验区、蜜蜂疗养康体度假区、蜂谷运动休闲观光区。

　　在功能上，以满足蜜蜂产业生产和大众休闲旅游为目的，通过筹建万亩蜜源植物园、蜜蜂亲子园、蜂疗基地、蜜蜂博物馆等子项目，打造集看花、赏景、喝蜜、运动、健身、休闲为一体的农旅综合体项目。因此，在植物景观的营造上，应与自然的生态景观相融合，选择既具有农业观赏特征，又适宜游客亲近的

作者简介：

刘幸佳（通讯作者）/1988年生/女/浙江杭州人/硕士/风景园林工程师/浙江远见旅游设计有限公司/从事景观地系统规划及植物配置和种植设计

芮雅佳/1977年生/女/浙江杭州人/本科/景观设计师/浙江远见旅游设计有限公司/从事旅游规划设计及景观设计

陈巧/1983年生/女/浙江台州人/本科/景观设计师/浙江远见旅游设计有限公司/从事旅游区修建性详细规划及景观方案设计

收稿日期 2016-11-17　接收日期 2017-03-15　修定日期 2017-03-27

植物素材作为景观空间的核心，打造具有浓重乡土气息特色的生产性景观[1]。尤其在建设蜜源植物园时，应注重蜜源植物[2-4]的种类、果实、叶片、季相等观赏特性和地区适宜性，加强与其他景观要素的结合，营造出中华蜜蜂谷独特的植物景观。

1 场地分析与指导思想

1.1 高程分析

该项目采用 ARCGIS 地理信息系统分析技术对中华蜜蜂谷的场地条件进行分析研究。

高程分析显示，项目地最高海拔 623m；海拔 500~1000m 的区域属于低山区，以生态保育和涵养水源功能为主，适宜性中等；海拔低于 500m 的区域属于低山及平原区，开发适宜性较高，适合集中的开发（图 1）。

1.2 坡度分析

通过对项目地的坡度分析，建议坡度 <15° 的区域适宜高强度开发；坡度 15%~45° 的区域可顺应地形低密度开发；坡度 >45° 的区域，坡度陡，建设成本高，且水土易被冲蚀，应予以保护和修复，保护水土（图 2）。

1.3 坡向分析

坡向能够影响到建筑的通风、采光。如在炎热地区，住宅适合建在面对主导风向、背对日照的地方，而寒冷地区则希望背对主导风向，面对日照，这和坡向密切相关（图 3）。

1.4 用地适宜性分析

用地适宜性分析可以判断出，高适宜建设区集中于沟域谷地两侧，是最适宜开发的区域，开发机会大、成本小，适合集中式、高密度的紧凑开发建设；

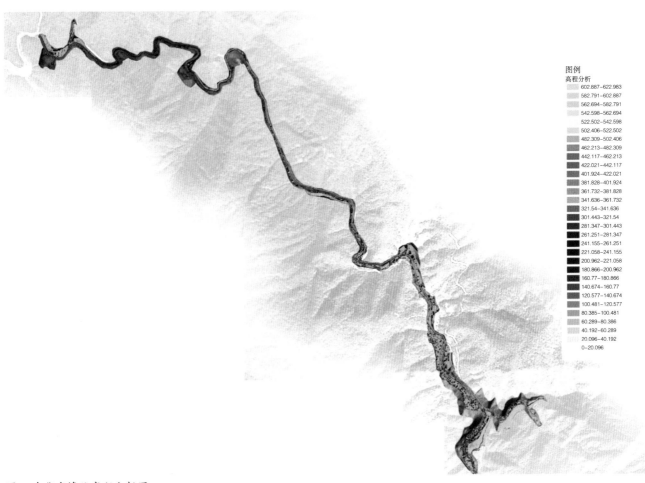

图例
高程分析

602.887-622.983
582.791-602.887
562.694-582.791
542.598-562.694
522.502-542.598
502.406-522.502
482.309-502.406
462.213-482.309
442.117-462.213
422.021-442.117
401.924-422.021
381.828-401.924
361.732-381.828
341.636-361.732
321.54-341.636
301.443-321.54
281.347-301.443
261.251-281.347
241.155-261.251
221.058-241.155
200.962-221.058
180.866-200.962
160.77-180.866
140.674-160.77
120.577-140.674
100.481-120.577
80.385-100.481
60.289-80.386
40.192-60.289
20.096-40.192
0-20.096

图 1 中华蜜蜂谷高程分析图

图 2　中华蜜蜂谷坡度分析图

中适宜建设区集中于浅山区，开发与保护并重，应顺应地形，进行中低密度的旅游设施开发；低适宜建设区集中于山地区域，开发成本高，应加强生态环境保育，适宜进行低密度及低强度的旅游设施布局及生态旅游活动（图 4）。

　　通过以上分析可知，项目地地形丰富，不同条件与风貌完全能够适应观光休闲、运动康体、高端度假等多种业态的规划建设要求，并达到私密静宜、高尚风雅的体验效果。同时，能够有效地在可建设用地上实施拆迁和改造，开展低容积率、低密度的建设，进行低强度开发，进而确保项目建设及运营。

1.5　指导思想

　　项目地的植物景观提升应利用峡谷优美的水域风光和生态森林景观，结合用地布局形成景观轴线；通过对四大功能分区、公共空间、绿化、周边景观等的有序排列，形成空间景观的层次和节奏；处理好

各类建筑物和构件的选址、造型、形式、色彩以及与周围环境关系，使其与溪谷漂流段、周边村庄、景区（点）环境协调，交融一体，构筑休闲旅游空间。其中溪谷漂流段景观改造和沿岸整治工程，应强调整体感和层次感，注重景区内各功能区空间和景观结构的有机构成，合理配置蜜源植物，仿生原蜜蜂保育繁殖生境，打造梦幻蜂花溪谷。具体做到如下几点。

　　（1）坚持森林的保护与植被建设相结合，树种的观赏价值与经济效益相结合，观花树与摘果树相结合的绿化方式，使植物群落的色彩层次、虚实对比丰富多彩。

　　（2）适地适树选择景观植物。以乡土树种为基础，如香樟（*Cinnamomum camphora*）、油茶（*Camellia oleifera*）、枫香（*Liquidambar formosana*）等，注重引种植物的多样性、多彩性；重视发展花果兼优的风景林及经济林；注意选择观赏特色突出、季相变化鲜明的珍稀树种，以丰富景区景色，力求达到四季

图 3　中华蜜蜂谷坡向分析图

坡向分析
平地
坡向北
坡向东北
坡向东
坡向东南
坡向南
坡向西南
坡向西
坡向西北

常青、三季有花、四时景色各异；补植江西境内主要蜜源植物，油菜、紫云英、柑橘、山乌桕、枧等，实现中华蜜蜂保种培育的生境营造。

（3）核心区附近景观必须紧扣浪漫唯美的主题特征，突出景物风貌，以形成烘托气氛、引人入胜的画面。

2　景观结构与道路系统

2.1　景观空间结构

根据场地空间和景观资源分布的实际情况，中华蜜蜂谷的景观空间结构基本上可分为"四大区块，一条主轴、若干节点"。

"一条主轴"——船坑溪谷亲水悠游带，以溪谷为依托的景观主轴；

"四大区块"——景区入口印象记忆区、横溪村落风貌控制区、蜂花溪谷发展核心区、高山生态发展预留区；

"若干节点"——根据地势特征、地表覆被和景观视线控制性的特点，形成若干个景观节点（如印象蜂谷、蜂谷驿站、丛林乐章、花香蝶影、蜜谷幽兰、芦菊溪廊、飞舟踏浪、激情溯溪、锦绣花海、双溪漫屿、感光浴台、迷雾石阵、蜂情花语等），在视线上控制整个区域的景观体系。

通过"一条主轴、四大区块、若干节点"的景观空间布局，形成立体的景观空间层次，使中华蜜蜂谷景观具有丰富的景致效果。

2.2　景观系统布局

在水域、峡谷风光和五府山生态公益林的大背景上点缀多个不同等级、不同大小的景观斑块，斑块之间以景观廊道相连接，排列有序、联系紧密、功能互补，构成有机的景观系统。设计时应保持斑块的完整性，防止人为破碎化。

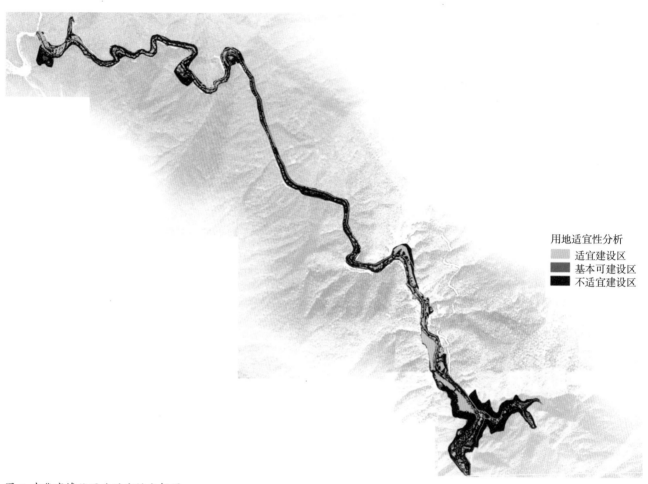

图4 中华蜜蜂谷用地适宜性分析图

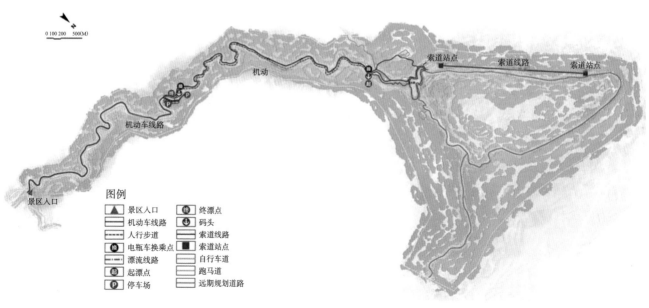

图5 中华蜜蜂谷道路系统规划图

2.2.1 景观基底

整治溪岸树木杂草，突出"奇岩、溪流、峡谷"的景观意象。依据借景、对景、障景等传统构景手法[5]对漂流河道两侧的山水景观进行创意组合，使之成为游客可观、可游、可思、可忆、可摄的对象。

2.2.2 景观斑块

景观斑块有大有小，功能各不相同，景观特征各异。面积较小、功能较为单一者为景观节点，面积较大、功能较为复杂者为景观片区。

入口印象斑块：斑块范围为中华蜜蜂谷入口至印象蜂谷（原废旧厂房），它是以绿色隧道——印象蜂谷为核心，配以休憩景厅、文化景墙、园林小品等特色景观，实现游客旅游心境的转换。

风貌控制斑块：该区域是景区与外围村庄重要的风貌协调区，主要以建筑立面改造为主，同时融入休闲旅游元素，并配以成片植物景观，以构筑和谐的景观区。

溪谷漂流斑块：斑块范围为蜂花溪谷外扩20m区域，它是整个中华蜜蜂谷重要的生态景观背景，以各种水生植物、河滩植物、护坡植物及生态绿地等为特征，形成漂流过程中的十大景观节点。

文化体验斑块：斑块范围为核心区综合服务中心至蜂情花语花田，作为中蜂文化展示基地和摄影基地，以中蜂科研繁育基地、文化博览馆、蜜月餐厅、摄影基地、商品展销、景观花海等休闲式建筑或景观为特征，它是游、产、购、娱等为一体的现代化休闲场所。

休闲会所斑块：斑块范围为规划中水坝上游沿线，以养生会馆、度假别墅、会议中心、湖泊竹林等休闲式建筑或景观为特征。

2.2.3 景观廊道

动静结合的漂流河段构成一条生态型景观廊道。以密疏结合的设计手法加强轴线意象，运用透景手法，使山坡景观与溪流相互借景，适当延伸部分地段的步行栈道和桥梁，使景观层次更为丰富，景观功能更为完整，景观效果更为美观。

2.3 道路系统规划

规划区域内道路系统以现有道路为基础，拓宽主干道，适当新建各个景点的连接道路，铺设各景点的内部游览车道及步道，注重道路铺装及沿路的景观绿化、特色美化、重点亮化与项目区旅游主题的协调。景区内部将形成"一带、三环、多支"的大交通格局（图5）。

3 重点核心片区景观规划

3.1 溪谷漂流地块

以丛林花间溪谷漂流带整个区域为范围，突出花溪漂流的主题，满足漂流项目的创意漂流、花谷休闲、生态观光等功能；以原有植被作为基调树种，通过漂流区域的植物梳理，并对服务设施进行配套绿化，合理布局山、水、石、植物等景观元素，体现原始、生态、繁花的整体理念。根据方案设计的绿化范围，可分为3大区域——蜂谷驿站（含终漂码头）、丛林花间溪谷、核心区综合服务中心（含始漂码头）。

梳理丛林花间溪谷原有树种，结合景观节点的主题进行绿化补植，乔灌合理配植，增加色彩性和景观性。根据次级服务中心的设计方案，进行蜂谷驿站（含终漂码头）绿化配建。以开花小乔木搭配常绿矮灌木，或色叶乔木搭配夏花灌木，滨水线栽植挺水植物，如水生鸢尾等；桥头孤植樱花大树，与水面形成独景；核心区综合服务中心（含起漂码头）与蜂谷驿站基本相同，以配建为主，以观赏草为主，木本层散植灌木或小乔木。具体植物配置见表1。

3.2 大坝花田地块

以起漂点至大坝溪谷延伸段沿岸公园绿地为范围，突出蜂情花语的主题定位，满足公共绿地、观光摄影、休闲游憩等功能；以现有地形的高程为基础，对土地稍作平整（台田高差＜0.5m）。植物主要以红黄色系月季品种搭配为主，竹林沿线预留2~3m作为过渡隔离带，播种混色指甲花，起防蛇作用。整个区域以园路、廊架、景观小品及月季斑块构成。

在起漂码头即核心区服务中心进入花田的入口处对植树状月季（高干、垂枝），以丰富空间效果；在园路、廊架、休憩凳椅旁选用高度适中、香味俱佳的杂种香水月季，丛植；背景或衬景选择高大的灌木月季，台田边缘及花径两侧用微型月季镶边或丰花月季作矮花篱，花架上爬藤本月季，整体形成高低错落的层次感。根据主题性的不同，在区域转换处栽植树状月季，起到引导作用，以藤本月季装点修饰景观

表 1　溪谷漂流地块植物配置表

植物名称	拉丁学名	生活型	观赏特性及用途	种植方式
樱花 *	*Prunus serrulata*	落叶乔木	花白色或淡粉色，花期 4~5 月，终漂码头桥头	孤植
鸡爪械	*Acer palmatum*	落叶小乔木	秋色叶树种，秋叶红色，终漂码头植物配建	孤植
紫叶李 *	*Prunus cerasifera*	落叶小乔木	叶常年红色，花期 4 月，终漂码头植物配建	孤植
金丝桃 *	*Hypericum monogynum*	半常绿灌木	花黄色，花期 5~8 月，终漂码头植物配建及漂流段坡面补植	丛植
栀子	*Gardenia jasminoides*	常绿灌木	花白色，淡香，花期 6~8，终漂码头植物配建及漂流段坡面补植	丛植
锦绣杜鹃	*Rhododendron pulchrum*	常绿灌木	花玫瑰红色，花期 4~5 月，漂流段坡面补植	片植
金叶女贞 *	*Ligustrum x vicaryi*	半常绿灌木	叶全黄色，春秋两季尤其明显，漂流段拐角补植	丛植
云南黄馨	*Jasminum mesnyi*	常绿灌木	花黄色，花期 3~4 月，漂流段沿岸护坡	—
南天竹	*Nandina domestica*	常绿灌木	观果观叶树种，漂流段高层视线遮挡	片植
十大功劳	*Mahonia fortunei*	常绿灌木	四季常绿，绿篱，与南天竹作用相同	片植
木槿	*Hibiscus syriacus*	落叶灌木	花粉紫色，花期 7~10 月，漂流段护坡高层灌木	群植
阿拉伯婆婆纳	*Veronica persica*	一二年生草本	花淡蓝色，花期 3~5 月，漂流段地被	片植
红花酢浆草	*Oxalis corymbosa*	多年生草本	花红色，花期 3~12 月，漂流段地被	片植
美丽月见草 *	*Oenothera speciosa*	多年生草本	花粉色，花期 4~11 月，漂流段地被	片植
紫云英 *	*Astragalus sinicus*	二年生草本	花粉色，花期 2~6 月，漂流段花带	片植
野菊 *	*Dendranthema indicum*	多年生草本	花黄色，花期 6~11 月，漂流段河岸山坡	片植
玉簪	*Hosta plantaginea*	多年生草本	花白色，花期 7~9 月，芳香，漂流段草坡、岩石边	丛植
大花萱草	*Hemerocallis middendorfii*	多年生草本	花金黄色或橘黄色，花期 7~8 月，具芳香，漂流段沿岸	片植
鸢尾	*Iris tectorum*	多年生草本	花蓝紫色，花期 4~5 月，花香淡雅，漂流段水边及林缘	丛植
花叶芦竹	*Arundo donax var. versicolor*	多年生草本	叶黄白色条纹	丛植
芦苇	*Phragmites australis*	多年生草本	花期 8~12 月，漂流段滨水线补植	丛植
芒草	*Miscanthus floridulus*	多年生草本	花期 8~9 月，花初期为淡黄色、成熟时呈黄褐色，与芦苇混种	混植
蒲苇	*Cortaderia selloana*	多年生草本	花期 9~10 月，观赏草，漂流段河岸种植	混植
金银花 *	*Lonicera japonica*	半常绿灌木	花期 4~6 月，漂流段绿化矮墙	片植
凌霄 *	*Campsis grandiflora*	落叶藤本	花橙红色，花期 5~8 月	—
木芙蓉 *	*Hibiscus mutabilis*	落叶灌木	花粉色，花期 8~10 月	丛植
红叶石楠 *	*Photinia x fraseri*	常绿灌木	春季新叶红艳，夏季转绿，秋、冬、春三季呈红色	孤植

注：* 为蜜源植物

小品，形成甬道和花柱，成为建筑物与园林空间的纽带；花田应配置一定面积的草坪作为衬托，使视野开阔，更具空间感；采用常绿的园景树、庭荫树、色叶树补充点缀（图 6）。

月季品种选择主要参考南昌市引进并成功栽植的月季品种 [6-8]，如'翰钱''伊丽莎白女王''绯扇''黄和平''红双喜''金凤凰''粉和平''亚力克红''粉扇''金奖章''卡罗拉''伏都教''梅郎口红''爱''荷兰黄金''月季中心'等杂种香水月季品种，'曼海姆''新貌''红从容''欢笑''红帽

图 6 溪谷漂流段大坝花田景观手绘图

图 7 入口景观效果图

子''金玛莉'等丰花月季品种,'光谱''桑德林汉纪念''安吉拉''大游行''橘红火焰'等藤本月季品种,'肯特''哈德福俊''巴西诺''恋情火焰'等灌木月季品种,'红宝石''小女孩''和谐''金太阳'等微型月季品种。

4 节点植物景观规划

景区内的植物景观规划应符合各功能分区及其项目主题定位。将连绵起伏的山林景观融入景区,使人文景观和自然景观相互融合,形成全域绿化特色。以保护自然环境和景观为前提,本着因地制宜、适地适树的原则,采用以"面"为主,"点""线""面"结合的方式,增加乡土树种,丰富植被季相,使各区段景观节点的景观绿化各具特色,达到树种生态习性和环境条件相统一,植被景观与人文景观相协调。中华蜜蜂谷所在地的主要景观包括入口景观、道路景观、溪谷景观、花田景观、农家景观、公共设施景观等。

4.1 入口景观绿化

采用小乔木对植的形式,合理配置花灌木及草本地被,以形成绿色隧道的绿化效果,景观桥立面宜进行垂直绿化。利用现有竹林及静水面,打造景观游步道,利于人流、车流集散,周边宜种植季相丰富或夏季开花的小乔木,与绿色竹林相互映衬,着重在形象展示和漂流景区两处入口形成入口景观,用绿化衬托主体标志物,创造良好的环境气氛。

选择树干挺直、观赏性强的乔木,配以花期长、适应力强的花灌木或直立草花,如榆树、红枫、红叶李,绣线菊、藤本月季、蔷薇,八仙花、二月兰等。

根据现有山体和竹林的特色,改造现有道路桥梁,修建印象蜂谷景观建筑,形成中华蜜蜂谷及溪谷漂流的形象入口展示景观(图 7)。

4.2 道路景观绿化

行车道路绿化采用常绿树与色彩艳丽的花卉集中布局在溪流沿路边上,增加景区通道的景观性;游览道路宜用自丛式种植,随地形变化以乔木、灌木配植成自然群落,并与景物共同融合于周围环境之中。

在植物配置上应相互配合,并应协调空间层次、树形组合、色彩搭配和季相变化的关系[9]。毗邻山、河、湖、海的道路,其绿化应结合自然环境,突出自然景观特色。

行道树配置方案有银杏、桂花、紫薇,枫香、竹、杜鹃、金钱松、山茶、蜡梅,柳树、碧桃、南天竹、樟树、垂丝海棠、金丝桃等。

4.3 溪谷景观绿化

溪谷景观处理以生态驳岸为主,结合人工方式,做到安全、生态、美观。在沿岸视景较好处建造小桥、游步道等;岸上通过绿化种植,进行植被改造和处理,营造优美宁静的观赏环境,形成良好的滨水环境景观线。

规划的重点是在现有基础上强化水边、路边及山边的绿化,与游路绿化相结合;充实观花树种和观叶树种,如白玉兰、垂丝海棠、紫薇、杜鹃、山茶等,形成桃柳相映、疏林夹岸、荷香争艳、海棠富贵等四季不同的景观。

选择耐水淹、耐潮遮阴、树型美观、适应环境能力强的植物,也可适当种植一定的攀缘类以及挺水植物,如八仙花、水杉、海桐、垂柳、桃树、杜鹃、枫香等。

4.4 农家景观绿化

充分利用现状及自然地形,因地制宜,利用为主,改造为辅,就地掘池,因势掇山,充分考虑使用功能、园林景观、园林植物生长等诸方面的要求,切合实际,以便于分期建设及日常经营管理。以竹林山地为基础,以面上组团式的绿化或小游园地为核心,以道路绿化为网络。

结合休闲农家主题、现地以及现有植被情况,建设木屋群,用地表现主题特点和风格,避免景观的重复,与周围环境配合,与邻近的建筑、道路、绿地等密切联系。保留原有绿地和树木,绿地应以植物造景为主,营造具有四时不同景观的居住环境,利用垂直绿化,屋顶和阳台绿化等方式增加绿视率,提升居住环境。

绿地植物材料应用以木本植物为主,选择种类丰富、观赏价值高的树种,加强地被管理,实现四季常绿、四季有花可赏。以乡土树种为主,如香樟、桂花、银杏、红枫、鸡爪槭、菖蒲、鸢尾、千屈菜等。

4.5 公共设施景观绿化

公共设施以建筑景观为主,配以相关景观小品。建筑材料主要以当地的石材、砖和木材为主,结合花篱、竹篱、绿篱,突出中蜂特色,体现自然的建筑环境景观。对现有的配套绿化进行扩容和改造,以植物造景为主,植物配置要乔、灌、花、草相结合,管理粗放,特色鲜明。

规划以轻松、景观化的环境,通过移步换景的方式,营建清净宜人的外部环境;在规划范围内,根据地形和项目的需要设计不同的绿化内容,形成或开敞或闭合的效果和意境,达到观赏、分区作用于一体的目的。

树种应该选择抗破坏能力强、无毒无害、美化环境、净化空气能力强的植物,如杜鹃、香樟、紫薇、广玉兰、银杏、合欢、侧柏、女贞、悬铃木、罗汉松等。

以节点景观绿化与重点核心区块的景观功能相呼应,来提升中华蜜蜂谷项目的整体景观档次。

5 结语

中华蜜蜂谷的植物景观提升有别于一般山谷或溪谷的景观设计,除了要以地形地貌为依据,梳理原有水系,采用乡土树种为基调树种之外,更应注重以蜜源植物为特色植物,根据景观空间结构与系统布局的自然特征来研究其植物景观营造要点。在山谷中构建中华蜂类生境,将植物、动物、景致、构造元素皆与蜜蜂产业及其自然生态链相关联,实现丰富项目地研究、传承蜜蜂文化和开展蜜蜂科普知识宣传的功能。

本项目应就上饶地区的蜜源植物种类进行进一步的调查,研究其在绿地景观中的配置和应用现状,综合考虑其经济效益和景观价值,为园区蜜源植物的合理配置提供科学依据,从而实现项目地植物配置的自然化。

参考文献

[1] 宋继华.浅析生产性景观中植物的应用[D].浙江大学,2013.
[2] 邓仁根,赵芝俊,余艳锋.江西省蜂业发展现状与趋势分析[J].中国农业资源与区划,2010,31(4):54-57.
[3] 郭晶,郭瑛.上饶县蜜粉源植物调查报告[J].中国蜂业,2008,59(9):28.
[4] 诸葛毅,王小同,吴彬.浙江开化蜜源农作物资源调查研究[J].安徽农业科学,2013,41(30):11978-11980.
[5] 王俊.论园林植物景观空间设计构景手法[J].现代园艺,2014(16):116-116.
[6] 谢凤俊.南昌市月季品种调查及评价[D].江西农业大学,2011.
[7] 彭华,管帮富,彭火辉等.江西南昌引种丰花及微型月季品种的鉴定评估[J].江西农业学报,2012,24(4):34-37.
[8] 管帮富,彭华,彭火辉等.南昌地区引种大花及藤本月季品种的评估鉴定[J].江西农业学报,2013(12):19-26.
[9] 尹会荣,薛儒,何三军.浅析城市道路绿化[J].国土绿化,2004(10):8.

植物景观设计与绿化工程
Plantscape Design and Greening Engineering

現代園林 2017,14(1):65-72.
Modern Landscape Architecture

永续栽培理念下的泰安市里裕村可食地景规划设计
Planning and Design of Edible Landscape in the Village of Tai'an City under the Concept of Permaculture

吴瑞宁 陈月 张胜 杨景慧 孙宪芝 *
Wu Ruining, Chen Yue, Zhang Sheng, Yang Jinghui, Sun Xianzhi*

山东农业大学园艺科学与工程学院，泰安 271018
College of Horticulture Science and Engineering，Shandong Agricultural University，Tai'an 271018

摘　要：本文主要探讨将永续栽培的理念、方法与原理应用到可食地景中。以泰安市里裕村改造为例，依据基地的实际情况，运用永续栽培方法对里裕村背景与 SWOT 进行分析，运用永续设计理念与原理指导里裕村可食地景的规划原则、总体思路与规划结构，植物以可食用植物为主，搭配观赏植物与药用植物，强调每个元素之间的相互作用。本文总结永续栽培在可食地景中的应用形式，即主要体现在动植物、自然资源、能源、生态、经济、科技六个方面，旨在以永续栽培理念指导可食地景的建设，并为可食地景的应用提供参考。

关键词：可食用景观；村庄改造；园林设计

中图分类号：TU986　　　　文献标识码：A

Abstract: Applying the concept, approaches and principles of Permaculture to edible landscape is mainly discussed in the paper. Taking the transformation in Li Yu Village in Tai'an city as an example, based on the real situation in the village, we used the permaculture methods to do SWOT analysis on the background of Li Yu village and used the permaculture concept and principles to lead the planning principles, general ideas and planning structure of the edible landscape in this village. We added some ornamental plants and medicinal plants in the edible plants based landscape design to emphasize the interaction of elements. This research summarized the application form of permaculture in edible landscape in six aspects, animals and vegetation, natural resources, energy, ecology, economy and technology, aiming at the guidance in the construction of edible landscape through the permaculture concept and supplying some references for the application of edible landscape.

Key words: edible landscape; village reconstruction; landscape design

近年来，"人增地减"为我国现代化过程中最突出的矛盾。耕地减少，未来耕地补充的能力有限，粮食单产持续提高难度加大[1]。20 世纪 80 年代，园林设计师、环保主义者 Robert Kourik 首先提出了可食地景的概念，它代表园林设计与农业生产相融合[2]，在美观的前提下增加产值，可食地景作为新的园林设计形式逐渐兴起。由于资源环境的问题弊端逐渐明显，园林设计进入新的发展时期，生态可持续与应用型园林在园林界的呼声逐渐提高，永续栽培也为其中之一。永续栽培是指永续的农业，也指永续的文化[3]，其范围涉及植物、动物、住房和基础设施（如水、能源和通信）、农场、林业、果园，等等，是一种生态设计理念与方法。永续栽培强调运用各个元素造园时所创造的相互关系[4]。永续栽培旨在建设循环

作者简介：
吴瑞宁/1992年生/女/山东聊城人/山东农业大学园艺科学与工程学院/硕士研究生/研究方向为农业园区规划设计
孙宪芝（通讯作者）/1974年生/女/山东东营人/山东农业大学园艺科学与工程学院/副教授/研究方向为观赏园艺
收稿日期 2016-12-20　接收日期 2017-02-25　修定日期 2017-03-27

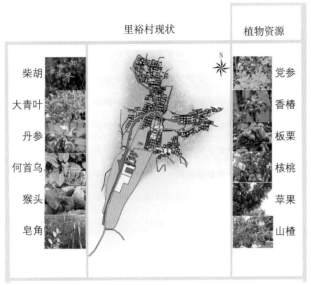

图 1 资源现状图

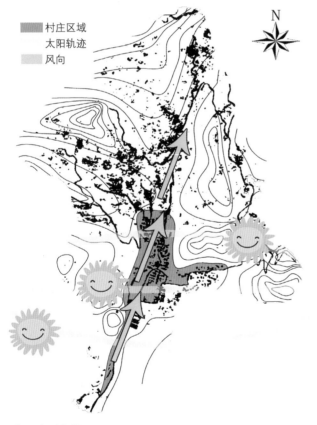

图 2 扇形分析

可持续环境，其在实际应用上的体现可归纳为七个方面，分别为植物、自然资源、生态、能源、经济、科技、人的参与性。

1 泰安市里裕村背景与SWOT分析

道朗镇里裕村以农家乐旅游产业为主要经济收入来源，具有良好的基础资源，是全国休闲农业与乡村旅游示范点，被称为山东省"最美乡村"。里裕村景色优美，基础条件优越，实地调研发现，村内闲置绿地较多，利用率低，景观略显不足。

1.1 区位分析

（1）区位

里峪村位于泰安市岱岳区道郎镇西部，山东省中部，地理坐标在东经116°20′~117°59′，北纬35°38′~36°28′[5]。根据实地调查，里裕村是一个三面环山并保持当地特色的古村落，现在以农家乐为主的乡村旅游为主要发展方向，本文主要对村内的绿地进行总体规划整合，使其更加符合该村的发展。

（2）自然资源

里裕村土地面积5500亩，其中耕地400亩，果园面积1500亩，荒山林地面积3600亩。全村山林面积5000多亩，丛林茂密，山水环绕，森林覆盖率达95%。里裕村盛产香椿（*Toona sinensis*）、板栗（*Castanea mollissima*）、核桃（*Juglans regia*）、苹果（*Malus pumila*），大量种植党参（*Codonopsis pilosula*）、丹参（*Salvia miltiorrhiza*）、大青叶（*Isatis indigotica*）、何首乌（*Fallopia multiflora*）、猴头（*Hericium erinaceus*）等中药材（图1）。

（3）气候土壤

泰安市属于暖温带季风气候，降水集中，雨热同期，春秋短暂，夏冬较长，年平均气温12.9℃，年平均降水800mm，光照资源充足，光照时数年均2490h。

（4）扇形分析

运用扇形分析观察村庄的能量流动状况，主要包括太阳角度、风向、噪声灰尘、景色四方面。观察日出、日中、日落的位置，进行景色优劣划分，确定噪音灰尘的方向和风向（图2）。将这些因素应用到设计中，减轻场地压力，强化并提高系统的生命力，创造出区域性小气候，实现低成本与生态可持续的营造。

（5）工作流程分析

对村庄的工作流程进行科学探析，由实地调研可知，村庄绿地基本都围绕村民居住地而设，由此可依据路线长短和使用人数确立村庄道路与种植区的规划设计，实现能量损耗达到最低值。

1.2 现状研究

（1）现状用地

现状：全村规划用地5500亩，山林面积5000亩，村域面积约500亩，涵盖田家庄、康家庄、北赵庄、东赵庄、尹家庄5个自然村及周边山地区域。建筑分布较为集中（图3），大部分为山林与农田。

结论：根据基地现有尺度合理安排村域景观绿地，区分绿地景观的性能，整合零散绿地，合理安排生产性景观和观赏性景观。

（2）现状植被

现状：基地现状大面积用地为农作物、果树种植，居民点周围有小范围的宅间绿化（图4），基地内有两条叉形水域，地形略有起伏。

结论：设计中考虑现有植被的运用，保留具有观赏价值的植物，地形较少变动，将零散斑块进行整合。

1.3 优势分析

（1）生态环境优势

通过对周边村庄的实地勘察与对比，里峪村周边山体景观多样性突出，特别是山势形体方面优势明显。自然风光秀丽，集泰山之灵气，丛林茂密，山水环绕，山体植被葱郁。

（2）植物资源丰富

里裕村果树种类丰富、产果量大，主要有山楂、板栗、核桃、桃（*Amygdalus persica*）、杏（*Armeniaca vulgaris*）及少量苹果和樱桃（*Cerasus pseudocerasus*）；药用作物资源丰富，主要有党参、丹参、柴胡、大青叶、全蒌、何首乌、天花、猴头等。

（3）基础条件优越

区域优势明显，里裕村位于泰山脚下，距泰安15km，北与长清为临，西与肥城搭界，距京沪高铁泰安站、京台高速公路出站口仅7km，距济南飞机场80km[6]。村庄自身涵盖的文化符号丰富，如传统民居、泰山石敢当、特定时代的石刻、军事文化，等等（图5）。

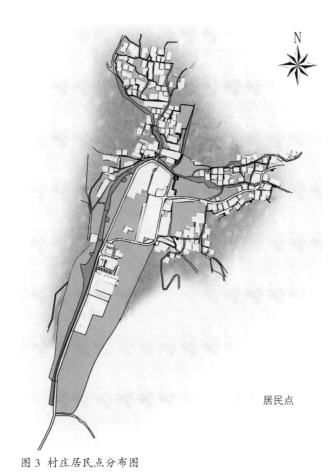

居民点

图3 村庄居民点分布图

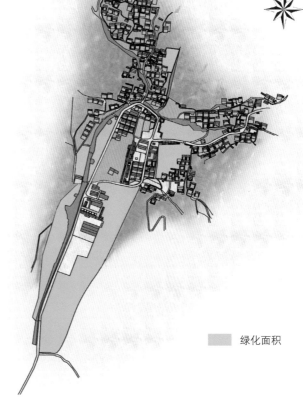

绿化面积

图4 村域绿地分布图

图 5　里裕村现状图

1.4 劣势分析

（1）建设人才缺乏，可食植物造景观念不强

可食地景作为新型园林设计形式，存在专业人才短缺的问题，给可食地景的建设带来了一定的困难。此外，人们对可食植物造景认识较为片面，没有专业的乡村管理人员，建设与维护存在一定的困难。

（2）缺乏统一引导与规范

根据实地调研，村域绿地建设较为混乱，没有统一规范，其形成的景观效果较弱。另外，很多村镇干部缺乏可食地景的相关知识，无法将可食地景融入村内发展中去，无法合理规划将来植物更替，在其推行过程中容易偏离实际或建设不够全面。

（3）村庄绿地建设矛盾突出

里裕村目前存在的主要缺陷如下。第一，种植结构较为单调，主要为传统农业间作种植方式，缺乏合理规划和科学管理；第二，绿地道路系统不贯通，缺少休息活动场地；第三，小斑块绿地零散分布利用率低。

1.5 机遇分析

（1）政策支持

自 2003 年至今，国家先后出台了多个发展三农问题的一号文件，加强三农工作的氛围日浓，农业从传统的种、养向种、养、观光发展，一批种、养、观光及农耕文化传播有机结合的农业旅游观光基地、园区迅速崛起[7]。国家相继出台的政策与制度鼓励农民转型、农业转型。

（2）农村基础设施逐渐完善

由于相关政策的支持，农村环境得到较大改善，基础设施逐渐完善，其中包括农业生产性基础设施、农村生活基础设施、生态环境建设、农村社会发展基础设施四个方面，为农村改造提供了有力支持。

（3）人们需求日益增加

随着生活水平的提高以及生活压力的增加，人们越来越向往寻找乡野气息，远离城市喧嚣，回归自然。另外，近几年，食品安全问题愈演愈烈，市民对粮食、蔬菜的要求越来越高，可食地景处于发展期。

1.6 挑战分析

（1）景观效果维护

可食地景区别于传统园林形式。传统园林基本一劳永逸，随着时间推移景观效果逐渐提升，观赏值逐渐增高；可食地景由于具有产出值这一特定值，可食植物种植常采用农业耕作中的间作、轮作、套作等方式，需要投入更多的劳动力，景观效果不易维护，这是可食地景维护面临的一个挑战。

（2）可食地景实施的挑战

可食地景作为新兴园林设计形式，全面应用较少。实施过程中，专业人才较少，这是可食地景实施过程中面临的另一个挑战。

2 泰安市里裕村可食地景项目策划与总体规划

2.1 项目定位与规划理念

（1）发展定位

设计突出里裕村的固有特色，在其基础上加入文化元素，运用可食植物与药用植物组景。结合科普与农作体验，打造生态可持续的景观。

（2）改造定位

改造里裕村域绿地，根据绿地大小和性质可分为大斑块绿地、小斑块绿地如农田、村域中心绿地、街旁绿地、住房周围绿地等（图6）。

（3）规划理念

以永续栽培为规划理念，充分利用里裕村的自然资源，营造可观、可赏、可食的景观。

（4）设计主题

翠绿环绕，别有洞天，遍地可食，美景具在。

2.2 规划原则

（1）永续原则

将永续栽培理念应用到里裕村改造中，采用永续栽培的设计流程和分析方法，将其应用到可食地景的营造中。在运用永续栽培理念进行设计时，必须坚持"取其精华，去除糟粕"，坚持不照搬理论应

用，对可食地景灵活应用，努力打造为生态可持续景观。

（2）低成本原则

里裕村改造在坚持永续原则的前提下，必须坚持低成本原则，在有利于多种经营、综合利用的同时，注意节约资源，减少地形的变动，道路铺装及其他材质尽量采用里裕村现有的石材。可食植物选种方面，着力选择本地的特有种，在维持景观效果的前提下，适当采用农作物间作、轮作、套种等种植方式，增加绿地的输出产值。

（3）保护原有风貌原则

绿地改造必须与里裕村的整体规划风格一致。里裕村为泰安地区著名的乡村旅游区，被誉为"泰安人家""最美乡村"，整个村庄与自然风景融为一体。绿地改造也要坚持与当地天然风貌紧密结合，建筑构筑和可食地景一定要与天然景观和谐统一不冲突，使改造景观与天然景观相协调。

2.3 规划总体思路与规划结构

基地总面积500亩，在天然植被的背景下，将农耕文化下的景观转变为可观、可赏、可食的景观，以观、学、体、食为主要线路，充分利用大自然与村内的自然与文化资源，因地制宜，适时造景，将可食地景打造成景观化、生态化、有机化、产业化的景观（图7）。

道朗镇里峪村总体规划结构可总结为"一线二环四点"，使整个基地形成结构明显、分区明确、特色鲜明的总体布局。"一线"是指景观观赏动线，连接四点（图8）；"二环"是指主要贯穿基地的两条环形道路，分别为连接基地景观的主要道路和次要道路；"四点"是指四个观赏点，分别为体验区、教育区、

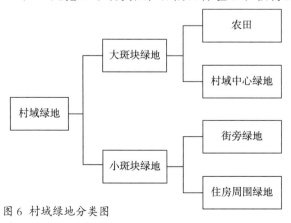

图6 村域绿地分类图

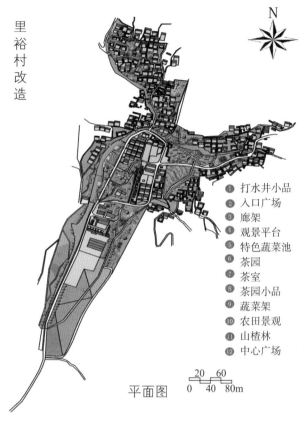

① 打水井小品
② 入口广场
③ 廊架
④ 观景平台
⑤ 特色蔬菜池
⑥ 茶园
⑦ 茶室
⑧ 茶园小品
⑨ 蔬菜架
⑩ 农田景观
⑪ 山楂林
⑫ 中心广场

平面图

20　60
0　40　80m

图 7　里裕村平面图

◎ 观赏点
▦▦▦ 动线
━━ 主干道
─── 次干道

图 8　规划结构图

植茶区、观赏区，并分别对应四大功能分区。

2.4 功能分区

　　根据道朗镇里裕村地形地貌、现有资源、功能要求和规划设计理念，将基地主要分为四大功能分区，分别为教育示范基地、地景体验区、茶园和精品地景区（图9）。

　　（1）教育示范基地

　　教育示范基地将可食地景与教育结合在一起，将提高游人的农业相关知识，并与农业生产相融合。利用现有的梯状地形进行空间设计，依据需要设有休憩广场、座椅、蔬菜架、景观小品，铺装主要采用基地特色石材，利用现有的山楂树营造富有意境的山楂林。入口广场位于道路交叉口处，设有座椅、小品。建筑小品为打水井，可体现里裕村的文化特色，与基地的古朴融为一体。廊架位于基地中心次入口处，贯通主干道与观景平台。采用基地现有材料搭设廊架的骨架，植物建议采用葡萄（Vitis vinifera）、豆角（Vigna unguiculata）、瓜类等攀缘植物。

　　（2）地景体验区

　　地景体验区主要调动游人的动手能力，为游人提供农业操作体验。基地充分考虑村庄现有的用地性质，营造壮观的大地景观，根据农作物种植形式划分出具有韵律的几何图形。服务中心东侧绿地是地景体验区向村庄的过渡区，采用自然式与规则式结合的种植形式，采用可食植物、药用植物与观赏植物混植的形式，营造乔、灌、草配置的丰富景观层次。植物种植选用农业耕种中的轮作，春季种植玉米（Zea mays）、花生（Arachis hypogaea）、棉花（Gossypium spp）、豆薯（Pachyrhizus erosus）等大田作物，秋季种植小麦（Triticum aestivum）等大田作物。

　　（3）茶园

　　茶园设计充分考虑基地地形、土壤、温度、湿度等自然环境条件。依照基地地势变化和茶种植习惯，采用折中手法改造地形，使其能量流动达到最低值。水系两侧设有观景平台，水系北面设有与茶文化有关的建筑小品——茶壶。饮茶，有茶必有壶。故建筑小品以茶壶为原型设计，体现茶园文化，起到引导的作用，并与水系对岸的茶室形成对景。南面设有特色茶室，名为"忧乐坞"，依据白居易《两碗茶》"食罢一觉睡，起来两碗茶；举头看日影，已复西南斜；乐人惜日促，忧人厌年赊；无忧无乐者，长短任生涯"的诗句提炼。茶室风格与基地一致，突出特点为采用大型漏窗设计，营造出"独居一隅，可品、可观、可赏、可嗅、可劳"的意境，调动观赏者的五官感受。基地茶树品种选择耐寒、适合在山东地区生长的中叶、小叶树种，以黄山种、高芽齐、宜兴种为主，搭配石榴（*Punica granatum*）、银杏（*Ginkgo biloba*）、柿树（*Diospyros kaki*）、山楂（*Crataegus pinnatifida*）等植物，丰富园林配置。

（4）精品地景区

根据村庄实际情况，充分利用并整合住房周围绿地，设计成地景精品区，保持与村庄整体风格一致，运用乔、灌、草结合的可食植物、药用植物和观赏植物结合园林建筑小品进行组景，营造精品可食地景。由于基地绿地面积有限，居民活动频繁，运用特色蔬菜架进行垂直绿化，在增加绿化面积的前提下，增加产出值。

3 可食植物种类选择

依据村庄现有植物资源与基地景观需求情况，植物种类选择以可食景观植物为主，药用植物和观赏植物为辅。

3.1 可食景观植物

依据基地设计主题需要，植物应用主要以可食植物为主，选用观花、观果、观叶的植物，丰富景观。建议植物为山楂、板栗、柿树、楤木（*Aralia chinensis*）、香椿、刺槐（*Robinia pseudoacacia*）、苹果、石榴、核桃、木槿（*Hibiscus syriacus*）、树莓（*Rubus idaeus*）、金银花（*Lonicera japonica*）、大花秋葵（*Hibiscus moscheutos*）、葡萄、玫瑰（*Rosa rugosa*）、黄花菜（*Hemerocallis citrina*）、豆角、小麦、玉米、棉花、茶（*Camellia sinensis*）、花生、油菜（*Brassica campestris*）、甘薯（*Dioscorea esculenta*）、瓜类等。

3.2 观赏植物

为了营造丰富的植物景观效果，实现四季有景可观，点缀一些树形优美、四季常青与秋季变色的观赏植物。建议植物为红枫（*Acer palmatum*）、垂

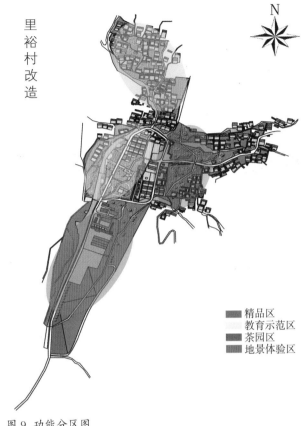

里裕村改造

■ 精品区
教育示范区
■ 茶园区
■ 地景体验区

图 9 功能分区图

柳（*Salix babylonica*）、银杏、鸡爪槭（*Acer palmatum*）、广玉兰（*Magnolia grandiflora*）、枇杷（*Eriobotrya japonica*）、冬青卫矛（*Euonymus japonicus*）、雪松（*Cedrus deodara*）、圆柏（*Sabina chinensis*）等。

3.3 药用植物

丰富植物种类，营造小型植物群落，增加生态系统的稳定性，采用基地现有的药用植物。建议植物为无患子（*Sapindus mukorossi*）、乌桕（*Sapium sebiferum*）、丹参、党参、大青叶、何首乌（*Fallopia multiflora*）、木槿（*Hibiscus syriacus*）等。

4 永续栽培理念在该设计中的应用

该设计以永续栽培理念为指导思想（图10），分析各个元素之间的性质，加强元素之间的相互关系，充分利用资源，形成一个生态循环系统。

4.1 植物

植物上的永续主要体现在植物选种上。例如，主

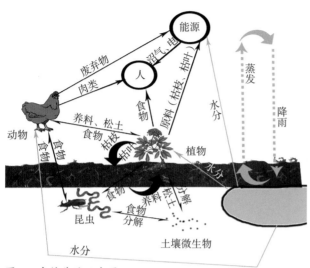

图 10　永续栽培示意图

干道为村庄的风道，植物选种需选择根系深、生长速度慢的抗风性乔木、灌木，如无患子、冬青卫矛等。植物选择以可食和药用植物为主，观赏植物为点缀，运用乔灌草混植的手法，增加植物层次，形成植物群落，加强各元素之间的关系。在维持景观效果的前提下，增加产出值。

4.2 自然资源

充分利用基地现有资源。利用永续栽培的扇形分析法，根据太阳角度、风向、噪声灰尘、景色四方面，确定休憩观景台，植物种植的选种。例如在远景优美的区域设置观景平台，形成借景的景观效果。充分利用各种有利因素构造景观，使能量消耗达到最低值。

4.3 能源

充分利用可再生能源，如水能、风能、太阳能等。运用现有河道创造地势变化，进行水收集。建立太阳板道路照明系统，依据太阳角度设置太阳板的方向。

4.4 生态

科学的绿化建设，可体现景观功能，形成乔、灌、草搭配，常绿落叶结合的互生互养、自生自养的

生态格局，体现出生物多样性。对绿植、河流、山体的布局及密度进行合理安排，形成区域生态组团的小气候，保持最佳的温度和湿度。

4.5 经济

永续栽培在经济方面的应用主要体现在超低能损耗和产出值两方面。超低能损耗主要体现在不损耗自然资源的绝对量和涵容能力；产出值主要体现于在保护自然资源质量和维护景观效果的前提下，使基地产出达到最大值。

4.6 动物

合理运用动物生产和促进生产的有利因素，其中包括动物养殖和有益昆虫。例如，水产养殖上方可增设鸡、鸭、鹅等动物养殖，形成垂直养殖，建立植物与动物、动物与动物之间的饲料系统，加强各元素之间的相互联系，使资源得到合理应用。

4.7 科技

科技主要体现在建立处理废料污染物的工艺和技术系统上，以减少能源、自然资源消耗和环境污染[8]。

4.8 人的参与

永续栽培强调让人了解其核心的设计原则，并参与到环境设计中。人工参与使可食地景作为产品流出生态系统的能量，以其他形式（如有机肥等）重新流入生态系统，建立生态系统的良性循环，维持可食地景的可持续循环。

道朗镇里裕村是在原有风貌基础上进行可食地景的规划设计，以永续栽培理念为指导，营造具地方特色的景观，同时突显可食地景的特质，即低成本、生态可持续、高产出，更重要的是做到将永续栽培理念与可食地景相融合，为可食地景的发展提供新方向。随着资源和能源匮乏的不断加剧，生产性景观得到快速发展，给可食地景发展带来机遇。相对国外可食地景的发展热潮，我国可食地景发展略显不足。今后，希望多借鉴国内外优秀案例，寻找适合我国国情的规划理论，丰富园林设计形式。

参考文献

[1] 曾孟夏,陈萍.可持续发展视角下中国粮食安全的国际比较[J].世界农业,2011（9）:30-34.

[2] 吴巍,许学文.可食地景在屋顶绿化中的应用[J].湖北工业大学学报,2016（6）:116-118.

[3] 李萍萍.一种生态伦理替代学说——永续农业及其设计中的生态思想分析[J].南京林业大学学报（人文社会科学版）,2015（3）:71-77.

[4] Bill M., Divid H. 永续栽培设计[M].江千绮译.台北:田园城市文化事业有限公司,1999:270.

[5] 泰安.中文百科专业版.http://zy.zwbk.org/index.php/%e6%b3%b0%e5%ae%89.

[6] 陈婧蓉.安溪金谷镇乡村旅游规划与建设研究[D].福建农林大学,2014.

[7] 钟静.旅游农业产品介绍期的营销策略探讨——以南京市为例[J].资源开发与市场,2004（1）:59-60.

[8] 徐东业.浅谈一体化垃圾处理技术的应用前景[J].科技资讯,2013（8）:137-138.

植物景观设计与绿化工程
Plantscape Design and Greening Engineering

现代园林 2017,14(1):73-81.
Modern Landscape Architecture

北京市居住区绿地植物种类及配置方式的时代变迁
The Changing Times of Plant Species and Configuration Patterns of Residential Green Lands in Beijing

汪楚瀚 宋晨曦
Wang Chuhan, Song Chenxi

中国农业大学观赏园艺与园林系，北京 100193
Department of Ornamental Horticulture and Landscape Architecture, China Agricultural University, Beijing 100193

摘 要：北京小区自20世纪60年代至今，随着时代的变迁，植物种类及其配植也发生了巨大变化。为了研究北京不同年代建成小区的环境特点，对北京8个不同年代建成小区的植物种类及其群落和景观设计进行调查、分析。发现年代较早的小区与较晚的小区的共同点是都较为注重乡土植物的应用，而不同之处主要在于新建成的小区还引进了一些观赏性强的植物，如观赏草和草花类植物。在群落结构和植物景观设计上，新建的小区规划更为合理，群落结构层次丰富度大。除此以外，新建的小区在后期养护方面也优于早期小区。依据调查结果，通过分析，可以预测未来小区在以下几个方面的发展趋势。首先，在植物种类上，未来小区在保留乡土植物的同时会增加引进一些水生植物、藤本植物以及草花类植物；其次，群落结构还会更加丰富，景观设计会更加合理，后期养护也会更加专业。

关键词：植物群落；景观设计；景观空间；养护管理

中图分类号：S688　　　文献标识码：A

Abstract: Since the 1960s, the residential areas in Beijing have been changing greatly in plant species and configuration with the times. In order to study environmental features of living areas that were built in different years, we did a research and analysis about plant species and community and landscape design of 8 residential areas in different ages. We discovered that attaching importance to native plants application was in common in both the early-built and lately-built living areas and the difference between them was mainly about the introduction of ornamental plants in lately-built areas like ornamental grass and herbaceous plants. In terms of the community structure and plant landscape design, the lately-built areas' planning was more reasonable with richer layers of community structure. Besides, maintenance of the lately-built areas was much better than that of the early-built areas. According to the investigation results and analysis, the following aspects on developmental trend of the future living areas could be forecasted. Firstly, in terms of plant species,native plants would be reserved and water plants, liana and herbaceous flowers would be introduced at the same time in the future living areas. Then, the community structure would be much more multiple, the landscape design would be more reasonable and the maintenance would be much more professional.

Key words: plant community; landscape design; landscape space; maintenance arrangement

居民住宅区是城市文明发展的象征，随着时代的变迁，人们生活水平的不断提高，人们对环境的要求也越来越高，寄希望于住宅区的环境不仅具有单纯的美，更能满足内心情感的需求。美国著名景观设

作者简介：
汪楚瀚/1999年生/男/江西九江人/现就读于中国农业大学园林专业本科
宋晨曦/1997年生/女/湖北襄阳人/现就读于中国农业大学园林专业本科
收稿日期 2017-03-13 接收日期 2017-03-25 修定日期 2017-03-31

计学家约翰·O·西蒙兹在《景观设计学》一书中阐述："我们实现的最伟大的进步不是力图彻底征服自然，不是忽略自然条件，也不是盲目地以建筑物替代自然特征、地形和植被，而是用心寻找一种和谐统一的融合"[1]。中国设计师何静山也提到居住小区的绿化水平，是体现城市现代化的一个重要标志，在规划设计中不仅要体现当代人们的文明程度，而更主要的还要有一定的超前意识，使之与现代化城市相适应，力求在一定时间内尽量满足人们对环境质量的不同要求[2]。针对住宅区环境景观设计的原则问题，吴毅提出了四项原则——景观自然生态原则、以人为本的原则、地域性原则和经济性原则，同时强调要考虑因地制宜进行设计布局，考虑景观空间创造的多样性，将住宅区的景观环境与住宅建筑有机融合，为居民创造方便舒适、安全卫生和环境优美的居住环境[3]。李春梅等则认为住宅区绿化在城市中分布最广，最接近居民。住宅区的绿化不仅能美化环境，而且能增强居民的认同感和归属意识，是居住环境质量的重要标志。人们对居住环境的需求不再限于简单的栽种花草的美化，而是需要置身于一个融汇着自然、文化、艺术的高品质生活环境[4]。王晓晓等认为北京市居住区的植物配置应以充分发挥植物特性功能为目标，组织层次丰富的植物群落，形成季相各异的植物景观，融合生态理念，形成合理的、丰富多彩的空间序列，满足人们居住区生活的多重要求[5]。

通过查阅文献，发现对住宅区环境的研究主体大多是现代住宅区，而很少有从时代变迁角度进行研究探讨的。本文的目的则是通过对北京8个不同年代建成小区的调查，从时代变迁角度进行纵向对比，找出小区植物配置及景观设计的发展规律，并进行预测，这弥补了住宅区景观研究的空白，对于小区的植物景观研究有很大意义，因此这项调查也显得尤为重要。

1 调查地点与方法

本次调查首先确定了8个不同年代建成的小区，分别为虎坊路小区、海军大院、牛街东里小区、南礼士路三条北里小区、京畿道小区、中国农业大学东校区家属院、国奥村和红杉国际公寓，并于2016年5月至6月进行实地考察（表1、图1）。调查项目包括小区的植物种类、生长状况以及群落结构，并于表中记录各个小区的植物种类。在调查时先以画"正"字的传统方式对每个植物种类的平均生长状况进行统计，判断依据包括植物的长势情况、健康情况等，并拍摄照片。在此过程中同步记录了小区的群落结构与景观设计情况，并询问当地居民和工作人员相关方面的问题。在对整个小区植物种类调查完毕后，进行现场分析、初步整合数据，整理出植物种类与每一种植物的生长状况。在调查过程中所遇到的困难，如植物种类无法辨别等，画图或拍照记录，实地调查结束后询问专业老师，在学校图书馆、网络等查阅相关资料，完善调查数据。

2 结果与分析

2.1 植物种类的变化

对北京8个不同年代建成的小区进行实地调查，发现植物种类共99种，各个年代建成的小区植物种

表1 各小区基本情况

小区	建成时间	小区面积	地点
虎坊路小区	1960年	中等	北京市西城区虎坊路，临近陶然亭
海军大院	20世纪70年代	大	北京市西城区公主坟附近
牛街东里小区	20世纪80年代	小	北京市西城区牛街东里，紧邻东华金座
南礼士路三条北里小区	1987年	大	北京市西城区南礼士路
京畿道小区	1993年	中等	北京市西城区金融街
中国农业大学东校区家属院	20世纪末	大	北京市海淀区中国农业大学东校区内
国奥村	2008年	大	北京市朝阳区林萃东路
红杉国际公寓	2012年	小	北京市海淀区双清路

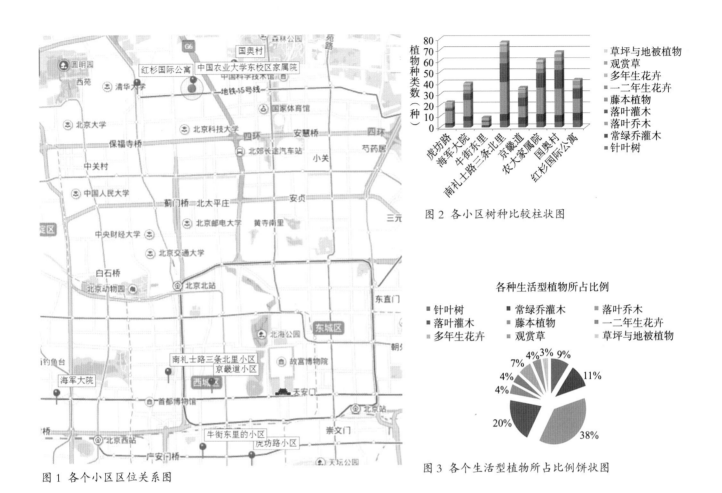

图 1　各个小区区位关系图

图 2　各小区树种比较柱状图

各种生活型植物所占比例

■ 针叶树　　　　■ 常绿乔灌木　　　　■ 落叶乔木
■ 落叶灌木　　　■ 藤本植物　　　　　■ 一二年生花卉
■ 多年生花卉　　■ 观赏草　　　　　　■ 草坪与地被植物

图 3　各个生活型植物所占比例饼状图

类存在差异（表 2，其中"+"号代表植物的生长状况，"+++"表示长势较好，"+"表示长势较差）。20世纪 80 年代是划分小区植物种类数的重要时期，可以将 8 个小区划分为 20 世纪 80 年代初以前的小区和 80 年代末以后建成的小区。

　　从植物种类总数上看（图 2），20 世纪 80 年代初以前建成的小区要少于 80 年代末以后。将面积同样较大的海军大院与南礼士三条北里小区和中国农业大学东校区家属院以及国奥村进行对比，发现海军大院的植物种类总数明显少于后三者；将面积中等的虎坊路小区同京畿道小区进行对比，将面积较小的牛街东里小区同红杉国际公寓进行对比，我们都可以得出同样的结果。

　　从不同生活型看（图 3），在小区面积差不多的情况下，20 世纪 80 年代末以后建成的小区在各个生活型的植物种类数上都大于 80 年代初以前建成的小区（图 2），且不论哪个年代建成的小区，在针叶树、常绿乔灌木、藤本植物、观赏草、一二年生花卉类以及草坪地被植物的种类都较为薄弱。不同年代建成的小区选用的针叶树种类几乎相同，且较为单一。常绿乔灌木中的月季、早园竹、小叶黄杨、大叶黄杨被广泛用于各个年代的小区当中，而凤尾兰、忍冬则是 80年代末才出现的。在落叶乔木和灌木中，银杏、国槐、龙爪槐、连翘、金叶女贞在各个年代的小区中都有使用，而蒙古栎、李、樱、杏、无花果、倭海棠、木槿、天目琼花则只出现在 80 年代末以后建成的个别小区当中。在藤本植物、观赏草、花卉以及草坪和地被植物中，80 年代初以前的小区所含植物种类极少，大都只有 1、2 种，而 80 年代末以后建成的小区在这些方面也很薄弱，但它们还引进了一些新的种类如石竹、葡萄等丰富小区。

　　不同年代小区的植物选择有一定的规律，这种规律与小区所处的时代背景以及北京的气候密不可分。20 世纪 80 年代初以前的小区多用乡土植物，如月季、

表2 各小区植物种类情况统计表

分类	序号	植物名	拉丁名	科	属	虎坊路小区	海军大院	牛街东里	南礼士路三条北里	京懿道小区	农大家属院	国奥村	红杉国际公寓
针叶树	1	雪松	*Cedrus deodara*	松科	雪松属		+		++		++	++	++
	2	油松	*Pinus tabuliformis*	松科	松属	+	+++		++		+++		++
	3	白皮松	*Pinus bungeana*	松科	松属	+	+++		++	+	+++	+	+++
	4	侧柏	*Platycladus orientalis*	柏科	侧柏属		++		+	++	+++	+	+++
	5	圆柏	*Juniperus chinensis*	柏科	刺柏属		++		++		++	++	+++
	6	云杉	*Picea asperata*	松科	云杉属		++		++	++		++	+++
小计						2	6	0	6	3	5	5	6
常绿乔灌木	1	月季花	*Rosa chinensis*	蔷薇科	蔷薇属	++	++				+++	+	++
	2	黑枣	*Diospyros lotus*	柿科	柿属						++		
	3	凤尾丝兰	*Yucca gloriosa*	龙舌兰科	丝兰属				+		++		++
	4	忍冬	*Lonicera japonica*	忍冬科	忍冬属					+	+	+	
	5	北海道黄杨	*Euonymus japonicus*	卫矛科	卫矛属			++	+	++		++	+++
	6	早园竹	*Phyllostachys propinqua*	禾本科	刚竹属		++		+	++	+	+	++
	7	大叶黄杨	*Euonymus japonicus*	卫矛科	卫矛属	+	++		++	++	++	++	++
	8	小叶黄杨	*Buxus microphylla*	黄杨科	黄杨属		++	++	++	++		+	++
小计						2	4	2	6	6	7	6	6
落叶乔木	1	白蜡	*Fraxinus chinensis*	木樨科	白蜡属		+		++		+	++	++
	2	暴马丁香	*Syringe reticulate ssp. amurensis*	木樨科	丁香属				+		++		
	3	紫丁香	*Syringa oblate*	木樨科	丁香属		+		+		+	++	++
	4	榆树	*Ulmus pumila*	榆科	榆属		++	+++	+		+++	+++	
	5	桑	*Morus alba*	桑科	桑属	++			+	+++		+++	
	6	构树	*Broussonetia papyrifera*	桑科	构属	+	+++		++	++	++		
	7	蒙古栎	*Quercus mongolica*	壳斗科	栎属								++
	8	心叶椴	*Tilia cordata*	椴树科	椴树属				++		+		
	9	银杏	*Ginkgo biloba*	银杏科	银杏属	+	+		++	+	++	++	
	10	玉兰	*Magnolia denudate*	木兰科	玉兰属				++		+	++	+++
	11	鹅掌楸	*Liriodendron chinense*	木兰科	鹅掌楸属						++		+++
	12	法桐	*Platanus orientalis*	悬铃木科	悬铃木属				+		++		++
	13	杜仲	*Eucommia ulmoides*	杜仲科	杜仲属				+		+++	+++	
	14	毛白杨	*Populus tomentosa*	杨柳科	杨属	++	++		++		++		
	15	加杨	*Populus canadensis*	杨柳科	杨属	+	+		+		++		
	16	旱柳	*Salix babylonica*	杨柳科	柳属				+	++	++	++	++
	17	柿树	*Diospyros kaki*	柿树科	柿树属		+		+			+++	
	18	李	*Prunus salicina*	蔷薇科	李属				+				
	19	紫叶李	*Prunus domestica*	蔷薇科	李属				+		++		++
	20	桃	*Prunus persica*	蔷薇科	桃属				+		++	++	++
	21	樱桃	*Prunus pseudocerasus*	蔷薇科	樱属				++			++	
	22	樱花	*Prunus avium*	蔷薇科	樱属							+++	
	23	日本樱花	*Prunus yedoensis*	蔷薇科	樱属				++				+++
	24	山楂	*Crataegus pinnatifida*	蔷薇科	苹果属		+		++				
	25	西府海棠	*Malus micromalus*	蔷薇科	苹果属	++							+++
	26	紫荆	*Cercis chinensis*	苏木科	紫荆属	+	++		+	++	+	++	
	27	国槐	*Sophora japonica*	蝶形花科	槐树属	+++	++		++	++	++	++	+++
	28	龙爪槐	*Sophora japonica var. pendula*	蝶形花科	槐树属	++	+++	++	++	++	++	++	
	29	刺槐	*Robinia pseudoacacia*	蝶形花科	刺槐属	++	+++				++		
	30	元宝枫	*Acer truncatum*	槭树科	槭树属	+					+	+	
	31	鸡爪槭	*Acer palmatum*	槭树科	槭属							+	
	32	香椿	*Toona sinensis*	楝科	香椿属	+	+	++	++	++	+		
	33	楝树	*Melia azedarach*	楝科	楝属							+++	
	34	核桃	*Juglans regia*	胡桃科	胡桃属		+++		++		++	+	
	35	臭椿	*Ailanthus altissima*	苦木科	臭椿属				+	++	+		
	36	梨树	*Pyrus sorotina*	蔷薇科	梨属						+	+	+++
	37	枣	*Ziziphus jujuba*	鼠李科	枣属				+			++	
	38	栾树	*Koelreuteria paniculata*	无患子科	栾树属				++	++	+		
小计						11	15	3	29	10	24	22	13

续表

分类	序号	植物名	拉丁名	科	属	虎坊路小区	海军大院	牛街东里	南礼士路三条北里	京藏道小区	农大家属院	国奥村	红杉国际公寓
落叶灌木	1	连翘	*Forsythia suspense*	木樨科	连翘属		++		+	++	++	+++	++
	2	金叶女贞	*Ligustrum × vicaryi*	木樨科	女贞属	++		+	+	++	++	+++	++
	3	无花果	*Ficus carica*	桑科	榕属				++				
	4	牡丹	*Paeonia suffruticosa*	芍药科	芍药属				++		+	+++	
	5	紫叶小檗	*Berberis thunbergii var. atropurpurea*	小檗科	小檗属				+			+++	
	6	木槿	*Hibiscus syriacus*	锦葵科	木槿属				+			++	
	7	粉花绣线菊	*Spiraea japonica*	蔷薇科	绣线菊属				+			++	++
	8	珍珠梅	*Sorbaria kirilowii*	蔷薇科	珍珠梅属				++	++	++		
	9	棣棠	*Kerria japonica*	蔷薇科	棣棠属				++	++			++
	10	榆叶梅	*Prunus triloba*	蔷薇科	桃属	+	++		+			++	++
	11	贴梗海棠	*Chaenomeles speciosa*	蔷薇科	木瓜属		++		+				
	12	倭海棠	*Chaenomeles japonica*	蔷薇科	木瓜属							++	
	13	野蔷薇	*Rosa multiflora*	蔷薇科	蔷薇属				++			++	
	14	猬实	*Kolkwitzia amabilis*	忍冬科	猬实属						++	+++	+++
	15	天目琼花	*Viburnum sargentii*	忍冬科	荚蒾属					+			++
	16	卫矛	*Euonymus alatus*	卫矛科	卫矛属						++		
	17	枸杞	*Lycium chinense*	茄科	枸杞属							++	
	18	迎春	*Jasminum nudiflorum*	木犀科	素馨属					++			
	19	山茱萸	*Cornus officinalis*	山茱萸科	山茱萸属				++		+	+++	
	20	花椒	*Zanthoxylum bungeanum*	芸香科	花椒属		++		+			++	
	21	石榴	*Punica granatum*	石榴科	石榴属		++			+		++	++
	22	金银木	*Lonicera maackii*	忍冬科	忍冬属				++	+	++	++	
	23	紫薇	*Lagerstroemia indica*	千屈菜科	紫薇属		+		++		++	++	++
小计						2	6	1	17	8	13	17	9
藤本植物	1	紫藤	*Wisteria sinensis*	豆科	紫藤属		+	+	+	++		++	++
	2	葡萄	*Vitis vinifera*	葡萄科	葡萄属				+			+++	
	3	地锦	*Parthenocissus tricuspidata*	葡萄科	爬山虎属		+		+	++	+		
	4	乌蔹梅	*Cayratia japonica*	葡萄科	乌蔹梅属				+			++	
小计						0	2	1	4	3	2	3	1
一二年生花卉	1	矮牵牛	*Petunia hybrida*	茄科	碧冬茄属		+		+	+			
	2	石竹	*Dianthus chinensis*	石竹科	石竹属				+			++	
	3	向日葵	*Helianthus annuus*	菊科	向日葵属							+++	
	4	蜀葵	*Alcea rosea*	锦葵科	蜀葵属				++		++	+++	
	5	二月兰	*Orychophragmusviolaceus*	十字花科	诸葛菜属	+			+		+		
	6	龙葵	*Solanum nigrum*	茄科	茄属				++			++	
	7	益母草	*Leonurus artemisia*	唇形科	益母草属				+				
小计						1	1	0	6	1	2	4	0
多年生花卉	1	鸢尾	*Iris tectorum*	鸢尾科	鸢尾属				++			++	+++
	2	薄荷	*Mentha haplocalyx*	唇形科	薄荷属							++	
	3	玉簪	*Hosta planta*	百合科	玉簪属	+					+	+++	
	4	八宝景天	*Hylotelephium erythrostictum*	景天科	八宝属		++		++	++	++		+++
	5	蒲公英	*Taraxacum mongolicum*	菊科	蒲公英属	+	+		+	+	+		
	6	夏至草	*Lagopsis supina*	唇形科	夏至草属	+	++		+	+	+		
小计						3	3	1	5	3	4	3	2
观赏草	1	苔草	*Carex tristachya*	莎草科	莎草属	+	++		++	++	++	+++	
	2	马蔺	*Iris lactea*	鸢尾科	鸢尾属		++		+				
	3	萱草	*Hemerocallis fulva*	百合科	萱草属						++		++
	4	丹麦草	*Liriope graminifolia*	百合科	多年生常绿或半常绿草本植物							++	+++
	5	白纹草	*Chlorophytum bichetii*	百合科	吊兰属							++	++
小计						1	2	1	2	1	2	3	4
草坪与地被植物	1	沙地柏	*Sabina vulgalis*	柏科	刺柏属				++			++	
	2	早熟禾	*Poa annua*	禾本科	早熟禾属	++	+		+	++	+	++	++
小计						1	1	0	2	1	2	2	2
总计	99					23	38	8	77	35	49	62	41

银杏、毛白杨、金叶女贞、大叶黄杨、连翘、国槐、油松等[6]。乡土植物应用的优势相当明显，乡土植物在当地栽培范围广，价格低廉，可就地取材，极大地降低了人力、物力、运输及维护的费用。其次，乡土植物对当地自然条件具有较强的适应性、抗逆性和耐受性，栽植后恢复生长快，成活率高，便于管理。80年代以前，交通不便，缺乏养护种植技术，同时又缺少资金支持，想要引进外来物种难度大，因此对那时的小区来说，乡土植物确实是最佳选择。再次，北京气候属温带湿润季风气候区，植被类型隶属暖温带北部落叶栎林地带[7]，因此在针叶树以及常绿植物的种植上缺乏先天优势，而落叶乔木和落叶灌木则相对丰富。

20世纪80年代末以后，除了乡土植物的应用，小区还引进了一些特殊的物种，尤其是观赏性较强的种类，如白纹草、萱草和丹麦草这类观赏草，因此各个生活型的植物种类数都多于80年代初以前建成的小区。

2.2　群落结构与景观变化

不同年代建成小区在群落结构以及景观设计上也存在着明显的不同（图4～图10）。根据植物景观的差别，可以将8个小区划分为三个时代：20世纪六七十年代、八九十年代和2000年以后。

年代越近的小区规划往往越合理，群落结构越丰富，景观上营造出高低错落的感觉，且满足"前低后高"的设计思路（图6），而年代较早的小区的植物群落结构比较单一，植被种植密度往往过大或过小。2000年以后建成的小区，植物群落种植可达到4到5个层次（图4、图8）。第一层为高大的乔木，多采用

成年杨树，用以拉高整体画面的视野。第二层为普通乔木，常用国槐、马褂木等；第三层是一些灌木和小乔木，如玉兰、碧桃、紫叶李等，多为开花植物，在基础绿上加上四季不同开花植物的不同色彩，使四季皆有景可观；第四层为观花观叶植物，如月季、鸢尾等；第五层为草坪地被植物，整体布局以绿色乔木层为底色，合理栽植四季观花观叶植物，用以在不同季节创造不同视觉焦点。而六七十年代较老的小区群落结构往往只有2到3个层次，没有充分利用现有的空间，出现了大片的荒地，不仅十分影响美观，同时土地因没有植被的覆盖，易扬起尘土，对环境也存在一定的破坏（图5、图7、图9）。

除此之外，不同年代小区另一个不同之处在于对草本植物的重视程度不同，这一点可以通过小区的花坛、花境体现出来。2000年以后小区通常采用花境来装点，花坛的设置则相对较少。与花坛相比，花境突出了整个设计与不同植被之间的融合性，具有更大的建筑艺术性，是人们参照自然风景中野生花卉在林缘地带的自然生长状况，经过艺术提炼而设计并实施的自然式花带[8]。红杉国际公寓（图8）的花境在草坪之中密集地种植了绣线菊、鸢尾、月季、八宝景天这类草花，同时还配以白纹草、萱草等观赏草，使道路自然美观，又与高大的雪松形成对比，近景远景布设得恰到好处，颜色组成丰富，令人赏心悦目。而反观年代较早的小区，主要通过花坛来美化小区。八九十年代的小区花坛利用率较高，花坛中的植物种类较多，绿化水平高。而六七十年代的小区花坛则存在缺乏合理规划、利用率不高的问题。

图4　国奥村丰富的植物群落层次

图5　虎坊路小区植物群落结构较为单一

图6　中国农业大学东校区家属院高低错落的景观

图 7　南礼士路三条北里小区的荒地

图 8　红杉国际公寓的花境

2.3 养护水平的差异

对不同年代小区进行实地调查，发现不同年代小区的后期养护水平存在着显著的差异，这种差异主要以 2000 年为分水岭。

2000 年后建成的小区中，国奥村和红杉国际公寓都配备了专业的园艺师（图 11、图 13）。国奥村园艺师的工作按区域划分，每位园艺师负责不同的区域，工作包括给植物浇水施肥，同时还要防范病虫害等的产生。红山国际公寓虽然面积不大，但同样配备了数位园艺师。与国奥村不同的是，红杉国际公寓的园艺师是按工作类别进行划分的，不同园艺师负责不同工作，工作类别包括植物的修剪造型、浇水施肥以及病虫害的防范治理。正是因为这些园艺师的专业养护，才使得小区环境始终保持优美，植物的生长状况也十分优良。

而 2000 年以前，各个小区均存在着不同程度的

养护问题。以中国农业大学东校区家属院为例，其院中侧柏长得过于高大，枝干无人修剪，将主干压弯，时刻可能倒下，威胁人的生命安全（图 12）。虎坊路小区的国槐随着时间的推移，越长越大，枝干与电线相互缠绕，十分危险。且该小区多为老人居住，给老人们的出行带来了不便（图 14）。除此之外，海军大院的雪松患上梢枯病[9]，不仅失去了观赏价值，还严重影响美观。南礼士路三条北里小区，花坛杂草丛生，环境脏乱。这些小区的问题根源都出在后期养护工作不到位上。

后期养护的差异主要取决于是否有专业的园艺师进行养护。2000 年以前的小区缺乏专业的园艺师，其根本原因是人们没有形成后期养护的体系和意识，缺乏养护方面的专业人才。在建设小区时，未能长远看待小区的后续发展，因此那时小区的后期养护水平明显不够。因缺乏后期养护出现的问题也许在当时没

图 9　虎坊路小区的荒地

图 10　国奥村

图 11　国奥村的园艺师在工作

图 12　中国农业大学东校区家属院主干被压弯的侧柏

有显现出来，但是过了十几年或者更长时间，就都暴露出来了。

3　讨论与结论

在《绵阳住宅区植物配置分析》[10]一文中，作者对绵阳市住宅区植物配置进行了分析，将其调查结果与本次调查结果进行对比，发现北京各个时期住宅区的状况均优于相同时期的绵阳。以北京 20 世纪 80 年代住宅区景观为例，北京 80 年代居住区的状况与其所调查的绵阳市 90 年代的居住区环境状况相似，由此可见，小区的设计一定程度上可以反映当地经济文化的发展状况。

根据《上海居住区景观绿化的现状及发展趋势探讨》[11]一文，将北京与上海的居民住宅区相对比，我们发现，上海居住区的发展主要与其经济发展有关，而北京居住区的发展不仅仅与经济发展有关，还与其文化背景有关。文革时期的破坏、改革开放时期的发展、可持续发展战略的提出，以及作为政治文化中心的特殊背景等，这些方面面都影响着北京小区的环境发展。因此，北京居民区植物景观的变化是各方面的综合，是一个复杂的变迁过程。

综上所述，北京的每一处居住区都有自己的发展历史，它不仅担负着普通城市的景观功能，还担负着积淀城市历史的传统文化和社会价值趋向的重任[12]。随着时代的发展变化，人们的观念也在逐渐发生变化，与其说是人类在逐渐改善生活环境，不如说不同时代的居住区见证了人类的发展，并为人们留下了深

深的印记。本文通过对 8 个不同年代建成小区的调查发现，小区的植物种类在逐渐丰富，从原来的大多为乡土植物到引入特殊的具有较好观赏性的草花类植物。在群落结构和景观设计上也从原来简单的结构层次和单一的花坛到多层次，并有了花境和草坪。在后期养护上更是从无到有再到专业，实现了很大的转变。针对调查结果，本文对未来小区景观建设提出如下预测。

（1）引进物种，补足短板。植物种类方面，在保持大量种植乡土植物的基础上，还会引进一些外来物种用以丰富小区，尤其是引进一些能够适应北京生长环境的水生植物、竹类、观赏草以及藤本植物和草花类等观赏价值高的植物。同时，对于较为薄弱的几个生活型植物如针叶树、常绿乔灌木，随着科技的不断发展，种植技术的不断提升，这几个类型的植物也将在未来小区中发挥越来越大的作用。

（2）增加绿化水平，丰富群落结构。在群落结构以及景观设计上，未来小区会不断提高植物景观的层次丰富度，努力使小区环境越来越趋于公园，增加比如花境和屋顶花园的设置，使环境更加自然和谐，使植物不仅停留在土地中，而且还生长在"空中"。根据《北京市城市环境建设规划》要求，北京市的高层建筑中 30% 要进行屋顶绿化，多层建筑中 60% 要进行屋顶绿化。北京地区如果 50% 可实现屋顶绿化，就能增加绿化覆盖面积 3490hm²，潜力相当巨大[13]。

（3）植物造景，养护专业化。后期养护上，未来

图 13 红杉国际公寓的园艺师在工作

图 14 虎坊路小区国槐的枝干与电线相互缠绕

会更加细分不同的方向，养护人员也会更加专精。后期养护主要包括三方面。第一防范病虫害；第二，施肥浇水；第三，植物造景[14]。这三方面缺一不可，在第一和第二方面做到较好的同时，大力发展植物造景技术，这将是未来小区发展的一个重要方向，通过对植物修剪造型，使环境更加美观。

总的来说，小区的植物景观已经不再是建筑的附属品，而是越来越被人们所重视，在可预见的未来，这种趋势还将保持下去。但在调查的同时，我们发现虽然北京城市居住区的环境在几十年的发展中不断完善，但是由于历史原因，相当数量的旧居住区没有改造或更新，豪宅与蜗居并存，高楼大厦与简陋旧里并存，设施齐全与煤球马桶并存，绿树成荫和泥泞满地并存[15]。北京很多旧住宅区的外部环境亟待改善，这对于园艺师、风景园林师，既是机会，也是严峻的挑战，需要我们不懈努力和不断学习。

参考文献

[1] 约翰.O.西蒙兹.景观设计学 [M].朱强等译.北京：中国建筑工业出版社,2014.
[2] 何静山.试论中小城市居住小区绿化规划及植物配置 [J].中国园林,1994,10（1）:27-41.
[3] 吴毅.浅谈住宅区环境景观设计方法 [J].科技论坛,2010,（30）:175-176.
[4] 李春梅,卜菁华,陶雷平.住宅区植物景观研究 [J].中国园林,2004（5）:48-52.
[5] 王晓晓,谭峰,宋强.北京市居住区植物造景初探 [J].北京农业职业学院院报,2004,18（4）:30-33.
[6] 陈晓.北京城市建成区乡土植物应用现状与发展对策 [J].科学技术与工程,2010,10（11）:2604-2609.
[7] 郑西平.北京城市道路绿化现状及发展趋势的探讨 [J].中国园林,2001（1）:43-45.
[8] 尹华娟.公共绿地中的花境设置 [J].现代园艺,2015（8）:87-88.
[9] 王宗海,汪德娥.国外松枯梢病发生规律和防治对策探讨 [J].江西林业科技,1997（2）:15-19.
[10] 何云晓,甘廷江.绵阳住宅区植物配置分析 [J].绵阳师范学院学报,2006,25（2）:60-68.
[11] 顾燕飞,李亚英.上海居住区景观绿化的现状及发展趋势探讨 [J].上海商学院学报,2006,7（2）:52-53.
[12] 姜长征,王丽.城市旧居住区改造研究 [J].住宅科技,2009,28（1）:52-56.
[13] 张璐,张尚武.浅谈屋顶绿化的功能和意义 [J].城市与减灾,2006（1）:32-35.
[14] 黄志坚.浅论园林绿化养护管理与施工管理 [J].城市建设理论研究,2011（21）:30-36.
[15] 吴文玉.北京70~80年代居住区环境改造与更新研究 [D].北京工业大学,2008.

现代园林 2017,14(1):82-89.

Modern Landscape Architecture

山西省偏关县城山地小城镇景观风貌规划研究
Research on Mountain Landscape Planning of Small Towns in Pian'guan, Shanxi

▶ [1] 渠琨钰 [2] 薛达 * [3] 郭晋平 * [1] 张芸香
[1]Qu Kunyu, [2]Xue Da*, [3]Guo Jinping*, [1]Zhang Yunxiang

[1] 山西农业大学林学院，太谷 030801；[2] 山西省城乡规划设计研究院，太原 030000；[3] 山西农业大学城乡建设学院，太谷 030801
[1]Shanxi Agricultural University, College of Forestry, Taigu 030801; [2]Shanxi Urban and Rural Planning Design and Research Institute, Taiyuan 030000; [3]Shanxi Agricultural University, College of Urban and Rural Construction, Taigu 030801

摘　要：塑造具有地域特色的城镇景观风貌已经成为现代城市的主题。本文基于对偏关县城自然山水与历史文化景观风貌的研究，认为自然是文化之母。山地城镇景观风貌规划首先从研究城镇的山川地貌入手，发现自然景观特征；其次研究地域文化形成的自然与历史环境，总结人文景观特征；最后，梳理、突显人文与自然相融合的典型景观风貌，证明了自然是城镇景观构成的本体，人文是构成城镇景观风貌的客体，二者结合构成城镇景观风貌特征。景观规划主要内容包括景观资源调查与景观特征和要素梳理、主题提炼、规划理念、景观风貌构架与分区，确定重要景观轴线与节点，编制景观风貌规划设计导则，以此指导城镇详细规划设计，探索北方山地城镇景观风貌规划编制思想与方法。

关键词：山地城镇；自然景观；山川地貌；城市特色；地域文化

中图分类号：TU688　　　　文献标识码：A

Abstract: Shaping urban landscape style with local characteristics has become a theme of the modern city. Based on the research of natural landscape and historical and cultural landscape of Pianguan, we think nature is the mother of our culture. In order to plan the mountainous town landscape, researching mountains and rivers landscape of towns and discovering natural landscape features are the first steps. Then we should study natural and historical environment of regional culture formation and summarize human landscape features. Thirdly, combing the typical landscape with combination of humanities and nature, we figured out that nature is the ontology of urban landscape and humanity is the object. The combination of both forms characteristics of urban landscape includes landscape resources investigation and landscape features and summarizing elements, refining themes, planning concept and framework of landscape features and partition, ensuring the important landscape axis and nodes, preparation of planning landscape design and guideline. It is aimed to guide urban detailed planning and design and explore the north mountain town landscape planning ideas and methods.

Key Words: mountain towns; natural landscape; mountain and river landscape; city features; regional culture

　　景观风貌指人们对城市生活进行的一系列审美活动中，对审美主客体所产生的审美意象。良好的城镇景观风貌能够提升城镇空间的环境品质和生活质量，促进城镇经济与社会和谐发展，对城镇形象的美化和城镇文化的延续显得尤为重要 [1]。然而，随着城镇的不断发展，在城市建设中缺乏对城市本身特色的研究与应用，造成了新城与旧城的不和谐。城镇由初兴时期的"千城一面，万楼一式，削丘填壑，拆弯取直"

作者简介：
渠琨钰 /1990 年生 / 女 / 山西忻州人 / 在读硕士 / 研究方向为城市景观规划设计
薛达（通讯作者）/1962 年生 / 男 / 山西太原人 / 山西农业大学城乡建设学院教授，硕士生导师 / 山西省城乡规划设计研究院
郭晋平（通讯作者）/1962 年生 / 男 / 山西忻州人 / 山西农业大学城乡建设学院教授，博士生导师 / 山西农业大学城乡建设学院
收稿日期 2017-03-15　接收日期 2017-03-20　修定日期 2017-03-28

至近年来向"穿奇装，戴异帽"转变已经成为新的城镇化潮流。如何在城镇景观风貌规划中延续历史文脉，体现山川形胜特征，是景观风貌规划研究的重要课题。

城镇景观风貌可以体现一个城镇丰富的历史文化和发展历程，是当地自然景观特色、人文景观特色的有机结合[2]。在我国快速城镇化过程中，城镇原有的景观特色不断流失，也难以形成城市特色。因此，在县城景观风貌规划中，要对现状进行充分的调查分析，得到有价值的资源，展现出城镇的特色风貌。

1 项目背景分析

偏关县位于晋西北黄土丘陵区，处于黄河南流入晋处。北靠长城，与内蒙古清水河县接壤，西临黄河，与内蒙古准噶尔旗隔河相望；南与河曲、五寨相连，距太原330km；东与神池、平鲁毗邻。地区受温带大陆性季风气候影响。偏关县位于吕梁山脉以西，晋西北黄土高原的北端，总的地势是由东北向西南逐级降低。偏关县总面积为1685.4km²，全县总人口为11.7万。

在我们的规划中，充分挖掘现有的自然资源是做好小城镇景观风貌规划的前提[3]。城镇中的"山"与"水"、"历史文化"与"边塞名镇"都是规划中可以利用的资源，构成了偏关县城市景观的主要特色。偏关县壮观的黄河峡谷与山川在这块贫瘠的土地上造就了丰富的自然、文化景观，城区周边山川农田环绕，恬静舒适。

县城自古以来就有着悠久的发展历史，偏头关与雁门、宁武合称"外三关"，偏头关为晋之屏藩，三关首镇。县城内留存下来的有古城墙遗址、文昌阁、明清时期特色的民居，还有地方民俗文化"龙华盛会"活动，都为城镇增添了很多文化色彩，都在诉说着偏关的悠久历史，体现了山川与文化并存的独特山地小城镇景观风貌（图1）。

2 规划原则、主题与理念

2.1 规划的思路与原则

（1）人与自然相结合的原则

规划方案可以把人文与自然相结合，充分考虑对山地资源的利用，强化"山地"的概念，突出对"山

水"的营造，使居民可以在布满田园山水、悠然自得的环境中生活[4]。

（2）历史文化与现代文明结合的原则

城镇景观规划在面对老城区与小街巷改造时，应结合历史建筑街区保护、地方特色进行有机更新。在构建场所与空间时，以当地城镇人文和自然景观轴线为骨架，历史街巷为脉络，形成完整的旅游线路，突出传统文化与现代文明的结合，强调山水风情、地方历史文化古城的面貌。

（3）场地与功能相结合的原则

城镇风貌结构与城镇各部分功能相适应，功能与结构保持相互配合与相互促进的关系[5]。在确定城镇风貌结构的同时应充分考虑城镇的功能，合理布局结构以适应城镇的发展，达到互相促进和可持续发展的目标（图2）。

2.2 规划主题

基于景观规划存在的问题，故将先进的设计方法融入规划中，对历史文化的时间维度延续、山川环绕

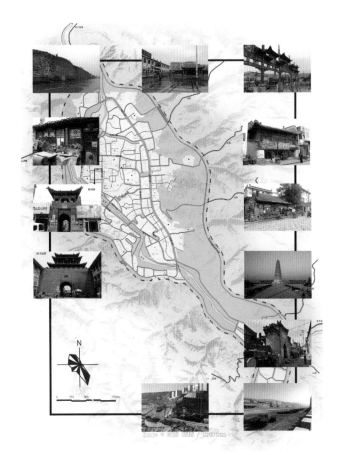

图1 县城景观资源现状图

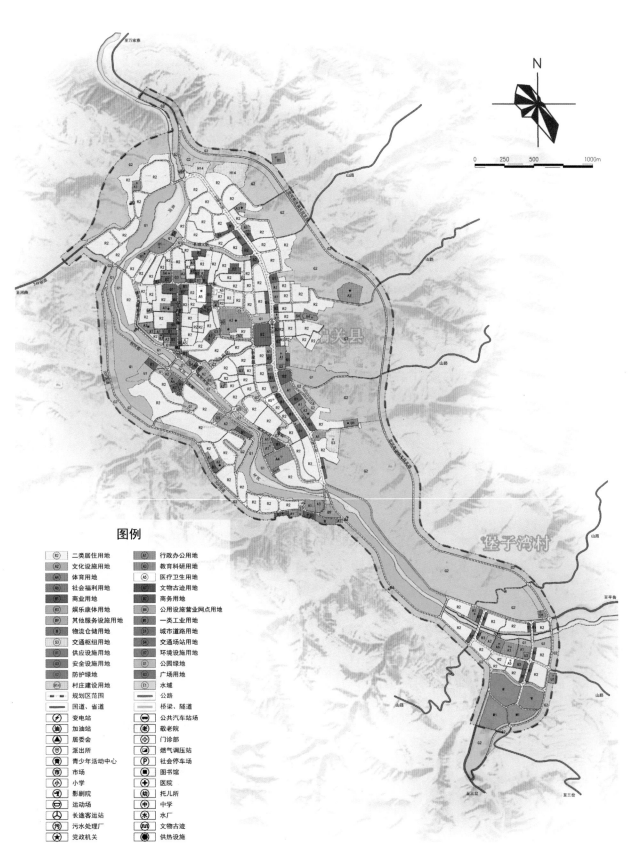

图例

R2	二类居住用地	A1	行政办公用地
A2	文化设施用地	A3	教育科研用地
A4	体育用地	A5	医疗卫生用地
A6	社会福利用地	A7	文物古迹用地
B1	商业用地	B2	商务用地
B3	娱乐康体用地	B4	公用设施营业网点用地
B9	其他服务设施用地	M1	一类工业用地
W	物流仓储用地	S1	城市道路用地
S3	交通枢纽用地	S4	交通场站用地
U1	供应设施用地	U2	环境设施用地
U3	安全设施用地	G1	公园绿地
G2	防护绿地	G3	广场用地
H14	村庄建设用地	E1	水域
	规划区范围		公路
	国道、省道		桥梁、隧道
变	变电站		公共汽车站场
油	加油站	老	敬老院
▲	居委会	+	门诊部
◎	派出所		燃气调压站
青	青少年活动中心	P	社会停车场
市	市场		图书馆
小	小学	+	医院
影	影剧院	幼	托儿所
	运动场	中	中学
	长途客运站	水	水厂
污	污水处理厂	文物	文物古迹
★	党政机关		供热设施

图2 县城土地利用规划图

空间结构的组织、生态绿地的设计等各方面进行提升[6]。偏关县的景观风貌应集中把当地壮丽的自然风景与丰富的历史文化资源结合起来，打造具有"边塞休闲名镇"风貌特色，突出"山水田园、文化名镇"的规划主题。

2.3 规划理念

（1）文化延续

在规划中利用山地城镇的山水优势，在充分挖掘历史文化的基础上，结合现代文化设施的设置，把握每一个"文化节点"的表现主题、空间性质、艺术特点以及人的感受，通过公共开放空间和绿化体系将之串联起来，建立完整的步行或水路游览网络，营造一系列文化风景线，使山地城镇成为可游、可居、可赏的文化名城，展现出来的是历史文化与现代文明相融合的城镇文化特色之美[7]。

（2）山水田园

充分利用黄河与山体的结合，塑造出山地休闲田园山水的秀丽景色。利用点、线、面结合的方式，营造出完整统一的山水城市环境，同时对滨河绿带的植物进行设计与改造，形成景观层次丰富、生态群落合理的"水域"空间，充分展现城镇山水特色，最终展现人与人之间热情友好、和睦融洽、勤劳悠闲的社会生活。

（3）观光闲暇

城市建设不仅要解决技术层面的问题，还必须从人文关怀的角度，按照人的行为特征和物质与精神需求，通过适当的方式，在环境和城乡居民点之间营造适合人类生活、发展的和谐关系，构筑可持续发展的有一定乡土特征的社会与文化发展模式。应贯彻"以人为本"的原则，创造高品质的集镇环境，塑造生动和谐的开放空间，构筑优美的绿化和景观环境，布置亲切宜人的居民驻留活动空间和交通系统，配置完善的设施，强化文化氛围，满足新世纪人们对小城镇物质文明和精神文明的高需求[8]。

3 景观风貌规划

3.1 景观风貌构成要素分析

（1）自然景观要素

山水因素是一个城镇重要的构成资源，有利于城镇景观空间的形成。偏关县位于吕梁山脉以西，晋西北黄土高原的北端，地形四周高中间低，地势东高西低，沿关河河道分布着一系列如珠串样的山间谷地。从地形来看，县城山体坡度基本在18°以上，而山体之间的盆地较为缓和，其地形地貌最具特点的是沿九龙山、西山、塔梁山形成整体的城镇山体景观，其中，塔梁山山体最为陡峭，形状独特，观赏价值高，再加文笔凌霄塔屹立于此，增添了更多景致。

（2）人文景观要素

人文景观是人类重要的历史文化遗产，它以一种物质空间的表现形式来反映城镇历史文化与历史文化传承，把人与社会作为主体，包括历史文化、社会习俗与风土人情等，这些都体现着城市的历史特色。遗留下来的人文资源，包括城镇丰富的历史文物古迹与众多传统古街巷，县城古城区明、清时期的民居极具当地民居的典型特色。在规划范围内具有代表性的文物保护单位中，传统古建筑遗产有财神文昌阁、古戏台、观景亭、鼓楼、张氏节孝坊等。这些珍贵的历史文物古迹，无论是从密度还是广度都反映出一个城市的深厚历史与文化积累，都体现着一个城市的地域文化与民俗特色。

（3）人工景观要素

偏关县四周山体环绕，东依塔梁山，西靠关河，城镇道路格局顺势而为。城市中的道路是构成一个城市的骨架，任何空间要素都可以围绕城市"骨架"来布局，道路的运用无疑是城市意象的主要构成要素。而城镇建筑则作为城市风貌的重要影响因素，建筑群体与山体道路依据地形组合成一定的空间，大多数的城镇标志都是由当地特色建筑来扮演的，如位于县城内的民居建筑依山而建，建筑一层叠加一层，形成具有北方山地城镇特色的建筑群体。所以，建筑特色的呈现最大程度地营造了城市的风貌特色。

3.2 规划结构

在城镇景观规划中应体现出层次感，采用点、线、面结合的手法，把景观节点、景观风貌轴、景观风貌区结合起来，以展现出地域的风貌特色，同时把城镇景观风貌结构划分为"一心、两轴、五区"的城镇景观风貌体系。

"一心"：是县城古城文化核心区。通过调研寻访所得信息，确定古城墙遗址，用一圈绿地和历史名牌强调边界，形成绿环围绕的核心传统景观风貌区。

"两轴"：是两条主动脉形成的轴线。城镇风貌绿轴串联着城镇不同风貌区的景观，形成了有序的空间结构，也形成了城镇基本的风貌骨架。一条是沿城镇文笔大街、快速路、新城南路沿线为城镇发展轴；另一条是沿城镇长城遗址公园、滨河公园组成城镇主要景观风貌轴，并将该轴培育成偏关县县城未来的标志性景观轴。在规划时结合当地历史文化的内容来塑造富有情趣的景观风貌，并将县城的休闲、观光、服务等功能集中起来，加强滨水空间的设计，重视河道水系的生态管理。

"五片区"：是中心城区周边五片功能各异的街区。随着城市功能愈加复杂，城市往往被分为若干功能分区，各个功能分区体现出的外在形象也各不相同，正是这种各具特色的区域形象，才构成了城市景观的丰富性[9]（图3）。

3.3 风貌分区

针对偏关县现有的自然与历史文化资源，就整体风貌而言，将县城划分为5个片区，即古城历史风貌街区、自然生态风貌区、文化休闲风貌区、文笔商业综合风貌区和山城居住风貌区。

（1）古城历史风貌街区

偏关古城街巷体系明确，清楚地反映了古城的发展过程。古城内的历史街巷共有33处，纵横交错，脉络清晰，主要骨架为南北向的中大街及东西向的东西门街，呈"T"字形。其他次级街巷随地形起伏变化，形式灵活。古城历史风貌区主要是对当地历史人文景观的保护与传统文化的维系。古城历史风貌街区主要展现具有地方特色的历史街区，展示县城历史文化、古城的历史建筑特色。

在老城区中可以感受老城文化，因此对于以休闲娱乐和传统商业服务为主的片区，应提升其对于城镇的历史展示功能，保存传统民居具有的高度的建筑艺术价值、历史文化价值、社会风俗价值和景观审美价值，从而丰富城镇旅游景观体系、增强文化吸引力、构建特色城镇旅游形象。要注重街区内原有传统民居连续地沿街，特别是城内正街的连续界面，控制居民

图3 景观布局结构图

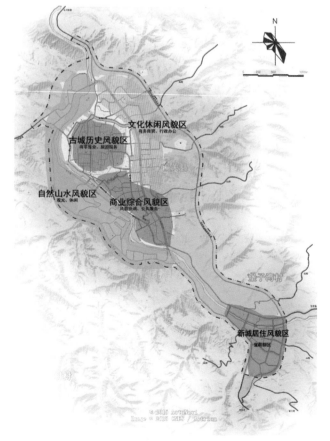

图4 景观风貌分区图

在进行房屋修缮改造时对界面材料、色调和门窗等装饰的选取。保持原有城内正街的尺度，避免道路拓宽带来过多的交通而打扰市民正常生活和对原有片区传统肌理造成破坏。

（2）自然山水风貌区

关河水系、关河以西的城区和西沟片区被集中归为自然山水风貌区，以生态设计的方式为城镇居民提供生态优美的城镇环境。在景观风貌规划中可以把山地、水体、农田三种自然地貌营造成生态的自然山水景观。可以突出保护与控制好山体现有的村落布局形态，打造与自然环境相协调的人工景观，在规划保护区域中把村落的特色展现出来。同时，充分利用好自然环境，把自然景观与人工景观结合起来，打造田园文化休闲产业，使人们居于山林时可以体验到自然的祥和与欢乐，体验这里的美景与美食。

（3）文化休闲风貌区

是以休闲、商业服务、公共服务、娱乐为主的城区。建议推行以步行为主的交通方式，规划系统的人行活动网络，提高城镇生活品质，促进城镇经济与市场繁荣。增加城镇吸引力，发展城镇旅游、观光，促进城镇旅游业发展。在该区进行公共设施排布时应注意保持东西向的视线通廊，并维护城镇传统生活和商业功能的连续性。必须尊重原有地块内的建筑高度，尽可能恢复和保存传统建筑风貌，在对玻璃墙面与金属墙面进行设计时要避免色彩浓重、强烈的材料的大面积使用，达到相互的协调统一。在设计步行街道时考虑好步行道的形式、特点和宽度，设置绿化组团绿地，完善人行道铺装与街头设施。

（4）商业综合风貌区

商业综合风貌区以商务商业服务为主，是集中体现城镇商业建设发展和生活水平提高的片区，包括城镇行政办公、商业商贸服务、文化活动、休闲娱乐、交通枢纽等各种功能。在规划该区时，要关注沿街商务商业服务为主的片区，它们可集中体现新中国成立以来城镇建设的发展情况和生活水平的提高。在沿街界面方面，主要控制关河路、文笔大街沿线的沿街界面，统一统筹广告牌、标识等的安放。房屋以改建为主，保留原有居民楼和公共建筑，以改建的手法对有问题的建筑进行修复，尽量避免拆除房屋重新建造，保证整体建筑风格的协调性。在沿街的两侧结合道路

绿地实地情况兴建景观绿色廊道，打造丰富多彩、别具一格的城镇商业区。

（5）新城居住风貌区

是以现代的设计方式为城镇居民提供良好城镇环境的新风貌区。规划时对居住区的造型、高度、材料、色彩、屋顶形式要加以考虑，保证居住区内良好的绿化环境，应设有相关配套的城镇生活服务设施。在建筑体与建筑体之间留出宽度足够的绿化带，布置配套的健身器材与景观小品（图4）。

3.4 规划重点

（1）重视历史传统建设

偏关县传统的城镇布局虽然以自然山水为基础，城镇中的街道依山就势、自然形成，但体现传统城镇格局的历史街区，如南门、财神文昌阁、鼓楼等，对于突出偏关县的城市风貌特色却起到了重要作用。因此，保护好传统历史风貌区是体现城镇风貌的一个重要途径。

要重视对古镇完整街巷格局的保护。古镇中一些传统历史建筑具有很高的研究价值，不可随意拆除破坏。尤其要慎重对待已形成的街区空间，任何拓宽道路或加高楼宇的做法，对古镇既有格局都将会是灾难性的破坏。对重要的历史文化建筑，在保护中遵循修旧如旧的原则。对于特色民居，在维持原有建筑风格的前提下，将民居室内更新，使之更适应现代的生活方式。此外，在传统街区中可以修建具有古城特色的家庭客栈，餐馆酒吧，当地艺术画廊，以及供边塞民族音乐家等各类艺人学习、研究与展示才艺作品的空间。特色步行商业街，历史街区传统街巷、院落等均可以作为观光休闲场所，同时也可以作为旅游服务第三产业发展的载体。

（2）重视自然山水景观塑造

位于沿河风景带西侧的西山山体轮廓清晰，是县城景观风貌的重要组成部分和空间特色构建不可缺少的要素。因此，合理保护与利用自然山体，加强西山的绿化美化和山体环境保护是县城构建特色空间景观环境的重点之一。偏关县山体地貌生态常年良好，由于当地对水土的治理、植树绿化，生态种植林较多，相对于西北其他地区的山体地貌，偏关县呈现出较好的生态环境。县城四周有九龙山、西山与塔梁山形成的环城森林公园，把九龙壁、护城楼和文笔塔作为节

点，再针对不同区域进行详细划分，最大限度地营造出优美的自然山体景观风貌。重视对关河滨水区的建设，沿关河、冲沟、西山建设具有休闲、观光功能的城市特色景观，加强关沟河绿化种植，形成丰富的植物群落系统。加强蓄水美化和岸线整治工程，展示水域，最终打造护卫古城、流经城镇的靓丽风景线、休闲观光游览线和城镇生态廊道。

4 景观规划实施策略与启示

风貌规划应充分结合周围环境，充分挖掘现有资源，适宜地加以利用而没有局限，既能用分级的方式，又能用连续的手法将其中的要素组合在一起，形成具有地域特色的城镇风貌。而城镇的景观风貌规划策略就是要突出城镇的本土资源特色，同时加强自然环境和文化保护，加快城镇规划发展，重视当地文化名镇的地方风格。对城镇重要区域、道路控制、景观节点、视线通廊、城市天际线与历史文化保护等方面进行分析研究。只有将这些方面充分地运用到设计中，才能体现城镇风貌的特色。

4.1 对重点区域的控制

古城形象可以通过城市改造体现，如古城传统老街出入口、古城中心、街巷空间、特色绿地等，是体现古城风貌的主体，也是城镇建设以点带面进行示范的关键区域，对街巷空间要进行合理的规划利用，并严格控制古城空间内的建设活动，对建筑布局、形式、层数、色彩和景观特征进行明确定位，以引导周边分区的发展[10]。

4.2 道路景观的控制

城镇道路景观设计应符合使用者的行为规律与视觉特性，并起到引导行车的作用。合理控制街道立面空间尺度和轮廓比例，强化道路两旁绿化设计，尤其是山体路段景观立面的绿化效果，最后营造出丰富宜人的城市街道场所感受。道路作为城镇景观风貌要素的重要"联系线"，交通流线规划在满足功能要求的基础上，以现有道路为骨架，围绕景观道路节点布局道路系统、步行系统，真正实现步步有景、步移景异。规划的道路系统分为主干道、次干道和步行道三级环路系统，可以满足串联起城镇主要景观节点、建立场所之间相互联系的功能，是人们体验城镇景观风貌的主要联系通道。

4.3 塑造景观重要节点与开放空间

城镇风貌节点规划主要考虑城镇中旅游景点、历史文物点、重要标志性场所如鼓楼、古城广场等，这些都是当地文化与景观结合的节点，反映出城镇风貌特色。选取城镇内现有的空间进行整治和规划，包括城镇道路交叉口与河流转折处、城镇广场、城市重要出入口和人流聚集的核心空间，如新城公园、文笔公园、滨河公园、新城广场等。应充分利用好城镇空间资源并合理规划，充分体现城镇的山川景观风貌。

4.4 视线通廊

视线通廊是指由于人处于某一位置对某一景点进行观看的过程中，视线由人眼到景点所经过的整个廊道空间。视线通廊在空间形态方面受景点、观景视域、廊道界面等位置关系的影响[11]。古城中有众多历史文物建筑，这些文物建筑在古代具有重要的作用，在视觉上应尽量重现这种视觉通透性。规划完成东西南北轴线通透视廊控制，开通钟楼、鼓楼、文化广场的视线通道，形成视线主轴。所以，在风貌规划中应注意景点与景点之间的串联，使整体景观在空间形式上得到延续，让景观更具有连续性与协调性。

4.5 城市天际线

城镇轮廓线是构成城镇特色的重要因素，规划结合地形，通过建筑布局形成城镇天际轮廓线，重点突出地形地貌。高层建筑是形成城镇天际线不可缺少的一部分，在视觉上也形成了独特的韵味。随着城镇建设速度加快，旧的天际轮廓已经逐渐改变，高层建筑的融入使新的城镇天际线逐步形成，在城镇规划中应该充分利用高层建筑创造丰富的城镇天际线。设计的同时注意高低错落，合理布局建筑群之间的疏密关系，构造出有节奏、有韵律感的视觉效果（图5、图6）。

4.6 保护珍贵的历史文化

历史文化名城是一个城市历经沧桑的历史文化积淀形成的，是一个国家，乃至民族的财富，随着城市的发展，许多历史文化名城、名镇在建设中破坏严重，因此如何保护地方的历史文化资源显得尤为重要。偏关县历史文化悠久，遗存了众多的文物与建筑等，并以点状形式散落在城镇中。对于现有的物质文化遗产，在纳入偏关县文物保护的基础上加强管理与保护；对具有代表性和大众辨识度较高的景点进行宣传，增强民众文物保护意识；对于非物质文化遗产的保护，建

图 5　黄河大街方向天际线

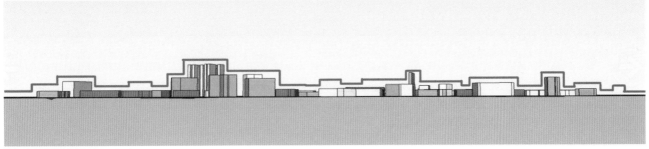

图 6　文笔大街方向天际线

议采用载体保存，如博物馆收藏的方式。因此，通过保护，使城镇的传统与人文精神得到延续和传承，同时也为非物质文化遗产的保护提供良好的环境与氛围。

5　结语

　　城镇景观风貌规划作为一门新的学科还处于探索阶段。塑造优美、和谐、宜居、富有地域特色的城镇景观风貌，是城镇可持续发展的重要保证。城镇景观风貌规划应该重点把握山水特色、文化等主题，采取资源与策略相结合的技术框架，根据地方景观资源，确定规划目标与策略，分析地域景观最鲜明的资源，建构景观风貌系统。

　　本文以偏关县城为案例，对宏观层面的城镇山水景观风貌进行规划，通过规划主题、理念、原则和布局结构等方面，从可操作性的角度探讨城镇总体规划中地域景观特色的塑造，探索北方山地城镇景观风貌规划编制思路与方法，为提高名镇的经济发展水平，促进地方民族文化自豪感的树立和文化传承发挥积极的作用。

　　总之，随着社会文明的进步和社会科学的发展，城镇山水景观风貌规划建设会涉及更多复杂的学科，笔者所做的偏关县山水景观风貌规划研究只是从其中的一个角度进行思考和总结，并提出对城镇山水景观风貌规划的意见和建议，只是该课题研究的开始，还有很多不足之处，未来城镇理想山水景观风貌研究还将继续。

参考文献
[1]　刘慧,杨新海. 城市风貌设计初探[J]. 小城镇建设,2010（9）:65-68.
[2]　王晓薇. 以左云县为例的小城镇景观构建研究[D]. 天津科技大学,2013.
[3]　贾漫丽,白杨,杨建民等. 滨湖风景旅游小城镇景观风貌控制规划——以杭州千岛湖为例[J]. 西北林学院学报,2009（4）:201-204.
[4]　彭晓烈,李道勇. 小城镇景观风貌规划探索——以沈阳市辽中县老观坨乡为例[J]. 沈阳建筑大学学报（社会科学版）, 2008（3）:257-261.
[5]　尚静. 浅谈城市风貌结构规划[J]. 民营科技, 2011（11）:321-321.
[6]　钟宜根,葛幼松,张旭. 城镇景观风貌规划模式探讨[J]. 小城镇建设,2009（6）:87-92.
[7]　杜春兰. 关于山地城市景观学的思考[J]. 中国科学（技术科学）,2009（5）:851-854.
[8]　邓鹏. 张家界城市山水景观风貌规划与设计策略研究[D]. 湖南大学,2009.
[9]　李和平,成青. 小城镇风貌设计方法探析——以武隆县江口镇建设规划为例[J]. 重庆建筑,2005（4）:54-58.
[10]　郑阳. 城市视线通廊控制方法研究——以延安市宝塔山为例[D]. 长安大学,2013.

现代园林 2017,14(1):90-96.
Modern Landscape Architecture

巢湖市官圩裕溪河北岸绿带规划设计研究

Study of the Planning and Design for Greenbelt in the Northern Shore of Yuxi River in Guanwei, Chaohu

▶ 陈中文　武慧敏
Chen Zhongwen, Wu Huimin

合肥市规划设计研究院，合肥 230000
Planning and Design Institute in Hefei, Hefei 230000

摘　要：随着近年环巢湖城市的快速建设，越来越多的圩区转型为城市建设用地，其中环圩区滨水绿带成为圩区转型建设中不可或缺的一部分。本文以官圩裕溪河北岸绿带为例，分析环圩区滨水绿带与一般滨水绿地之间的差异，凝练场地特征与历史文脉，提出营造景观视线、组织交通流线、控制竖向设计、植物烘托节点氛围四个方面的设计手法，旨在为转型中的环圩区滨水绿带规划设计提供参考。

关键词：滨水绿带；滨河景观；景观规划；景观设计；植物配植

中图分类号：TU986　　　**文献标识码**：A

Abstract: With the rapid construction of the cities around the Chaohu lake in recent years, more and more polders have turned into urban construction areas and greenbelt around the polders has become an integral part of transformation of polder construction. Taking the greenbelt in the northern shore of Yuxi river in Guanwei as an example, we analyzed the differences between waterfront greenbelt around the polders and general waterfront green lands with concentration of characteristics of the site and the historical context and put forward a design gimmick which includes building landscape sight, organizing the traffic streamline, controlling the vertical design and foiling nodal atmosphere through the plant. It is aimed to supply some references to the planning and design of the waterfront greenbelt around the polders in the transformation process.

Key words: greenbelt; waterfront landscape; landscape planning; landscape design; plants matches

　　圩，低洼区防水护田的土堤[1]。巢湖流域是修筑圩田的理想处所[2]。明清时期，人口增长与耕地不足的矛盾带来巢湖流域围垦活动的兴起，并由此推动巢湖流域经济的繁盛[3]。伴随着较长历史时期的发展演变和建设积淀，部分圩区由农业生产用地纳入城市建设用地范围。但是保留的圩堤仍体现着城市的文脉，继续发挥着防洪排涝的作用，是巢湖流域圩区滨水环境特色所在，并使得城市建设背景下的圩区滨水绿带在场地特征上区别于一般城市滨水绿带。本文将结合官圩裕溪河北岸绿带规划设计实例探讨城市建设背景下的环圩区滨水绿带规划设计。

1 背景分析

1.1 区位分析

　　官圩位于现巢湖市西南角，裕溪河与经圩区北侧、东侧的天河汇合在圩区东南角，圩区西侧为我

作者简介：
陈中文/1970年生/男/安徽怀宁人/园林专业学士/合肥市规划设计研究院副总工程师、景观所所长，高级工程师/研究方向为园林景观规划与设计
武慧敏/1992年生/女/安徽滁州人/硕士研究生/合肥市规划设计研究院/从事园林景观规划与设计
收稿日期 2017-02-14　接收日期 2017-02-20　修定日期 2017-03-01

国五大淡水湖之一的巢湖（图1）。在城市建设的进程中，巢湖定下"全国著名旅游休闲度假胜地、山川秀美的生态之城"的城市总体发展目标，"两脉拥城，五水系湖"的市域绿地系统结构（图2）。因官圩地理位置的特殊性，其绿地的规划建设是巢湖绿地系统结构"五水"中裕溪河绿色廊道建设的关键，对于打造"生态之城"具有重要作用。

作为展现历史文化的有形载体和反映巢湖流域圩区文化多样性的重要组成部分，官圩地区的更新发展主要建立在遗址保护与旅游开发的基础上。根据上位规划中官圩绿地、现有公园和景观道路的布局及定位，打造官圩"一纵两横、一环五节点"特色绿地系统结构（图3）。将官圩环圩区滨水绿带这个"环"分为六大景观区域（图4），即古镇人文区、天河休闲区、生态教育区、河口景观区、运动健身区、湖源风情区，形成环绕圩区的一条"绿色项链"，以此引导绿带周边地块的业态发展。

1.2 场地现状

官圩裕溪河景观带位于官圩南部（图5），南侧紧临裕溪河，北侧隔建成及规划居住区与裕溪路相邻，巢湖路从中间穿过，西侧毗邻牡丹路，全长2.2km，规划占地面积约16.6hm²。除部分苗圃地外，场地内有泵站1座，新建网球场1处，东南角有灯塔1个，其余基本为农田或荒地，生态性与景观效果不理想。官圩堤坝的南段从场地西侧贯穿至场地东侧，目前已按照防洪高度12.8m硬化，堤坝与两侧绿地过渡生硬，地形坡度过大，不适宜组织游览活动空间。

1.3 城市自然、人文资源

官圩的修筑可以追溯到明清时期，因被划定作为官府官员的"俸田"而得名"官圩"。南侧流过的裕溪河属长江支流，古称"濡须水"，形成于西汉时（公元前206年～公元25年），是巢湖最早的通江河道。上起巢湖闸，下至裕溪口入江，裕溪河是巢湖市乃至合肥市水上运输的主要航道，水资源极为丰富。建于

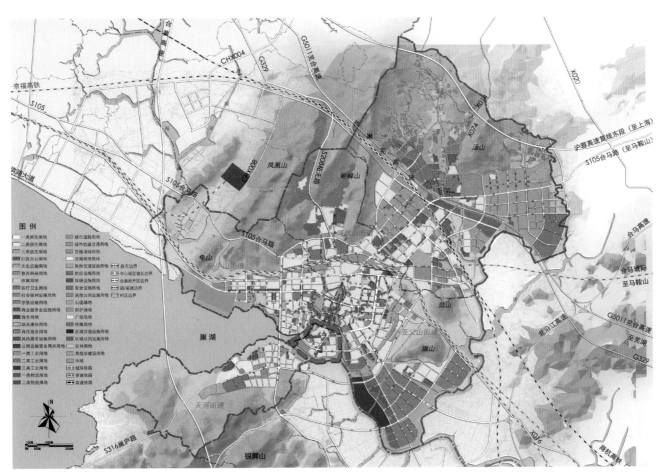

图1　官圩在巢湖市规划区的区位图

图 2 官圩在巢湖市域绿地系统结构中的位置图

1962 年的巢湖市著名景点之一巢湖闸位于场地西南侧,当年 12 月,刘伯承元帅前来视察,并亲笔题写"巢湖闸"三字。作为长江流域巢湖水系重点水利枢纽工程,该闸连接巢湖水出口,经裕溪河流入长江。官圩西侧的巢湖生态环境良好,有各类鱼虾和水鸟,

因此巢湖流域也被誉为"安徽省的鱼米之乡"[4]。

2 规划设计理念与策略

2.1 提出问题

(1)防洪问题。裕溪河是巢湖市主要泄洪排水河道,官圩圩堤裕溪河段肩负防洪排涝的功能,圩顶防汛通道需确保防汛车辆通行。

(2)交通问题。16.6hm² 的设计范围需对内解决好步行系统、骑行系统的完整连通性,对外需解决圩顶防洪通道贯连、与城市道路衔接、与其他环圩绿带的步行及骑行系统相连。

(3)游憩功能。要符合人们与自然融合的迫切要求,让人品赏景观的同时,可停可憩可玩耍,以人为本,有机组织。

(4)场地文脉。该绿带作为塑造巢湖城市精神的重要载体,作为巢湖市裕溪河滨水景观带的重要区段,在体现城市个性风貌、历史文化方面负有重要的使命。

2.2 规划设计理念

本文提出的规划设计理念为观河、望山、骑行、健身和怀旧。

观河、望山:站在场地内抬头眺望,可见远处的银屏山和巢湖南岸的重峦叠翠;低头凝思,脚下的裕溪河正滚滚东去。可谓仁者乐山、智者乐水,远近相宜。

骑行:脚踩自行车徜徉圩堤上,感受这座城市的脉搏,聆听这座城市的心跳——是流淌的河水声,是裕溪河上传来的汽笛声。

健身:深入其中,和阿姨大叔们一起动起来,强

图 3 官圩绿地系统结构分析图

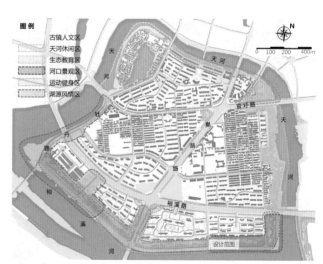

图 4 官圩环圩区滨水绿带景观功能分区图

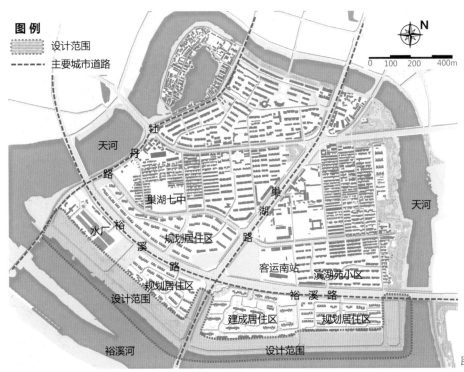

图 5 官圩裕溪河景观带规划设计范围图

身健体，展现出巢湖人最自信、健康、美丽的状态。

怀旧：一条绿带串联起城市文化的记忆，回味历史的特色，岁月的时光机慢慢播过[7]。

2.3 规划设计策略

策略一：完善功能，统一格局。加强城市与河岸之间的景观设计与空间联系，形成功能齐全的综合性带状公园。通过休闲性与活动性的娱乐设施的规划，创造一系列丰富多彩的重点空间[5]；建设雨水处理设施，加强防洪保护。

策略二：提炼节点、组织流线。通过视线分析，结合发展策划，选取巢湖望湖口、裕溪河眺望口及巢湖路大桥下场地，布置为三大主要节点并进行重点营造，组织好各系统流线。

策略三：文化展示、怀旧氛围。城市文脉承载着悠久的历史文化，有许多可在景观设计中加以利用的元素，使之成为缅怀历史、继承文化、展望未来的新文化空间[6]。

3 规划设计方案

滨河景观带以生态绿色的原则进行设计，通过各节点的营造和古典亭廊的点缀，凸显巢湖裕溪河畔的

文化魅力，打造充满活力的环圩区滨水空间（图6）。

3.1 营造景观序列

（1）文化秀园。景观带东侧到落霞榭布置为"文化秀园"段（图7），共有主要节点5处，以古典园林的设计手法进行景观营造，体现怀旧的意境。登高观赏裕溪路桥、粼粼河水的"映波亭"位于东入口进园后地势较高处。供园中小憩、品味巢湖历史的"荷风廊"则是结合场地内原有水系营造而成的。亭廊组合、题字挂匾，营造荷风廊的文化意境。向西南登高，是看千帆往来、河水东流的"迎帆亭"，作为裕溪河逆流而上进入巢湖的重要节点，迎帆亭翼然临于此，为出海回家的船只指引方向。除此之外，还有傲雪红梅、花开并蒂的"倚梅园"和赏渔舟唱晚、银屏山景的"落霞榭"（图8）等。景观小品以及点题的雕塑突出了巢湖鱼米之乡的特征及其农耕文化。

（2）活力康地。考虑到场地现有的体育设施基础以及引桥下场地可遮蔽风雨的优势，将景观带中部打造为"活力康地"段。在巢湖路桥的引桥下设计节点"彩练场"，布置乒乓球台、健身器材、滑板运动场地等，为附近的居民提供一个健身交流、遮风避雨的场所。"清风竹影"节点打造为太极修炼场地，以

① 映波亭　⑤ 落霞榭　⑨ 玉兰春色
② 荷风廊　⑥ 放眼亭　⑩ 飞瀑榭
③ 迎帆亭　⑦ 清风竹影　⑪ 松柏交翠
④ 倚梅园　⑧ 彩练场　⑫ 湖口观星廊

图 6　官圩裕溪河景观带规划设计总平面图

图 7　文化秀园鸟瞰图

图 8　落霞榭鸟瞰图

图 9　湖口观星廊效果图

刚竹（*Phyllostachys viridis*）、孝顺竹（*Bambusa multiplex*）作为主要配植物种，结合植物飘逸俊秀、姿态优美的意蕴提炼场地气质。在"玉兰春色"节点处布置康体器材与儿童活动器材等，扩展该段活动功能。

（3）湖源风情。该段位于景观带的西侧，亦是官圩圩堤的西南段，向西可以直接眺望巢湖，因此将此段营造为"湖源风情"段。在圩堤的南侧，设置"飞瀑榭"，站在"飞瀑榭"可远观巢湖著名景点巢湖闸、一叶洲，待到闸开启时，观赏巢湖水一泄万顷、如飞虹瀑布般的壮观景象。"湖口观星廊"可为过往游客提供一个体验湖口文化的场所（图9），并通过适当抬高地形引导眺望巢湖口的视线。

3.2 交通组织设计

场地内部以坝顶路作为平时的自行车骑行道，汛期作为防洪通道。在裕溪路东侧入口及牡丹路西入口处设置自行车租赁停靠处，共有约40辆自行车可供游客骑行。坝顶路北侧较低的平面，以游步道串联场地空间，分为主要园路与次要园路两个等级（主要园路宽度为3m，以灰色透水砖进行铺设，长约2697m；次要园路宽度为1.5m，主要以小料石和小青砖等进行铺设，总长约1980m）（图10）。

充分考虑场地与周边城市道路的连接，解决车辆停车问题。在裕溪路东侧入口处，结合场地高差，设置半地下停车场，库顶覆土进行绿化种植，共设车位50个；在牡丹路西入口设置小型生态停车场，设车位28个；与场地相接的另外两条道路上路边临时停

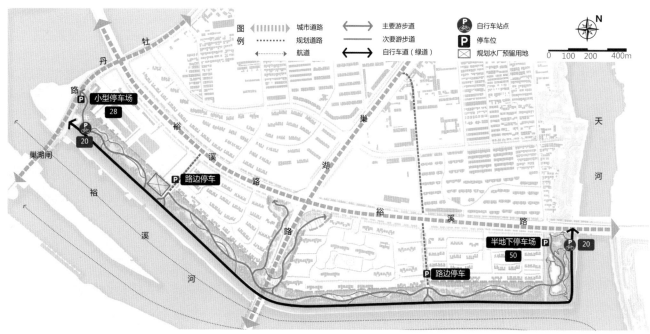

图 10　官圩裕溪河景观带交通组织图

图 11　文化秀园段典型现状剖面

图 12　文化秀园段设计后剖面

图 13　活力康地巢湖路桥处现状剖面

图 14　活力康地巢湖路桥处设计后剖面

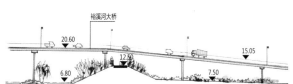

图 15　湖源风情段典型现状剖面

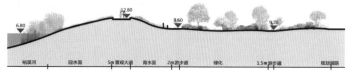

图 16　湖源风情段设计后剖面

车位 50 个；巢湖路桥入口为主要人行入口，不设置停车位。

3.3　控制竖向设计

　　在设计景观时，将靠近河道一侧的原工程化处理的迎水坡面进行生态化改造，兼顾了雨季行洪和市民近水观赏的需求；将防护堤坝背水坡面自然化处理，与街道相连，降低防洪堤顶与场地内部的高低差，结合地形布置景观节点。在满足景观需求及植物生长的前提下，适当增加种群密度，利用立体式的种植结构组成植物群落，减少防洪堤对景观的影响，增强堤坝的防护性能和对街道噪声的隔离作用，使河道水面、绿带、近水平台、景观节点、街道浑然一体[8]（图11~图16）。

4 植物配植

4.1 配植原则

植物的选择主要以"适地适树"为原则，通过乡土植物的运用，营造"三季有花、四季有景"的优美景观。常绿树种与落叶树种相结合，速生植物与慢生植物相搭配，乔灌花与耐践踏草本相穿插[9]。注重使用抗逆性强的树种，树木要同时满足功能性与观赏性。

4.2 营造节点氛围

植物种植设计以功能为主，以更好地服务于周边的园林建筑小品，并与河道环境相搭配。通过丰富的植被景观划分空间层次，营造空间意境[10]。

景观带东侧入口处种植花灌木日本晚樱（Cerasus serrulata var. lannesiana）、紫叶李（Prunus cerasifera f. atropurpurea）等，营造花团锦簇的入口景观，烘托入口迎宾的欢乐气氛。"荷风廊"处结合水景，以荷花（Nelumbo nucifera）种植为主，搭配多样化的水生植物，如千屈菜（Lythrum salicaria）、再力花（Thalia dealbata）等，丰富岸线景观层次。利用高大的乡土植物加强"迎帆亭"处地形，彰显"迎帆亭"的气势，强调其标识性。配合"文化秀园"段的主题，"倚梅园"种植以直枝梅、游龙梅、垂枝梅等多种品种的梅花（Armeniaca mume）来营造古典的环境特征。

"活力康地"段巢湖路入口两侧用地为住宅用地，为减少巢湖路桥对其的影响，配植高大常绿乔木，同时利用多层次的植物搭配，结合花灌木的种植，营造道路景观氛围。"彩练场"的引桥下区域选用耐阴常绿灌木进行配植，搭配少量色叶花灌木，营造活泼的

体育活动空间，引桥外侧则可考虑色叶树种的搭配，营造季相丰富的景观环境。"清风竹影"种植孝顺竹、刚竹等竹类烘托太极修炼场地飘逸俊秀的气韵。结合景点"玉兰春色"处的体育器材，考虑到老人、儿童春季多出来踏青的特点，配植白玉兰（Magnolia denudata）、紫玉兰（Magnolia liliflora）、二乔玉兰（Magnolia soulangeana）等木兰科植物，营造春花灿烂之景。

湖源风情段节点"湖口观星廊"处结合水厂内的水杉背景林，丰富种植层次，配植常绿乔木、花灌木等，对水厂进行遮挡，营造西入口空间氛围，引导游人视线看向巢湖闸及远处的巢湖。同时结合巢湖湖面较少光污染的特点，配植桂花（Osmanthus fragrans）、合欢（Albizia julibrissin）等香花植物，营造晚香观星氛围。场地内原有较多圆柏，结合景观需要，移植于景点"松柏交翠"处，补植松树、柏木等，丰富种植效果，营造常绿的景观空间。"飞瀑榭"处同样是通过种植引导观赏视线，消除圩堤高差，形成视线良好的观景平台。

5 结语

随着环巢湖流域开发的持续升温，圩区绿地的规划建设应根据场地固有的自然和人文条件因地制宜地创造出特色鲜明的绿地环境，从而提升环境品质，展示城市形象，进而提高城市可居性、激发城市活力。本次规划建设在尊重和利用场地现有特征的基础上，合理地划分特色空间，巧妙地运用场地自然、人文特色，选择合适的景观处理模式，制定相应的策略，塑造官圩绿地景观。打造裕溪河沿岸标志性景点，提高滨河游憩功能，形成特色环圩旅游之路，使圩区滨河景观与城市绿地空间体系达到自然融合，充分展现城市特有魅力。

参考文献

[1] 张研,毛立平.从清代安徽经济社区看基层社会乡族组织的作用[J].中国农史,2002,21（4）:78-87.

[2] 陈恩虎.明清时期巢湖流域圩田兴修[J].中国农史,2009,28（1）:55-64.

[3] 赵崔莉,刘新卫.近半个世纪以来中国古代圩田研究综述[J].古今农业,2003（3）:58-69.

[4] 陈要平,严家平.再现鱼米之乡——巢湖[J].环境教育,2008（9）:50-51.

[5] 刘寫君,李涛.滨水景观塑造与民族文化特色演绎——以河池市"一江两岸"规划设计为例[J].规划师,2010,26（10）:67-69.

[6] 熊培东.将地域文化融入城市滨河景观设计——以阿克苏多浪河一期龟兹神韵军民文化段为例[J].广东园林,2013（5）:55-57.

[7] 张翠蓁,姚亦锋.滨水景观设计及历史文化承载再现的研究——南京外秦淮河规划[J].中国园林,2004,20（10）:24-27.

[8] 金云峰,徐振.苏州河滨水景观研究[J].城市规划汇刊,2004（2）:76-80.

[9] 胡建航,王娜.乡土植物与城市园林绿化中的景观营造[J].中华民居,2004（8）:14-15.

[10] 袁丽伟,刘铮.滨河绿地景观设计初探——以瀑河平泉县城段滨河景观设计为例[J].河北旅游职业学院学报,2015（4）:40-42.

現代園林 2017，14（1）：97-102.
Modern Landscape Architecture

基于采空区立地的济南民泰公园规划设计
Planning and Design of Jinan Mintai Park on the Basis of Mined-out Area

▶ [1] 李成 [2] 孙译远 [2] 任文华 [2] 齐荃
[1]Li Cheng, [2]Sun Yiyuan, [2]Ren Wenhua, [2]Qi Quan

[1] 山东建筑大学风景园林规划研究所，济南 250101；[2] 山东建筑大学艺术学院，济南 250101
[1]Landscape Architecture Planning Institute, Shandong Jianzhu University, Jinan 250101; [2]Department of Art, Shandong Jianzhu University, Jinan 250101

摘　要：当今社会采矿工业的发展，遗留下了许多生态退化、土地塌陷的采空区。越来越多的采空区进入城市规划范围内，对景观与生态安全均产生了较大影响。本文以民泰煤矿形成的采空区为主要研究对象，通过现场调研与研究分析，探讨采空区生态景观规划设计模式的可行性和实现途径，最终得出因地制宜的，能够营造相对自然稳定的区域生态景观的民泰公园规划设计方案。采空区景观规划设计涉及众多方面的问题，需要以景观生态为指导，以自然恢复为基础，多学科融合，优化配置模式，从而最大程度地促进生态环境的可持续发展，并对当地的社会经济发展起到带动作用。

关键词：下沉盆地；生态安全；生态景观；工业遗址改造；生态修复；景观价值

中图分类号：TU986　　　　文献标识码：A

Abstract: The development of mining industry in today's society leads to a lot of mined-out area with ecological degradation and collapsing land. With more and more goaves entering into the urban planning areas, the landscape and ecological security were affected greatly. Regarding the mined-out areas formed by Mintai Coal Mine as the main research object, we discussed the possibility and realization approaches of ecological landscape planning and design pattern of mined-out areas through investigation and found out a natural and stable planning and design, which is suitable for local conditions and create a regional landscape in Mintai Park. The landscape planning and design of goaves involves many problems. It needs to take landscape ecology as guidance and the natural restoration as the foundation with multi-disciplinary integration and optimization allocation pattern at the same time. It could promote the sustainable development of ecological environment with the greatest extent, meanwhile development of local society and economy could be improved.

Key words: mined-out area; ecological security; ecological landscape; industrial site renovation; ecological remediation; landscape value

　　煤炭开采后形成的采空区是人为挖掘地下煤矿资源而在地表下产生的"空洞"。地下资源的开采会使其上部岩土层受自身应力、外部应力等作用而在采空区地表引起破坏，最终导致不同程度的地面塌陷，其主要类型包括下沉盆地、裂缝（包括台阶状断裂）及塌陷坑 [1]。经过现场调研踏勘，民泰煤矿由于地下开采形成了不同程度的下沉盆地以及地表裂缝，存在着巨大的安全隐患。地面塌陷不仅会造成人员伤亡，经济损失，还会引发一系列的社会与生态安全问题，包括人类生存环境的不断恶化，自然景观遭到破坏，土地沙化等 [2]，采空区的生态修复及治理迫在眉睫。民泰煤矿在上位规划位于生态隔离区，需要承担部分平

作者简介：
李成/1968年生/男/山东沂水人/硕士/山东建筑大学教授,副院长/风景园林规划研究所所长,工程技术应用设计员/研究方向为风景园林规划设计
孙译远/1992生/女/山东潍坊人/硕士研究生在读/风景园林/山东建筑大学
收稿日期 2016-11-16　接收日期 2016-11-30　修定日期 2017-01-03

衡城市生态系统的功能。因此将民泰煤矿形成的采空区归类于公园绿地并进行生态修复治理成为解决这种安全隐患最直接有效，并具有可行性的方法之一。除此之外，对采空区遗留下的工业遗址进行景观改造有助于激发场地活力、沿袭场地精神，从而带动周边区域的社会经济发展。

1 区位及场地分析

基址位于济南市东部历城区与章丘区之间（图1），占地面积149.71hm²，世纪大道从中穿境而过。原场地主要由采矿之后留下的一些采空区、塌陷区以及煤矿工业遗迹组成。采空区绿地规划区域处于济南市上位规划中的两河片区，用地性质为生态隔离带。在规划区域中，开采沉陷后的高潜水位的平原地区大部分地表处于常年积水状态，造成耕地绝产；积水区域大部分沉陷斜坡地发生季节性积水，使得原有农田水利设施遭受严重破坏。除此之外，地下潜水位变化使得植被的生长发育遭到破坏，自然景观受损；建筑物道路及管网长期浸泡在水中也会使路面交通及电力通信系统受到影响。

通过现场勘查和调研分析，发现巨野河的季节性水位变化较大，尤其在枯水期，河道两侧的驳岸植物长势衰败，景观效果较差。该公园景观的重塑，将

图1 规划区域图

依托现状，以改善区域生态环境、提升景观质量为目的，对建筑、构筑物及绿地进行合理的改造，在保留原有工业符号的同时，有意识地将自然风景与文化资源相结合，使废弃的采空区具备可持续发展的可能性，提升景观价值[3]。

2 规划设计目标与原则

2.1 规划设计目标

济南民泰公园规划设计主要是通过对已有场地进行修复改造，逐步建立一个集生态修复、科普教育、旅游观赏于一体的城市郊野公园。

2.2 规划设计原则

2.2.1 生态安全原则

规划要坚持稳定区域生态安全，体现生态安全优先的原则，保持生物多样性和功能合理性，科学安排各项用地。

2.2.2 整体协调原则

民泰公园是济南市中心城东部生态隔离带的重要组成部分，其功能布局、交通组织、绿化规划等不仅应与周边发展相衔接，更要与整个区域的远期生态建设相衔接。

2.2.3 地域特色原则

针对园区的资源特点、地理位置，以现有资源为依托，发挥自身优势，因地制宜，突出森林和湿地的特色，体现园区个性，使规划既有前瞻性，又具先进性、可操作性。

3 总体布局与功能分区

3.1 总体布局

公园总体规划布局为"两片区""三带""九点"。

"两片区"：分为北片区和南片区两部分。北片区主要以湿地景观为主，南片区主要以森林景观为主，分别形成了两条具有节奏韵律感的主环路。

"三带"：分为世纪大道景观带和两条水系带。两条水系带分别为湿地水系带和滨水水系带。在世纪大道景观带中，要整体规划整个道路的绿化带设计，其次还要实现整个公园的绿化过渡。两条水系的汇集处也是景点的聚集处，要优化处理景观序列，创造特色景观，使景观更加井然有序。

"九点"：即北片区主入口、工业遗址改造、游船

码头、科普馆、观鸟台、森林木屋、园内园、香雪海、规划区内村庄。

北片区入口主要承担人流集散的功能，与南片区的入口遥遥相望，中间用架空的天桥衔接；工业遗址改造景点保留原有建筑的特色，在原有的基础上升华其景观效果，提取主要的景观符号应用到其他的景点设计中；游船码头主要以硬质景观为主；科普馆考虑到承重的因素，限制层高，展览方式以主园路为线索，主要展示园区建设发展历史及采矿遗址，科普湿地野生鸟类、野生水生植物以及森林稀有树种的相关知识；观鸟台景点设置在湿地景观附近，能更近距离地观察鸟类的生活习性；森林木屋供森林保育人员使用，同时也具有景观效果；园内园是在条件允许的情况下，欣赏植物美的观赏区域；香雪海是以香草植物种植为

主，进行主题性婚纱摄影的生产基地（图2、图3）。

3.2 功能分区

整个绿地可分为7个功能区，即湿地景观区、中心水景区、滨水景观区、入口区、森林景观区、植物园中园区、花海区。7个功能区相互联系，又相对独立（图4）。

3.2.1 入口区

设置在世纪大道上的两个片区中，在北片区设有主要停车场。在两个入口中间有架空的天桥通过，方便游人通行。

入口主要用规则式的景观来进行规划设计，使游人从世纪大道进入郊野公园有心理上的过渡适应。

3.2.2 中心景观区

主要包括游船码头和工业遗址改造景点，中间有

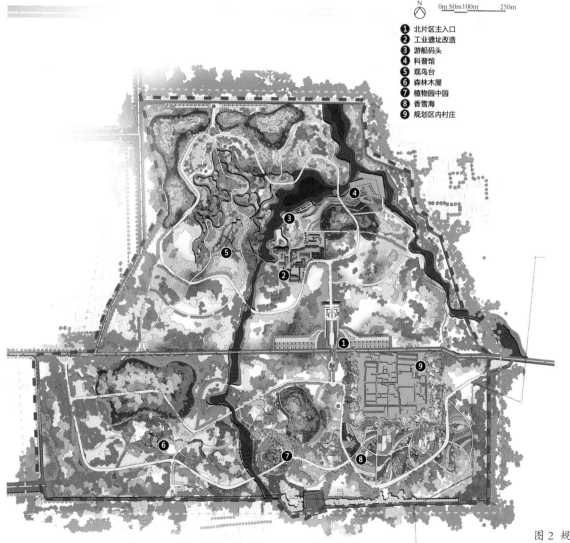

0m 50m 100m   250m

❶ 北片区主入口
❷ 工业遗址改造
❸ 游船码头
❹ 科普馆
❺ 观鸟台
❻ 森林木屋
❼ 植物园中园
❽ 香雪海
❾ 规划区内村庄

图 2 规划设计平面图

图3 "两片区""三带""九点"

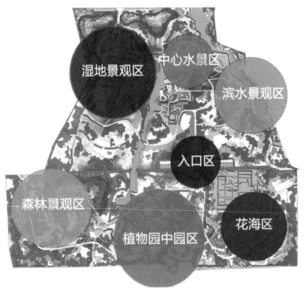

图4 功能分区图

开阔水面，可供游人停留、驻足观赏。整个水系可以
通过游船到达各个旅游景点，方便快捷。

3.2.3 滨水休闲区

属于巨野河水系的东面水系，整个水系主要由喷
泉、木栈道及健身步道组成，可以驻足观赏其他景观。

3.2.4 森林景观区

主要保留原有树种以及种植乡土树种，能够在较
短的时间内形成连续的林缘线，且生态系统稳定，不
易被破坏。

3.2.5 植物园中园区

位于南片区的中心，由多个植物园构成，充分展
现植物习性及地域特色。

3.2.6 花海区

紧邻规划区域内的刘官庄，雇佣村民进行日常的
花卉生产管理和养护，不仅可以为附近村民带来经济
收入，还可以形成风格独特的景观效果。

3.2.7 湿地景观区

重新整理原有水系，在湿地景观区，主要在滩涂
地种植湿生植物，形成植物群落来净化水质，以完成
其内部自我净化功能；设置观赏木栈道来连接人工岛，
并设置一些供游人休憩的停留场地来体验湿地景观。

4 主要景点设计

4.1 工业遗址改造景点规划设计

在其他煤矿废弃地改造的案例中，主要针对遗留
的厂房以及施工设备进行再加工，利用创新的艺术构
思以及设计手法使采矿遗迹获得新的生命与存在价
值，最终成为不同年龄段游客流连忘返的景区之一。
以江苏省盱眙县的废弃采石场为例，就采取了一种更
为亲民的景观改造模式。当地政府将废弃地改建成山
地广场以及观景台，同时具备了休闲、娱乐、会议等
多种功能。周边居民可以登高远眺、康体运动。这种
改建模式不仅让废弃地的环境恢复到正常水平，还对
旅游资源进行了适当的开发利用[4]。

在本次设计中，对于现状遗留的废旧红色厂房，
在不改变建筑的同时恢复其景观活性，赋予建筑崭新
的功能特点，主要有采矿艺术展览馆、厂房改造馆、
工艺品展馆、后工业艺术画展馆和由工业遗址改造的
餐饮店面。同时公园绿化覆盖率也达到80%以上，

主要以植物组团配植的形式穿插在建筑群中。这样有机地关联每个景观要素，合理加以改造，使其成为重具活力的后工业文化厂区。

对采空区工业旧址的改造，赋予了绿地新的主题景观，在保留原有资源特色的同时，可以吸引更多的游客来寻找当时的印记（图 5）。

4.2 水体景观设计

规划用地中水景的设计主要由两部分组成，一是开阔的大水面，二是被生态岛分离的湿地景观区中的小溪流。两者一静一动，体量一大一小，在景观序列上相得益彰，具有趣味性。考虑到现状的实际问题，采用相应的处理方式，利用采空区的地下水补给枯水期的主河道，能够避免冬季水景观效果尴尬的局面，因此在采空区上营造湿地景观是可行且有利的 [5]。

4.3 观鸟台景观设计

观鸟台运用了架空木栈道的表现形式，在不影响下层植被生长的情况下设立了木屋及观鸟平台供游人进行观赏。除此之外，观鸟平台和观景平台相互连

接。观鸟平台设置在临近湿地景观的区域，在保护湿地景观不受人为影响的前提下，缩短游人对野生鸟类的观测距离。

5 种植设计

5.1 植物配置

规划区域采用多种植物配置形式相结合的方式，以林植和群植为主要形式，以此形成片感和围合感，营造自然野性美。种植树木以乡土树种为主，合理配植速生树和慢生树，营造明快通透的氛围；合理搭配常绿树种和落叶树种，做到三季有花、四季常青 [6]。

除此之外，采空区的植物配置按照生态学原理，重点考虑了物种的生态特征，合理选配植物种类，避免种间直接竞争，形成结构合理、功能健全、种群稳定的复层人工植物群落结构。构建不同生态功能的人工植物群落，更好地发挥人工植物群落的景观效果和生态效果。北片区的湿地生态岛就是按照生态安全的原则，特别注重各层植被的搭配方式，包括地被苔藓

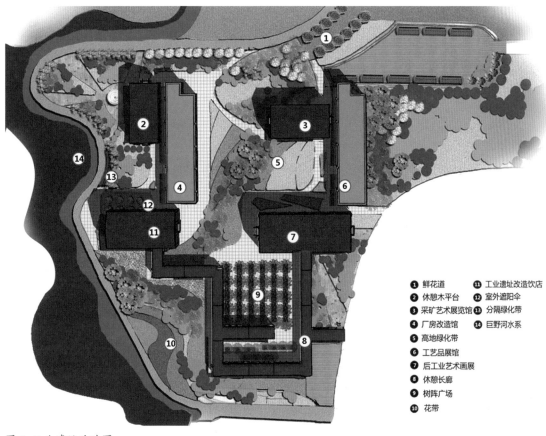

❶ 鲜花道　　❶ 工业遗址改造饮店
❷ 休憩木平台　❶ 室外遮阳伞
❸ 采矿艺术展览馆　❶ 分隔绿化带
❹ 厂房改造馆　❶ 巨野河水系
❺ 高地绿化带
❻ 工艺品展馆
❼ 后工业艺术画展
❽ 休憩长廊
❾ 树阵广场
❿ 花带

图 5 工业遗址改造图

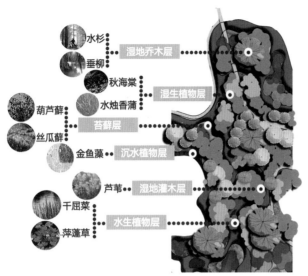

图 6 生态岛植物配置图

植物、水生植物、水底净化藻类植物、观赏草植物、湿生植物等（图 6），在一定程度上增强了水体自我净化的能力[7]。

5.2 植物选择

植物主要选择适宜本地区生长的乡土植物作为骨干树种和基调树种，在植物的选择过程中应避免使用外来树种，防止外来树种将整个规划区域侵占，造成景观破坏。

在济南民泰公园中，以白蜡（*Fraxinus chinensis*）、杨树（*Populus tomentosa*）以及黄栌（*Cotinus coggygria*）、黄山栾（*Koelreuteria integrifoliola*）为骨干树种；基调树种选择具有本地区域特色的乡土树种，例如雪松（*Cedrus deodara*）、旱柳（*Salix matsudana*）、悬铃木（*Platanus orientalis*）、蜀桧（*Sabina chinensis*）、臭椿（*Ailanthus altissima*）、石榴（*Punicagranatum*）、元宝枫（*Acer truncatum*）、

榆树（*Ulmus pumila*）、银杏（*Ginkgo biloba*）、枫香（*Liquidambar formosanaHance*）、刺槐（*Robinia ps-eudoacacia*）、紫叶矮樱（*Prunus × cistena*）等；选用的主要花灌木有石楠（*Photinia serrulata*）、蜡梅（*Chimonanthus praecox*）、迎春（*Jasmi num-nudiflorum*）、连翘（*Forsythia suspensa*）、棣棠（*Kerria japonica*）、珍珠梅（*Sorbaria sorbifolia*）、紫丁香（*Syringa oblata*）、紫薇（*Lagerstroemia indica*）；地被植物有高羊茅（*Festuca elata*）、早熟禾（*Poaannua*）、细叶芒（*Miscanthus sinensis* 'Gracillimus'）、二月兰（*Orychophragmus violaceus*）、鸢尾（*Iris tectorum*）、月季（*Rosa hybrid*）等。

6 结语

民泰公园总占地面积 149.76hm²，其中绿地面积 122.00hm²，占 81.5 %；水体面积 12.70hm²，占 8.5 %；广场与道路面积 10.35hm²，占 6.9 %；建筑与小品占地面积 4.65hm²，占 3.1 %。

我国由于煤炭开采所形成的采空区类型多样，应根据实际情况采取不同措施进行治理。本文以民泰煤矿为例，对其形成的采空区进行区位及场地分析、工业遗址分析、植被分析、水体分析及其他现状分析。在此基础上针对性地提出了景观规划设计的目的和原则，最终明确了采空区的发展方向以及民泰公园景观的总体规划布局。在景观规划设计中，以景观生态学为指导，利用多种生态修复技术完成了对采空区的科学开发利用，已真正意义上实现了"艺术、技术与生态"的交流与融合，为我国同类煤矿采空区的整改以及生态景观修复提供了案例分析。

参考文献

[1] 黄琨,陈伟,温挨树,赵振光,陈建信,张中俭.内蒙古煤矿采空区地面塌陷类型及影响因素研究[J].工程勘察,2016（12）:13-19.
[2] 杜坤,李夕兵,刘科伟,赵晓昕,周子龙,董陇军.采空区危险性评价的综合方法及工程应用[J].中南大学学报（自然科学版）,2011（9）:2802-2811.
[3] 沈洁,李利.从工业废弃地到绿色公园:卡尔·亚历山大矿山公园景观改造[J].风景园林,2014（1）:136-141.
[4] 李春郁,吴则鑫.煤矿废弃地景观再造规划思考[J].艺术品鉴,2016（2）:43.
[5] 杨智敏.大南湖采煤塌陷区景观规划改造设计分析[J].煤炭技术,2013（11）:17-18.
[6] 蒿书红.煤矿废弃地景观再生规划与设计策略研究[D].北京林业大学,2015.
[7] 赵思毅.湿地概念与湿地公园[M].南京:东南大学出版社,2006.

现代园林 2017,14(1):103-109.
Modern Landscape Architecture

安徽淮南淮西湖公园景观规划设计

Landscape Planning and Design of HuaiXihu Park in Huainan, Anhui

▶ 吴广珍
▶ Wu Guangzhen

淮南市园林管理局，淮南 232001
Huainan Landscape Management Bureau，Huainan 232001

摘 要：为了打造"山·水·人·城"的综合理念，改善城市周边环境条件，营造宜居空间，结合城市采煤沉陷区的生态修复与开发利用，淮南市在西部城区规划建设了一座以水上活动和休闲观光为主题的综合公园，即淮西湖公园。该公园的设计主题为动态变化、绿色重建及动感水乐园。

关键词：采煤沉陷区；生态修复；功能分区；植物景观

中图分类号：TU986　　　文献标识码：A

Abstract: In order to create the comprehensive concept of 'Mountain, Water, People, City', improve the condition of city environment, create the livable space, combine ecological remediation with exploitation of local mining subsidence area of the city, Huainan government is in the planning of constructing a comprehensive park located in the west area of the city with themes of water activity and leisure sightseeing, named HuaiXihu Park. The design theme of this park is about moving, green rebuilding, dynamic water park.

Key words: mining subsidence area; ecological remediation; functional sections; plants landscape

我国由于采煤造成的地面塌陷面积在不断扩大，给水资源、土地资源、生态环境造成严重的破坏，因此矿区生态环境的整治和修复迫在眉睫，采煤沉陷区内就地营造湿地公园是生态环境修复中最有效的手段。为了打造"山·水·人·城"的综合理念，改善城市周边环境条件，营造宜居空间，结合城市采煤沉陷区的生态修复与开发利用，淮南市在西部城区规划建设一座以水上活动和休闲观光为主题的综合公园，即淮西湖公园，以改善该区域的景观生态环境，这对采煤沉陷区生态修复、环境治理具有一定的借鉴意义。淮南市依托现有景观资源，挖掘城市历史文化内涵，突出大环境绿化，营建"青山、碧水、绿田、煤城"和谐统一的城市景观系统。

淮西湖公园就是充分利用煤矿沉陷区这一淮南特有的地形地貌景观，进行科学合理规划设计的一座西部城区主要城市公园。近期建设以生态恢复、景观绿化为主，远期建设以水上活动和休闲观光为主，将建设成体现矿石煤炭文化特色、生态自然、优美宜人的湿地生态修复景观区，是城市绿地景观结构中位于西部城区的一颗明珠。

1 基地现状分析及功能定位

淮南市位于华东腹地的淮河之滨，素有"中州咽喉，江南屏障"之称，它历史悠久，文化底蕴厚重，北拥淮河，南依舜耕山，可谓"山水平秋色，彩带串明珠"。

作者简介：

吴广珍/1967年生/女/安徽淮南人/林业专业学士/淮南市园林管理局总工程师，高级工程师/研究方向为园林景观规划与设计、施工和管理

收稿日期 2017-03-01　接收日期 2017-03-06　修定日期 2017-03-15

淮西湖公园位于淮南市谢家集区十涧湖路南侧采煤沉陷区，原称"老鳖塘"，属风景拟建区，现状为自然陷落的湖面和湿地，绿化基础较好。区域内现存水面开阔深邃，水环境较好，原始水体面积约80hm²。公园规划定位为以水上休闲、娱乐、观光为一体的城市综合性公园，规划总面积约230hm²，其中一期工程面积70.80hm²，设计主题为"鱼·鸟·人·动感水乐园"。建设项目主要包括入口广场、春风大堤、生态岛、垂钓岛、生态步道、观景平台、停车场、码头、油菜花田、荷花池、园区景观道、景观桥、树屋、水上娱乐设施和管理及服务用房等。

由于淮西湖公园与十涧湖国家城市湿地公园、春申君墓在地域上较为接近，彼此影响交织，故可作为一个景观整体，其服务半径可以辐射至整个城市，并且可成为整个淮南市旅游线路上的重要一环，在景观、生态、文化上均有一定的建树。

2 总体规划与功能分区设计

淮西湖公园以十涧湖路和淮西湖湖中长堤为景观的两条线，淮西湖东、西两翼为两片，形成以两线两片为主、以周边区域和沿湖整治为辅的分区格局（表1、图1、图2）。

2.1 北线——十涧湖路

淮西湖公园的北线十涧湖路是一条市政干道，红线宽度为40m，规划将道路红线外各50m纳入公园一期建设。十涧湖路北侧广大区域地质不够稳定，且

不断塌陷，而南侧区域则相对稳定。因此，北侧作生态保育区处理，任其自然陷落成湖，形成生态湖泊洲岛，选择湿地植物、水生植物，水岛上种植芦苇等，成为鸟类栖息地。南侧则以老鳖塘为主要视点，设立以自然景观为主的景点，如日出平台、了望树阵、舟寻绿水、落霞夕雾等，营造一种水波潋滟、恬静自然的风景。北侧的写意粗放和南侧的美景如画构成了十涧湖路的景观特色（图3）。

（1）日出平台

日出平台位于西侧，正对太阳升起的东方，故名"日出"，木质地坪或竹质浮桥连接了串联在一起的几个绿岛，使人得以深入水草之中，慢慢从湖边进入湖中岛屿，体验更为自然的亲水感受。

（2）了望树阵

由于整个沿湖区域除道路铺装外，基本没有任何硬质景观，因此，在日出平台东侧设置由若干大树阵列状排列的了望树阵，结合灯光照明，成为景观亮点。

（3）石鱼沉浮

"石鱼沉浮"借鉴了位于涪陵的白鹤梁题刻的典故，"白鹤时鸣留胜景，石鱼出水兆丰年"。白鹤梁是一块长约1600m，宽16m的天然巨型石梁，石梁仅冬春季枯水期露出水面，唐代时，石梁中段水际刻有一对线雕鲤鱼，凡石鱼出水，其年即是丰年，远近引以为奇观，历代游客络绎不绝，不少游人留题纪胜，镌刻下不少金石力作。经研究，这里记录了自唐代以来的大量水文变迁，因此享有"世界第一古代水文

表1 各功能区的景观定位表

序号	区域	景观定位
1	北线（十涧湖路两侧绿带）	滨水景观公园绿地和道路绿地的结合 以草坪疏林为主的朴素游园 拥有灯光（LED）和给水设施
2	南北向大堤（春风大堤）	主要沟通公园内的交通，宽度为7m，维持原有的大堤走向 局部加大成岛屿以满足少量游人滞留和活动
3	东片（水木田园）	主要景区：树屋与年轮广场、菖蒲花溪、灿烂田园
4	西片（矿石花原）	主要景区：以林木种植为主的林区、矿石广场、桃花原
5	淮西湖湖水	渗透和贯穿各个景点的介质，居于公园的中央位置，为透景线的穿梭场所，也是园内的最低处和水核心 船坞和游船、水上自行车等丰富的水上活动 垂钓、观景等休闲静态活动
6	周边区域	自然密林以及防护地带，生态自然

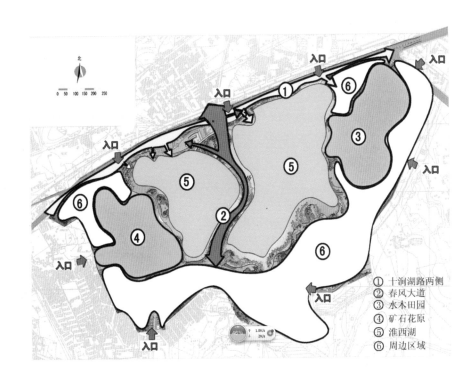

图 1　淮西湖公园总体分区图

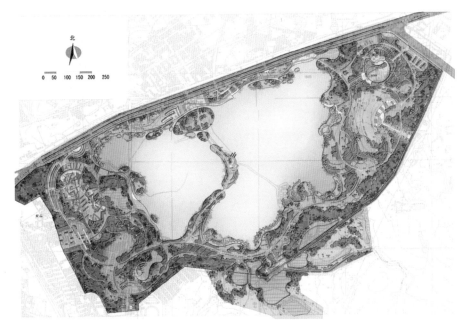

图 2　淮西湖公园总体平面图

站"之誉，具有极高的科考、人文、历史价值及独特的书法艺术价值，是世界水文史上的奇迹。

（4）舟寻绿水

舟寻绿水景点由一片五彩地坪和具有雕塑感的小船组成，是一个别致的硬地景观，兼具码头功能。

（5）生态鸟岛

通过岛屿或浮岛堆造，丰富水景空间，岛屿上

种植芦苇、芦竹等相对单一的水生植物品种，避免游人进入，为鸟禽类、鱼类提供良好的栖息环境。

（6）落霞夕雾

落霞夕雾景点位于东侧，正对西边的天空，人们沐浴在水边湿润的雾气之中，欣赏天边徐徐落下的夕阳和烂漫的晚霞。

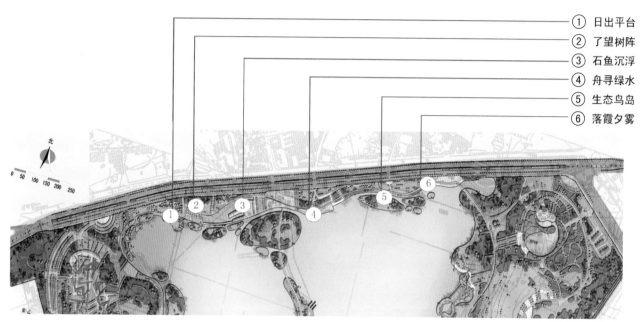

① 日出平台
② 了望树阵
③ 石鱼沉浮
④ 舟寻绿水
⑤ 生态鸟岛
⑥ 落霞夕雾

图 3 十涧湖路沿线景点分布图

2.2 中线——春风大堤

春风大堤是在原有 7m 宽大堤基础上局部加宽，进行景观绿化而成的。由于整个大堤是人工的堆筑物，湖水较深，进行大量改造难度较大，因此只在局部加岛，也不强求道路两侧有同样宽度的绿化带或人行道。植物以垂柳及桃花、樱花、海棠等春季开花植物为主（图 4）。

2.3 西片——矿石花原

"矿石花原"景区位于公园的西片，主要包括矿石广场和桃花原（世外桃源）两大景区。

矿石广场选择了地势较高、地质相对稳定的西片区域，以黑色（煤矸石）、灰色（素混凝土道路）、绿色（草坪及种植区域）3 种原始色彩硬朗结合，形成一种粗线条、粗质地交织的构图基础，上部以墙体断续围合成不同的开合空间，相对粗犷的基底和墙体上，可根据淮南的地理、历史、人文要素有序地记录和演绎一些富有情趣和科学常识的图文符号，从文化内涵上激起人们的共鸣，也构成一系列互动活动的基础。矿石广场的处理可成为公园的亮点。

桃花原景区则为依山傍水的一片缓坡平原。春暖花开时节，在高大的背景林前，呈现一片缤纷桃林，不同品种的桃花竞相开放，成为令游人眼前一亮的自然景观。

2.4 东片——水木田园

水木田园为公园东片的主要活动区域，主要包括树屋（年轮广场）、菖蒲花溪、昼眺伊川（灿烂田园）3 个景点，生机盎然的树木、水流潺潺的溪水、阡陌交错的田园分别诠释了自然的生长和变化，体现了"MOVING"的含义（图 5）。

（1）树屋（年轮广场）

年轮广场和其中的树屋是基地东片经营性内容的综合管理区域。由于场地原有一片水面，经过调整改成一个形状相对规则的水池，配合折桥，富有现代感和简洁的韵味。

森森的林木，放射状的年轮，以树木为骨架，绿叶为墙，藤萝为梁，局部以人造设施辅以完善，让人处在一座真正由植物构成的建筑内，呈现出独特而别致的景观。

（2）菖蒲花溪（花潭竹屿）

水间错落的岛屿上，水生植物花叶芦竹、蒲草及青翠的竹林在碧波荡漾中渲染着自己的美丽，呈现一片宁静风光。错落起伏的木质地坪，成为蜿蜒深入水、深入林、深入真实的自然美景。

图 4　春风大堤入口景观效果图

（3）昼眺伊川

利用原有地形高差，在东南入口处主景观道之端头设置"昼眺伊川"平台，俯瞰坡上漫山遍野的油菜花田。春日艳阳中，大片的油菜花娇黄可掬、馨香沁怀，既有大地景观的震撼人心，又能在相应时节营造出别样的主题景观。

2.5　沿湖区域

（1）垂钓休闲

垂钓休闲区域利用石沪围合而成的区域形成相对独立的水面，可养殖一些观赏或食用鱼类。临近岸边控制地形落差，保证游人安全，也便于区域管理。周边景观亲切自然，微风拂面，垂柳依依，鱼儿悠闲地在水中游弋。

（2）驳岸处理

由于整个公园内水体面积占 90hm²，岸线的长度非常可观，主要采用自然驳岸，仅在人流活动较多的区域和部分人造景观区域设置部分硬质驳岸，如毛石驳岸、乱石滩驳岸、杉木桩驳岸等，但所有景观驳岸都应当处理得亲切自然。

2.6　周边区域

除了重点的"两线两片"区域及沿湖景区之外，淮西湖公园还包括大量的周边区域，亦即游人活动较

少的生态保育林地，该区域占到公园面积的 40% 以上，基地原貌基本为地势较高的坡地或下陷的湿地区域。对于该区域的治理，可选择小苗、速生植物品种进行快速绿化，粗放管理，利用大自然的自我修复能力来实现环境质量的自然回归。

（1）日间营地

由景观大道、星期日花园和朝花夕拾（老少乐园）景点组成，具有简单购物、休闲、体验、野餐、日间短时度假的功能，适合家庭或者小型团体活动。

（2）青林碧屿

原生的岛屿，是整个淮西湖区域最大的半岛，岛上原有鱼塘等，经过覆土、整理，成片种植树木，形成青翠的绿岛。

（3）东片自然区

位于公园的东南区域，以自然植物造景和对原始地形的微小改造为主，将整个环境彻底融入自然之中。这一区域适合人们进行自行车骑游和徒步游玩，无论是否在水的旁边，都能深切感受大自然的美好馈赠。

3　植物景观规划

3.1　周界造林树种

基地位于淮河以南，周边乔木绿化树种可选以上

图 5 水木田园景区景点分布图

树种进行搭配种植，力求较快成林、郁郁葱葱、形成良好的围合环境。由于基地内大量土地（尤其是十涧湖路以北）的区域地质情况较脆弱，有下陷的危险，所以应避免种植较贵重而又需要精心养护的树种，应以耐水湿、粗放养护的树种为首选。

3.2 十涧湖路以北的持续塌陷地带

根据塌陷的特点，种植应粗放，以杨柳科（Sali-caceae）植物、水杉（Metasequoia glypto-stroboides）、池杉（Taxodium ascendens）、落羽杉（Tax-odium distichum）等为主，土地沉降幅度小的地带可考虑栾树（Koelreuteria paniculata）、泡桐（Pau-lowinia fortunei）、湿地松（Pinus el-liottii）等。独立岛屿可用花叶芦竹等植物大面积

种植。

3.3 十涧湖路两侧

以秋季色叶树种为主，种植疏透大气，留出通向淮西湖的透景线。植物采用广玉兰（Magnolia grandi-flora）、石楠（Photinia serrulata）、鹅掌楸（Liriodendron chinense）、枫香（Liquidambar formosana）、石榴（Punica granatum）、丁香（Syzygium aromaticum）、连翘（Forsythia suspensa）等。

3.4 大堤

以杨柳春风为主题，体现春风拂面的温馨感觉。沿湖以种植垂柳（Salix babylonica）为主，片状种植樱花（Cerasus serrulata）、海棠（Malus spectabilis）等。

3.5 西片"矿石花原"景区

（1）矿石广场

树木疏朗而大气，运用彩叶植物，打造清晰通透的草坪空间。植物采用银杏（*Ginkgo biloba*）、朴树（*Celtis sinensis*）、榉树（*Zelkova serrata*）、喜树（*Camptotheca acuminata*）、湿地松、鸡爪槭（*Acer palmatum*）、紫叶李（*Prunus cerasifera* 'Atropur-purea'）、南天竹（*Nandina domestica*）等。

（2）桃花原景区

不仅有桃花流水，还有漫山遍野的嫩绿娇红。植物采用广玉兰、垂柳、石楠、桃花（花桃、碧桃、果桃、寿星桃等）、迎春（*Jasminum nudiflorum*）等。

3.6 东片"水木田园"景区

（1）树屋（年轮广场）

森森的树木形成浓郁的绿色景观。植物采用白皮松（*Pinus bungeana*）、湿地松、银杏、七叶树（*Aesculus chinensis*）、无患子（*Sapindus mukorossi*）、桂花（*Osmanthus fragrans*）、夹竹桃（*Nerium indicum*）、杜鹃（*Rhododendron simsii*）、栀子（*Gardenia jasminoides*）等。

（2）菖蒲花溪景区

以水生植物为主的滨水绿带。植物采用垂柳、花叶芦竹（*Arundo donax* var. *versiocolor*）、水菖蒲（*Acorus calamus*）、黄菖蒲（*Iris pseudacorus*）、水生美人蕉（*Canna indica*）、千屈菜（*Lythrum salicaria*）、芡实（*Euryale ferox*）等。

（3）"昼眺伊川"景区

有大片的油菜花田，田间有杨树，形成开阔明快的大地景观。

3.7 滨水区域

具有自然亲切的滨水植物景观和透视景观线，植物采用垂柳、旱柳（*Salix matsudana*）、重阳木（*Bischofia polycarpa*）、枫杨、合欢（*Albizia julibrissin*）、湿地松、池杉、云南黄馨（*Astragalus yunnanensis*）、马蔺（*Iris lactea* var. *chinensis*）、美人蕉、千屈菜、黄菖蒲等。

3.8 保育林地

具有一定的厚度和围合感，速生，成林效果好，抗性好。植物选用湿地松、马尾松、白皮松、水杉、池杉、落羽杉、臭椿（*Ailanthus altissima*）、麻栎（*Quercus acutissima*）、泡桐（*Paulowinia fortunei*）等。

4 结语

淮西湖公园是一个基于采煤沉陷区的公园，因此，公园的建设具有长期性和可变性。该公园的建设对改善该区域的景观生态环境、采煤沉陷区生态修复及环境治理都具有一定的借鉴意义。

参考文献

[1] 戴红军,白林,孙涛,张坤.资源城市棕地生态治理综合效益评价——以淮南市大通采煤沉陷区为例[J].资源开发与市场,2014（12）:30-31.

[2] 张曦沐.采煤沉陷区稳定性区划与人居环境适宜性研究[D].中国矿业大学,2011.

[3] 郝卫国,沈瑾,林澎.采煤沉陷区的嬗变——唐山南湖生态公园规划建设刍议[J].新建筑,2011（3）:56-59.

[4] 李玉凤,刘红玉,郑囡,曹晓.基于功能分类的城市湿地公园景观格局——以西溪湿地公园为例[J].生态学报,2011（4）:79-82.

[5] 王立龙,陆林,唐勇,汪长根.中国国家级湿地公园运行现状、区域分布格局与类型划分[J].生态学报,2010（9）:26-30.

[6] 王向荣,任京燕.从工业废弃地到绿色公园——景观设计与工业废弃地的更新[J].中国园林,2003（3）:28-31.

[7] 黄铭洪.环境污染与生态恢复[M].北京:科学出版社,2003.

[8] 川南楠.洪泽湖湿地保护区植被多样性及其对水质的净化效应研究[D].南京林业大学,2008.

[9] 陆健健.湿地生态学[M].北京:高等教育出版社,2006.

现代园林 2017，14（1）：110-115.

Modern Landscape Architecture

山西农业大学校园户外空间人性化设计量化评价研究
Study on Quantitative Evaluation of Humanized Design of Outdoor Space in Shanxi Agricultural University Campus

▶ [1] 郭春瑞 [1] 杜景新 [1] 申小雪 [1] 杨秀云 [2] 武小钢 *

▶ [1] Guo Chunrui, [1] Du Jingxin, [1] Shen Xiaoxue, [1] Yang Xiuyun, [2] Wu Xiaogang*

[1] 山西农业大学林学院，太谷 030801；[2] 山西农业大学城乡建设学院，太谷 030801

[1] College of Forestry, Shanxi Agricultural University, Taigu 030801; [2] College of Urban and Rural Construction, Shanxi Agricultural University, Taigu 030801

摘　要：基于新媒体时代下大学校园户外空间人性化设计的必要性及现有学术研究中客观、可定量化的人性化设计评价体系缺乏的现状，本文以校园户外空间所担负的功能为依据，选取出入口、道路系统、停车场、建筑周边空间、校园广场、自然景观空间构成准则层，以各空间要素设计要点构成指标层，运用层次分析法构建了大学校园户外空间人性化设计评价 AHP 指标模型。结果表明，广场和自然景观空间是大学校园户外空间人性化设计的重点，其中景观质量和服务设施的设计更是重中之重。通过对山西农业大学校园户外空间人性化设计进行评价，可以看出该评价指标体系能够清晰地反映出人性化设计中的问题所在及待改进之处，希望可以通过本次研究为大学校园户外空间人性化设计提供一些建议。

关键词：自然景观空间；校园景观；人性化设计；评价体系

中图分类号：TU986　　　　文献标识码：A

Abstract: Based on the necessity of humanized design of outdoor space in university in the new media age and the lack of objective and quantitative evaluation system of humanized design in existing academic researches, this paper takes the function of outdoor space of campus as basis, the road system, the parking lot, the building surrounding space, the campus square, the natural landscape space as the criterion layer, the spatial elements design points as the index layer, using AHP(Analytic Hierarchy Process) method to establish an AHP model for the evaluation of humanized design of open space on campus. The results show that the square and natural landscape space is the focus of human space design of outdoor space on campus, and the quality and service facilities of landscape design are priorities for all. Through the evaluation of the humanized design of outdoor space in Shanxi Agricultural University, it can be seen that this index system of evaluation can clearly reflect the problems and improvements in the humanized design. We hope that some suggestions could be provided for the humanized design of outdoor space on campus.

Key words: natural landscape space; campus landscape; humanized design; evaluation system

　　基于户外开放空间人的使用情况分析，马库斯和弗朗西斯在《人性场所——城市开放空间设计导则》中首次系统地总结了"人的活动"与"公共空间设计"的关系，并提出了一系列针对不同类型空间的设计导则 [1]。随后几十年，重视公众需求，利用人的行为或社会活动来启发并塑造环境设计，即人性化设计的理念逐渐被大多数风景园林设计师接受并付诸实践。

　　长久以来，大学校园规划备受重视 [2, 3]，其关注

作者简介：

郭春瑞/1990年生/女/山西霍州人/在读硕士/研究方向为风景园林设计

武小钢（通讯作者）/1977年生/男/山西忻州人/教授，硕士生导师

基金项目 山西省科技攻关项目（编号：20140311027-1），山西省城乡绿化交互式网络决策支持平台构建

收稿日期 2017-03-14　接收日期 2017-04-06　修定日期 2017-04-17

的重点往往是对建筑及其之间的空间进行某种形式和功能的组织。但是，校园规划的功能不仅仅是为常规教学活动提供物质环境，其还应该具备能够激发好奇心、促进随意交流活动的特质[4]，而学术环境中随意性的交流被视为大学精神的核心，因此只有具有这样特质的校园才具有真正广泛意义上的教育内涵。正是基于这样的认识，设计师对基于使用的校园开放空间设计策略进行了探索。马库斯（2001）以加州大学伯克利分校为例探讨了校园特定建筑所邻近空间的使用需求和设计要点[1]；罗琰（2003）在分析校园户外空间形成过程及其特征的基础上，系统阐述了户外空间各要素设计要点及其功能[5]；参照马库斯的研究方法，汪淼湘（2009）分析了校园广场、庭院、道路等开放空间的人性化设计原则[6]；赵佩则重点探讨了校园景观的人性化设计原则[7]；李达（2013）以路径、尺度和瞄点为基本要素，提出校园户外空间设计的6大导则[8]。梳理以往的研究成果，我们可以看出，目前的研究集中于对大学校园户外空间设计原则和途径的探讨，在研究方法上主要为对案例的主观描述与定性分析。这些成果极大地丰富了校园空间设计的理念，但是基于主观评价或定性化分析的结论，会随设计师的专业知识、评价者的学术素养等的差异而有较大的不确定性，这也使得研究成果难以在更大的范围内得到认同和应用。因此，客观、可定量化的评价体系的建立就成为校园空间人性化设计得以广泛而深入施行所必需的重要环节。

尽管学术研究从不同角度对校园公共空间设计策略，尤其是人性化设计进行了探讨，但现实却"差强人意"。随着新媒体不断占领人们的生活，校园社交活动也日益呈现"室内化"[9]的特点。优质宜人的公共空间是激发、促进人们进行户外活动的必要条件，创造满足使用者需求的人性化大学校园户外空间应当也必须成为设计师当前的一项重要任务。为此，本文在深入研读开放空间人性化设计相关文献的基础上，选取户外空间主要构成要素作为评价指标，运用层次分析法（AHP）制定了适合我国大学校园户外空间人性化设计的评价体系，并以山西农业大学为例进行了阐述和分析，以期为大学校园户外空间人性化设计提供一些建议。

1 评价指标体系的构建

1.1 评价指标的选取

人性化设计的基本层次包括人的生理需求、心理需求和精神需求。满足生理需求的设计，指适应人体的构造以及人的感知方式，比如人的关节尺寸以及视觉、听觉、嗅觉感知，等等；满足心理需求的设计，应符合环境心理学等方面的研究，比如人们不喜欢使自己处于空旷场所的中心，而更喜欢处于边缘；满足精神需求的设计，应使人们在特定的空间中，能对历史产生追忆，能对特殊事件产生情感回应[8]。

如果在人性化设计的评价中完全从使用者的心理感受和使用状况进行评价，则会有较强的主观性与局限性。因此本文选择从人性化设计的基本层次出发对校园户外空间设计要素进行评价。

在三个基本层次的控制下，本文依据校园户外空间承担的不同功能，在参照前人研究成果和广泛咨询专家的基础上，运用层次分析法构建了大学校园户外空间人性化设计评价AHP指标模型（图1）。模型首

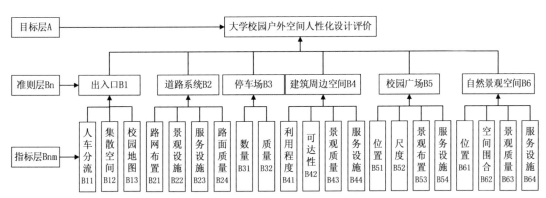

图1 大学校园户外空间人性化设计评价体系

层是目标层（A），为大学校园户外空间人性化设计评价；第二层是准则层（Bn），分别有出入口、道路系统、停车场、建筑周边空间、校园广场、自然景观空间 6 个评价因素；第三层是指标层（Bnm），涵盖了评价大学校园户外人性化设计评价的 21 个具体指标[10]。

1.2 评价方法

评价方法的制定是构建校园户外空间人性化设计评价体系的重要步骤。评价方法的具体制定主要包括确定数据的取得方式以及确定评价指标数据的处理方式两个方面[9]。

1.2.1 数据获取

根据设计要素所属的不同层面可采用不同的数据取得方式。各指标的空间位置分布参照校园平面图和实地调查获得数据；指标的尺度及可达性等具体数据通过实地测量获得；各指标下的景观质量、服务设施等不可测量的内容，通过实地观察校园公共空间具体环境的物质属性和对校园内设施的使用者进行问卷调查，获得相关数据。

1.2.2 数据处理方法

由于各因素之间具有层次关系和不同的重要性，为使评价结果更具科学性和准确性，本研究基于校园户外空间人性化设计评价这个总目标，对准则层和指标层下各因素分别进行两两比较，构造相应的判断矩阵[11]，结合 8 位专家的评价打分，将结果输入层次分析 yaaph 软件进行处理，利用专家群决策分析功能，通过一致性检验，最终得到大学校园户外空间人性化设计评价准则层指标权重值 bn 和指标层指标权重 Bnm。同时，参照各要素评价参数（表 1）对各项指标所得数据进行评分，记作 Bnm。目标区域的总得分（A）通过下列公式计算求得：

$$A= \sum B_n$$
$$B_n= \sum B_{nm} \cdot b_{nm}$$

2 大学校园户外空间人性化设计量化评价

2.1 AHP模型指标权重分析

2.1.1 准则层指标权重分析

对评价指标体系的层次分析结果见表 2。6 项准则层指标中权重值排名前两位的是校园广场和自然景观空间，分别为 0.3955 和 0.3210，明显高于其他指标权重。校园广场和户外自然景观空间内的活动能有

效减轻学生和员工的学习工作压力，同时还可以舒缓户外学习、工作的紧张单调，是校园户外空间人性化设计评价的重要指标。排名第三的是"建筑周边空间"，权重值为 0.143。建筑周边空间包括建筑的前院、后院以及由建筑使用者所使用的周边空间，是属于除广场和自然景观空间外使用率较高的户外空间，在人性化设计中也应给与足够的重视[12]。另外，出入口、道路系统、停车场 3 项指标权重值均相对较小，分别为 0.0329、0.0763 和 0.0312，但这 3 项指标共同构成校园户外空间的骨架系统，是联系其他空间的脉络，是校园户外空间人性化设计的基础。

2.1.2 指标层指标权重分析

21 项评价指标共同构成了指标层，对比各指标权重会发现，排名前 6 的指标分别包括了建筑周边空间、校园广场和自然景观空间中的景观质量和服务设施，且累积权重占总权重的 70.79%。可见人们对户外空间人性化设计中景观质量和服务设施的设计有较高的要求。同时，校园广场的位置、尺度以及道路系统的路网布置等指标的权重值均在 0.03 以上，也都较为重要。丰富优美的景观布置及充足适宜的服务设施使户外活动更加美好，而合理的空间布局使户外生活更加安全、便捷。明确了构建大学校园户外空间人性化环境的指标要素及这些指标权重的排序，对人性化校园户外空间规划建设具有重要的指导意义。

2.2 山西农业大学校园户外空间人性化设计评价结果分析

2.2.1 研究对象概况

山西农业大学校园位于山西省晋中市太谷县，校园占地面积 13.6hm²，建筑面积 15 万 m²，总体绿化率约为 73%，被誉为"花园式校园"。本研究选取山西农业大学校园各类型户外空间中具有代表性的 15 个空间为调查样本（图 2），结合各空间所属类型、对应其评价参数分别进行评价，综合各指标得分，最终得到山西农业大学户外空间人性化设计评价的总体得分。希望可以通过本文的研究为山西农业大学校园户外空间人性化设计水平的提高提供针对性建议。

2.2.2 校园户外空间人性化设计评价

山西农业大学户外空间人性化设计评价综合得分为 3.4863，属良级较好水平。其中，校园广场和自然景观空间分别得到 1.1401 和 1.318 的较高分值。山

表1 大学校园户外空间人性化设计各要素评价参数

各级指标		评价参数			
准则层	指标层	优（4~5分）	良（3~4分）	中（2~3分）	差（1~2分）
出入口 B1	人车分流 B11	双向车行，双向人行	双向车行，单向人行	单向人行，单向车行	无人车分流
	集散空间 B12	空间充足，可供人车停留	可集散空间不足以停留	空间不足，集散拥挤	无集散空间
	校园地图 B13	位置醒目，清晰，易读	标记清晰，位置隐蔽	标记模糊	无校园地图
道路系统 B2	路网布置 B21	道路等级明确，可达性高，宽度适宜	有人车分行，无等级划分，安全、便捷	人车混行，安全、便捷	可达性差，较多人走出来的小路
	景观设施 B22	植物种类丰富，景观效果舒适、宜人	植物种类丰富，景观效果差	植物种类单一，景观效果差	景观效果差；所选植物会对行人造成伤害
	服务设施 B23	数量充足，造型美观，尺度宜人，指示牌标识清晰明了，夜间照明质量好	数量充足，尺度宜人，标识清晰，照明效果好，造型一般	数量充足，造型不佳，照明效果一般	数量不足，造型不佳，照明效果差
	路面质量 B24	铺装材质、形式丰富多样，排水效果好，无安全隐患	材质单一，排水效果好，无安全隐患	材质单一，排水效果一般，无安全隐患	材质单一，排水效果差，有安全隐患
停车场 B3	数量 B31	数量充足，满足高峰期使用	满足非高峰期使用	数量不足，占用道路空间	无停车场设置
	质量 B32	停车位划分明确，有自行车遮阳棚	停车位划分明确，露天停车	无停车位划分，露天停车	无停车场设置
建筑周边空间 B4	利用程度 B41	充分开发，合理规划	充分开发，规划不合理 / 部分开发，规划合理	部分开发，规划不合理	无规划利用
	可达性 B42	对其服务人群可达性高，对其他人较为隐蔽	对所有人均易达	相对隐蔽，不易达	隐蔽，不可达
	景观质量 B43	铺装舒适，植物景观丰富，种类安全无害	植物种类丰富，景观效果单一，安全无害	植物种类单一，安全无害	植物种类单一，有潜在危害
	服务设施 B44	座位、垃圾箱数量充足，位置宜人，建筑名称标识清晰，夜间照明充足	座位、垃圾箱数量相对充足、建筑名称标识较清晰，照明效果一般	座位、垃圾箱数量相对充足，建筑名称标识不清晰，照明效果差	数量不足，造型不佳，建筑无标识，照明效果差
校园广场 B5	位置 B51	位于主要交通节点，方便易达	位于次要交通节点，方便易达	位于人流较少处，方便易达	隐蔽，不易达
	尺度 B52	满足高峰期使用，无人时不显得空旷，D：H=1~2	满足平时使用，偶尔出现拥挤或空旷现象	基本满足使用，常出现拥挤或空旷现象	过于拥挤或空旷
	景观布置 B53	有识别性强的景观焦点，景观形式丰富	有景观焦点，景观丰富度一般	无景观焦点，景观丰富度一般	无景观焦点，景观单一
	服务设施 B54	位置合理，数量充足，尺度宜人，造型美观	位置合理，数量充足，尺度宜人，造型一般	数量充足，位置相对合理，造型一般	数量不足，造型不佳
自然景观空间 B6	位置 B61	位于主要道路边缘，可达性高	位于次要道路周边，方便易达	相对隐蔽，不易达	隐蔽，不可达
	空间围合 B62	利用植物形成空间边界，围而不合	空间边界植物未形成明确围合	空间边界有植物，未形成围合	无空间边界
	景观质量 B63	植物种类丰富、安全无害，景观效果舒适、宜人	植物种类丰富，景观效果差	植物种类单一，景观效果差	景观效果差，所选植物会对行人造成伤害
	服务设施 B64	服务设施数量充足，舒适宜人；夜间照明效果好	服务设施充足，夜间照明效果一般	有服务设施，数量不足，夜间照明效果一般	无服务设施，照明效果差

表 2 大学户外空间人性化设计评价各指标权重分布及加权结果统计示意

各级指标 指标层因子		权重		加权后得分		
		准则层因子	指标层因子	准则层因子	综合得分	
出入口 B1	人车分流 B11	0.0262		1.1048		
	集散空间 B12	0.0027	0.0329	0.0121	0.135	
	校园地图 B13	0.004		0.018		
道路系统 B2	路网布置 B21	0.0302		0.1208		
	景观设施 B22	0.0273	0.0763	0.1092	0.2656	
	服务设施 B23	0.0073		0.0183		
	路面质量 B24	0.0115		0.0173		
停车场 B3	数量 B31	0.025	0.0312	0.0625	0.0182	
	质量 B32	0.0062		0.0186		
建筑周边空间 B4	利用程度 B41	0.0163		0.0572		3.4863
	可达性 B42	0.0074	0.143	0.0296	0.05464	
	景观质量 B43	0.0566		0.2716		
	服务设施 B44	0.0627		0.1881		
校园广场 B5	位置 B51	0.0309		0.1237		
	尺度 B52	0.047	0.3955	0.1786	1.1401	
	景观布置 B53	0.0874		0.2622		
	服务设施 B54	0.2302		0.5755		
自然景观空间 B6	位置 B61	0.0199		0.0995		
	空间围合 B62	0.0302	0.321	0.1359	1.318	
	景观质量 B63	0.1762		0.8457		
	服务设施 B64	0.0947		0.2367		

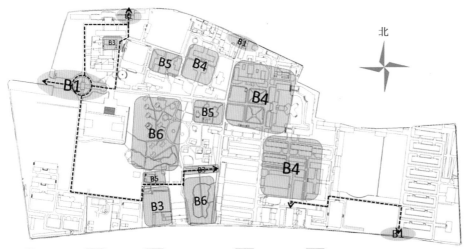

B1 出入口　B3 停车场　B4 建筑周边空间　B5 校园广场　B6 自然景观空间　---▶车行道

注：B2为道路系统，为避免图面标注混乱，仅标出了车行道

图 2 山西农业大学校园空间抽样调查地点分布图

西农业大学作为农业类综合院校，有着百年的建校历史，校区绿化覆盖率达85%以上，百年以上古稀树木有100余株，名贵、稀有树种50余种。植物种类丰富，自然景观优美，大大提高了校园户外空间的景观质量。同时也为校园户外空间人性化设计的整体质量作出较大贡献。

校园道路系统得分为0.2656分。笔者在调查中发现，山西农业大学道路系统整体采用外围人车混行、内部人行的路网布置，通过设路障进行了有效分隔，避免了校园内部人车混行造成的潜在危险。道路根据路面宽度明确分为主干道、次干道和人行小道三个等级，且宽度适宜，路面质量较好。

然而，在调查过程中，除以上提到的规划设计中质量较好的加分项外，笔者也发现了山西农业大学户外空间人性化设计中的一些不足。首先，在建筑周边空间的利用程度上，存在着较多弃之不用的建筑后院空间，大多由于没有进行合理规划和充分布置而被闲置，不仅浪费了校园户外空间，还影响了户外空间景观质量。其次，在校园户外空间停车场的布置上，山西农业大学户外空间停车场数量表现出明显不足，大量自行车和机动车停车占用了道路空间和广场空间，使其不能被合理利用。再次，校园绿化空间中存在较多行人自行踏出的小路，说明绿化空间道路设计中没有充分考虑行人的使用习惯与需求，道路的可达性不足。校园建设者应结合各项指标的具体评分结果，针对性地找出校园户外空间环境建设的薄弱项进行研究和改进。

3 结论

本研究以校园户外空间所担负的功能为依据，将出入口、道路系统、停车场、建筑周边空间、校园广场、自然景观空间6个评价因素构成准则层，涵盖了评价大学校园户外人性化设计评价的21个具体指标作为指标层，运用层次分析法构建了大学校园户外空间人性化设计评价AHP指标模型。6项准则层指标中权重值排名前两位的是校园广场和自然景观空间，分别为0.3955和0.3210，明显高于其他指标权重，表明广场和自然景观空间是大学校园户外空间人性化设计的重点，其中景观质量和服务设施的设计具有更高的要求，累积权重占总权重的70.79%，是校园户外空间人性化设计评价的重要指标。

运用AHP指标模型对山西农业大学校园户外空间人性化设计进行定量化分析的结果表明，校园广场和自然景观空间分别得到1.1401和1.318，综合得分为3.4863，属良级较好水平。AHP模型评价指标体系能够清晰地反映出人性化设计中的问题所在及待改进之处，可以为其人性化设计水平的提高提供针对性的参考。

由于大学校园户外空间形式多样，仅选取户外空间构成要素作为评价指标很难形成通用的标准，同时校园户外空间人性化设计评价结果还会受评价主体的价值观念、评价空间样本选择的影响，因此校园户外空间人性化设计的评价仍需尝试定量化多方面元素，构建更科学的模型。

参考文献

[1] 马库斯. 人性场所[M]. 北京:中国建筑工业出版社,2001.

[2] Schmertz M F. Campus planning and design[J]. 1972.

[3] 宋泽方,周逸湖. 大学校园规划与建筑设计[M]. 北京:中国建筑工业出版社,2006.

[4] Keast,William R.Introduction to Second Annual Conference ,Society for College and University Planning[J].Ann Arbor,Mich,1967（8）:20-22.

[5] 罗琼. 大学校园户外空间研究[D]. 东南大学,2003.

[6] 汪森湘. 大学校园外部空间的人性化设计初探[D]. 湖南师范大学,2009.

[7] 赵佩. 浅析大学校园景观的人性化设计——以河北工业大学新校区为例[D]. 河北工业大学,2011.

[8] 李达. 西安地区大学校园外部空间人性化设计调查与研究[D]. 西安建筑科技大学,2013.

[9] 郑丽君,武小钢,杨秀云. 大学校园公共空间活力评价指标的定量化研究[J]. 山西农业大学学报（自然科学版）,2016,36（11）.821-826.

[10] 廖萍. 大学校园户外环境综合评价模型构建及应用[J]. 湖北农业科学,2015,54（22）:5732-5735.

[11] Aragonés-Beltrán P, Chaparro-González F, Pastor-Ferrando J P, et al. An AHP（Analytic Hierarchy Process）/ANP（Analytic Network Process）-based multi-criteria decision approach for the selection of solar-thermal power plant investment projects[J]. Energy, 2014,66（2）:222-238.

[12] 龚力,杨文. 浅析大学校园户外公共空间的设计[J]. 美术大观,2012（2）:112.

现代园林 2017,14(1):116-121.
Modern Landscape Architecture

现代信息（AR 触控）技术在景观设计中的应用前景

Promising Applications of Tangible Augmented Reality in Landscape Design

▶ ¹史尚睿 ²任栩辉
¹Shi Shangrui, ²Ren Xuhui

¹苏交科集团股份有限公司，南京 215000；²门头沟区永定河森林公园管理处，北京 102300
¹JSTI Group, Nanjing 215000; ²Management Office, Forest Park of Yongding River in Mentougou, Beijing 102300

摘　要：该文在分析了景观设计现状以及信息时代新兴技术优势的基础上，提出了将景观设计过程与 AR 等新型技术相互结合，来提升设计质量与设计效率的方法与想法，并强调这条路是景观设计走向新高峰的必经之路。随后，通过对 AR 技术与 VR 技术的优劣比较，提出 AR 技术是更加适合与景观设计方法相互融合的选择，也提出将 AR 技术与 3D 触控技术相互结合来提高景观设计质量的方式的讨论，以及景观设计结合这类新兴技术后设计方式的优势与前景的设想，列举出一些相似案例进行分析和总结，来进一步说明设计革新的必要性。最后，对未来景观设计向此方向发展提出合理化建议，以此对景观设计的新思路、新方法的前景进行分析，通过革新，让未来的设计理念如电影般先进炫目，让每次的设计效果也都更加出色。

关键词：景观艺术；增强现实技术；虚拟现实技术

中图分类号：TU986　　　　**文献标识码**：A

Abstract: Based on the analysis of the current situation of landscape design and the advantages of new technology in this information age, combining landscape design process with AR technology is put forward to improve quality and efficiency and this approach is emphasized to be a key road for the landscape design to a new peak. Then, comparing the pros and cons between AR and VR, we found that AR is more suitable for integrating with landscape design methods and discussed the methods of combing AR with 3D Touch to improve the quality of landscape design. We also studied the advantages and prospects of combining landscape design with these new technologies and analyzed and summarized some similar cases to illustrate the necessity of design innovation. Finally, some reasonable advice was given for the future development of landscape design and we analyzed the prospects of new ideas and methods. Through innovation, we could make every design philosophy more dazzling just like movies and every design effect more outstanding.

Key words: landscape art; AR technology; VR technology

　　当下，景观设计艺术对大众来说已不再是一个新鲜的词汇，同时各类景观艺术的设计形式也都在不断进行更新的过程之中，尽管形式呈现上稍有不同，但也只是内容上有所不同的变体而已。其实，现代的景观设计还未与当下新兴电子技术行业多种学科的新技术进行很好的跨专业融合，景观设计的技术与方法虽然跟随着信息技术发展的快速步伐在不断地前进，诚如最新的 Adobe Photoshop CC 2017（景观设计常用作图软件，以做彩图、做效果图为主）虽然增加了更加酷炫的创作新技术和功能，例如 UI 等技术，可以让设计过程变得容易，让设计师可以更好地表达自己的想法，并且在一定程度上提高了效率。Adobe

作者简介：
史尚睿/1990年生/女/南京人/苏交科集团股份有限公司/2015年7月中国林业科学研究院风景园林专业硕士毕业/景观设计四级工程师
任栩辉/1990年生/女/北京人/门头沟区永定河森林公园/2015年7月中国林业科学研究院风景园林专业硕士毕业/主要从事园林管理工作

收稿日期 2017-01-12　接收日期 2017-02-21　修定日期 2017-03-17

Photoshop CC 2017 的产生说明了现代新型技术与传统作图软件在不断地碰撞融合，在未来，很可能大量的作图软件都会与新技术结合，这是一种趋势与革新。这些设计软件不断地在更新，与现代技术结合的功能也在不断被开发，但景观设计师们则需要能更及时地受到此方面技术使用的培训，加快掌握新兴设计技术的进程，依据不断在进步的革新技术，景观行业是时候对设计方式进行一些大胆的探索，与时俱进跟上时代的脚步了。

　　现如今，技术已然蓄势待发，身处于飞速发展的信息时代的景观设计师，应勇敢地将景观设计与信息技术结合起来，应当让包括现在逐渐流行起来的 AR、VR 技术在内的新兴技术走入景观设计，走入设计师的日常工作中，让设计手段跟紧时代的步伐。无数的事实证明，设计应始终走在生活的前沿，设计的方法更不能永远原地踏步，景观设计正处于不断与时俱进的关键时期。对于新技术，特别是互联网技术，在环境、建筑艺术中的应用也已起步，景观艺术设计的相关领域该如何踏上这时代的浪潮并与技术完美结合，从而迎来景观界与技术界新的春天，怎样将其进行完美的融合应用，值得我们来一起思考。我认为，只有将景观设计这门艺术与"新"的技术和人们"新"的生活方式相互结合，跨越专业的门槛，设计景观，体验景观，发展景观，将大众需求融合到新技术的设计中去，才能让景观真正不断地满足大众的需要，让大家都能随时随地更好地运用新技术"造景""品景"，乃至于"活在景中""乐在景中""留恋于景中"[1]。

　　通过一定的研究，基于对景观设计的畅想，及出于对其与新技术结合后实用性的考虑，本文主要致力于对景观设计过程与新型技术结合的可能性结果进行展望。可以看到，随着时代不断地更迭，景观设计的方法也随着时间的不断推进而产生变化。从一开始传统古典的绘图方式到后来的现代手绘制图，再到进入信息时代之后全面依赖设计软件制图，到有了新技术加持的景观设计过程，这不断的进步会让景观设计的方式变得更加简单，包括设计效果图在内的许多景观效果图的真实度也会得到大幅提升，为景观使用者带来更充分的体验过程，提高设计代入感的同时，也给施工提供便捷条件，设计师可以更好地将精力放在设计内容上，减少对设

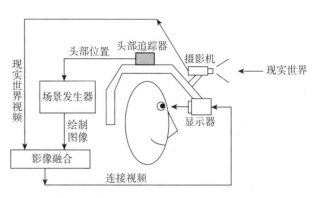

图 1　AR 技术呈像原理图

计方式的掌握难度，以及对表现力度的优劣程度的关心与担忧，如果设计师的"手"可以更好地工作，那么设计的成果也会更容易让大众理解和接受，让这种新的设计方式最终形成景观行业的突出优势。

1　现代信息技术的背景

1.1　增强现实技术

　　增强现实系统（Augmented Reality，简称"AR"）的最基本的组成部分，也是增强现实最常用的基本流程主要有：（1）真实的场景图像的获取，（2）图像最后的融合，（3）显示器设备的显示，（4）3D 虚拟对象的数据库，（5）实时 3D 转换和渲染等环节（图 1)[3]。

　　为了让用户能更好地感知真实世界，增强现实技术将数字化的文字信息、图形表示等信息自然地融入真实世界中，目前 AR 技术已成为多媒体领域的重要研究方向之一[4]。从实现技术上来看，增强现实涉及多个领域的技术，首先图像处理技术是增强现实的基础，将通过三维建模得到的 3D 图像、实时拍摄的视频通过三维注册和场景融合等手段，采用更先进的显示技术，便可更好地呈献给用户。增强现实还是一种综合学科，它不仅仅和计算机有关，还与控制技术、传感器检测技术、无线通信技术紧密联系，共同将人类引入虚拟和现实紧密相连的世界（图 2、图 3)[5]。

1.2　虚拟现实技术

　　虚拟现实 Virtual Reality，简称 VR 是近几年来被广泛关注和研究的高新热点技术，被称为"灵境技术"或"人工环境"。它涉及众多学科，包括计算机图形学、传感与测量技术、人机交互技术、仿真技

图 2　AR 技术效果展示 1

图 3　AR 技术效果展示 2

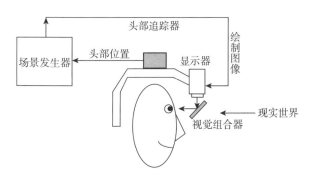

图 4　VR 技术呈像原理图

术、微电子技术、人工智能和网络传输等。虚拟现实通过特殊的设备为使用者提供视觉、听觉、嗅觉甚至触觉等不同感官的模拟，让使用者身临其境，可以实时、无限制地观察、操作甚至修改三度空间内的事物[2]。

虚拟现实技术有三大基本特征（3I 特性）——沉浸感（Immersion）、交互感（Interaction）和想象力（Imagination），这三点强调了人在虚拟现实技术中的主导作用（图 4）。

1.3　VR技术与AR技术对于景观设计的适用度对比

目前现实世界的虚拟技术正处于飞速发展的阶段，不断有体验场地进驻各大商场，为人们提供体验和感受的环境。在这些虚拟技术当中，虚拟现实(VR)与增强现实（AR）是最为火爆的，同时也是当下发展得最快最好的两大虚拟技术。

一方面是虚拟现实，即现在各大行业力捧的VR技术，它的表现方式主要为生成一个完全虚拟的并不

真实的世界，并且将现实世界阻隔在外，如将 Oculus 头盔戴在头上，将用户带入一个完全虚拟的世界中去。另一方面则是增强现实，其知名度在国内大众眼中暂时还没有被打响，但如果提到钢铁侠所用的技术，大家便不会陌生了。《钢铁侠》电影中所用的对虚拟信息的使用方法就是 AR，此技术是利用虚拟世界的额外信息，以现实世界为背景，为用户的体验增强真实世界的科技感觉，如谷歌眼镜。

在与景观设计的衔接上，考虑到两项技术的差异性与景观设计的适用性，本文选择的是景观设计与增强现实的结合，主要是因为与当下社会被大量投放市场的虚拟现实技术 (VR) 不同，增强现实技术（AR）更注重虚拟与现实的连接，是为了达到更震撼的现实增强体验，这样的技术理念恰好满足了景观设计想达到的真实和便捷。

1.4　UVT三维虚拟触控广告机技术

现今关于虚拟技术与触控技术的结合在国内已经有了质的突破，例如目前新的 3D 技术与触控技术集合的机器也已经产生，即 UVT 三维虚拟触控广告机技术（后文简称"触控技术"）。该技术采用的是全球领先的精准超低延迟 3D 手势交互技术，无需接触屏幕，也不需要穿戴任何外部设备，只要轻松动动手指，即可完成与屏幕内容的三维立体交互，让科幻电影中的"凌空操控""隔空取物"变成现实。而 UVT 虚拟触控广告机基于计算机视觉和人工智能技术实现自然手势的识别与追踪，通过空间投影变换将真实世界坐标转换为操作系统的显示坐标，实现实时、精准的人

机交互，采用即插即用的集成模组，可直接插入现有终端，无需进行复杂改装，只需进行软件系统配套，改造非交互终端即可使用，成本低，应用效果明显改善。由此可见，触控技术已经可以在虚拟环境下产生并使用，很快，人们便可以面对虚拟的物体进行创造和改造，空间投影与触控技术的结合将逐渐发展并流行起来，未来关于 AR 技术与触控技术的结合很可能将不再仅仅是电影中的虚拟场景了，在未来，生活中的每个角落都可以渗透新兴科技的技术，让电影中酷炫的智能技术成为现实，为大众服务。

2　AR技术与景观设计结合的优势

AR 技术与景观设计的结合，可以为景观设计带来以下几个设计优势。(1) 让景观设计的表现形式更真实；(2) 景观设计过程更易修改；(3) 减少甚至不用纸质展示图册，对自然资源有效保护；(4) 可在现实场地展示修改，与现实环境达到完美结合。

2.1　景观设计表现形式更加真实

是指在展示设计好的景观时，通过 AR 技术使展示效果更加真实动人，带给观赏者更加身临其境的感受。依据目前 AR 技术的发展现状和发展进程，景观设计可依靠辅助工具增强设计展示效果的真实性，例如请客户佩戴 AR 眼镜后，以现实场地为背景，效果图场景便会在眼镜中展现出来，通过技术点对现实场地的智能感应，对场地做到步移景异，深入场地内部更细致地表现包括铺装的材质、植物的色彩和树叶的纹路等一系列景观细节内容，如在此技术基础上再加入触感技术，使人们对周围的环境身临其境，那客户便可以体会到与真实环境完美融合后的场地呈现出的最终效果。

2.2　景观设计过程更易修改

此处的畅想是建立在景观设计可以完全依靠 AR 技术基础之上的，而 AR 技术也是已经与感应触碰技术完美融合之后产生的。在这样的优势之下，设计过程可以部分或完全脱离电脑屏幕的限制，将设计放入真实或虚拟的 3D 场景之中进行 1∶1 景观设计，将需要用的素材从电脑的材料库里拖拽出来，各类景观要素完全可以用手直接摆放、加入虚拟场景当中，并进行色彩、形状、大小的修改，然后像搬东西一样进行调整，此过程不仅可以用在设计过程当中，同样也可

以用在向客户展示的阶段，客户提出的部分要求可以当面进行修改，替换素材，甚至还可以让他们参与到修改的过程之中，提高合作的愉快度和乐趣值。

2.3　减少甚至不用纸质展示图册，有效保护自然资源

做过设计的设计师们应该都有过这个苦恼，那就是客户的"喜怒无常"[6]。一个方案如果不经历几十次甚至上百次的修改、"换血"，其最终的方案内容是绝对不会敲定的[7]。在不断修改和与客户交流的过程中，设计师们需要一次次重新打印新的设计方案书，不止打印一本，而是十几本甚至几十本，每一次打印之后，客户若对方案仍旧不满则需要再一次修改，之前的所有设计稿就完全变成了废纸，这是对资源的极大浪费，并且这种现象屡见不鲜，早已成为了设计业的一种常态、病态。但如果将设计的展示交流过程变为依托高科技的呈现方式，即本文所推崇的 AR 与景观的结合，设计过程、交流过程甚至是修改过程都将尽可能地减少对纸张的使用，那么景观设计行业也许会成为未来最"绿色"的一种技术行业。

2.4　现实场地展示或修改方案，方案与现实环境完美结合

正如上文第一、二点提及的优势，景观设计与 AR 技术结合最完美的优势就在于虚拟与现实完美的结合。一个方案做得好不好，终究不是纸上谈兵，设计图和效果图画得再完美，它与能否在现实环境中得到最有价值的体现也不能等价衡量。但如果将景观设计过程放入真实的场地环境内部去进行，也许效果会更加直观，景观的价值系数也可以得到最真实的反馈，定点的智能触碰感应技术与 AR 技术应用其中，也让设计更现实，让体验者的感受更真实。

总而言之，科技的不断进步使得景观设计的精细度和方便程度都有了质的飞跃，让设计的过程从传统画图冗杂枯燥的程序中解脱出来，向着更易操作又有趣的模式转变。例如易于修改、永久保存、减少出图程序和为了施工招标对纸张造成的无节制浪费，以及容易学习掌握的诸多操作过程，这些都是科技对设计人性化操作流程作出的实质性贡献[8]。而除却科技为设计阶段的设计师带来的巨大帮助外，信息时代的到来也为项目甲乙方的互动增加了趣味性和精确性，减少了专业性问题给交流带来的障碍，尤其近年来人机互动技术也有了飞速发展，未来的项目交流会很可能

彻底脱离纸张的反复浪费，以虚拟的大场景来展示设计的成果，用可触摸式的技术在现场对设计单元进行修改，建议随着会议随时提出，修改实时实地进行，甚至可以将设计好的成果带入项目现场，用虚拟环境展示最终效果。当方案正式确定下来以后，虚拟场景展示在场地中，施工团队进场施工将更加方便，施工组建的详细信息也可以通过触控展示，未来的景观设计施工，可能更多的是成套的景观组建安装，所以显而易见，施工的过程也会变得更加精确而简便，科技的渗入会让景观建设更加实用和有趣。

3 触控技术与AR技术结合后在景观设计中的运用及前景分析

有了以上的现有技术支撑，有的景观设计公司已对现代信息技术进行了支持与初步使用，例如棕榈园林集团对景观设计与AR技术的初步结合实验就取得了广泛的关注度。这种技术的初步使用将会实现"景观与AR"的新业态，为公司的生态城镇建设项目提供重要的技术要素，同时也会增强棕榈园林新时代的景观设计技术实力。

由此可以预见的是，在未来，景观设计与可现实触控的AR技术相结合的想法将不会是理论空谈，未来景观设计过程的方式，可以用可控的AR技术以及与3D触控技术（UVT三维虚拟触控广告机技术）的结合技术（后续简称"AR触控技术"）作为软件支撑，把设计过程以及设计的呈现形式搬入3D空间，让设计的方式变得简单，减少对形式以及图纸表现的过度注重，可避免很多时候为美化效果而脱离现实环境需求的情况出现，将设计的重心放在现实需要中，放在设计师的设计能力上。

3.1 AR触控技术在方案设计及扩初设计阶段的运用

有了AR触控技术在景观设计中的运用，可以让方案设计以及扩初设计阶段在现实环境下进行。景观的美化与搭配可以脱离全虚拟的电子屏幕，通过运用全新的AR触控技术把CAD、PS、SU等景观设计专业软件生成为3D的呈现方式，可以用一整个房间呈现3D现场（可转换角度，可通过触控变换远近距离以及观察细节），景观设计师们将在此基础上进行策划、设计。在通过AR触控技术设计绘图后，此时形成的分区、道路系统以及总图便会生成3D效果。与

此同时，1:1的绘画尺寸也可以让设计师更容易地边设计边把握尺度，3D可触控调节的绘图环境让设计师在作图的过程中，可以任意切换全图或细节、鸟瞰或平面甚至效果或结构；设计师们也可以随时改变作图视角，让设计图合理、丰满、美观的同时又联系实际。众多的景观制图软件当中，Adobe公司的现代信息技术始终走在时代的前沿，它的软件可以为AR触控设计技术带路，帮助景观设计师们更快地掌握新的设计手段。

由上述分析可见，运用AR触控技术的设计模式方便真实，更具有使设计师与项目无距离接触设计、迸发灵感的优势，可以说，运用AR触控技术的设计方法势必会成为未来设计的趋势。

3.2 AR触控技术在施工图、后期施工的运用

在景观设计方案及扩初阶段运用AR触控技术，可以很好地帮助设计师更有效地完成设计；同样的，一个方案的施工图设计也同样可以运用AR触控技术来进行，在1:1的现实设计环境下，对所有的施工节点进行现场或虚拟现场的设计；所有的细节设计、大样设计可直接从施工结构图画起，结构过关后再贴上材质，通过这种方式，可以形成可供细节研究的效果、大样以及施工图。通过这种方式设计后完成的设计施工方案，可以分层进行修改，也可以同时进行修改，例如直接通过触控剥离景观坐凳的色彩以及材质，放大结构层进行修改，或者多名设计师同时工作，一名修改结构，一名修改材质，同时还有设计师修改色彩及周边，运用AR触控技术进行施工以及后期修改，可节省时间，尤其是设计与施工之间的沟通时间，让景观设计的有效时间最大化。

运用这种理念进行景观设计，可以一次性将策划、设计、扩初甚至施工图的图纸要求制作到位，这种方式可以尽可能地做到一次性修改到位，将成品从大致到细节再到施工，一站式完成。运用AR触控技术进行景观设计，在很大程度上可以节省下许多因改图而造成的各个部门间因为沟通而被浪费掉的宝贵时间，同时也对自然资源做到了极大的节约与保护。至于在景观设计的后期，可以将AR便携式触控机器带入现场，将施工图放入现场进行最后的定稿修改，成图完成后带客户进行参观，身临其境地对设计进行讲解的同时也方便客户对设计提出修改意见，设计师择

取小的修改意见当场进行修改，与客户共同体验设计的乐趣。

4　结语

对景观的热爱从古至今始终是人们追求美好生活的最重要表征之一，景观的优劣程度反映的是一个时代的繁盛与衰退，而好的景观成品则需要专业的团队运用娴熟的技术和经验进行设计，在新技术日新月异的今天，一个成功的景观已经不仅仅是做出漂亮美观的风景就已足够，它更多的是一种精神需求，是人们对美好生活的追求。随着信息时代的到来，设计一个好的景观也不仅仅是会画图就够了的，景观应该以新技术为媒介，让专业用大众易接收的方式呈现，让景观设计符合时代的需求，让大众也参与到设计过程中，共同完成一个真正被人们所需要的美好景观。AR与触控、触控与景观设计、景观设计与AR，未来定可以完美地融合在一起，令景观设计变得时髦又经济、专业又有趣，同时可实现对纸张的节约、时间的节省，人力成本的节减也将做到最优化。

一项技术的产生可以为一个行业带来质的变革，这对于身处信息时代技术突飞猛进的今天的景观设计师们来说，是最好的钻研方向。可以说，用AR触控技术进行景观设计，将会是未来景观设计方法的最终方向。

参考文献

[1]　李国松,杨柳青. 虚拟现实技术在风景园林规划与设计中的应用研究——几种常见虚拟现实技术的应用评价分析[J]. 中国园林,2008（2）:32-36.

[2]　爱迪斯科技股份有限公司.Virtools Bible[M]. 台北:爱迪斯科技股份有限公司,2006.

[3]　王涌天,郑伟,刘越,常军. 基于增强现实技术圆明园现场数字重建[J]. 科技导报,2006（3）:36-40.

[4]　施琦,王涌天,陈靖,刘越. 一种基于视觉的增强现实三维注册算法[J]. 中国图像图形学报,2002,7（7）:679-683.

[5]　姚京频. 基于AR技术的南京明故宫遗址数字化复原[J]. 人间,2016（3）:294-295.

[6]　刘滨谊. 现代景观规划设计[M]. 南京:东南大学出版社,2005.

[7]　成玉宁. 现代景观设计理论与方法[M]. 南京:东南大学出版社,2010.

[8]　李子龑,邢雅洁. 花卉景观的三维场景设计与虚拟漫游[D]. 第二届全国大学生创新论坛论文集,2009,747-749.

現代園林 2017,14(1):122-127.
Modern Landscape Architecture

北京市房山区城市道路绿化中存在的问题及应对措施

Problems and Countermeasures of Urban Road Greening in Fangshan District of Beijing

▶ 陈文霞
Chen Wenxia

北京市房山区市政市容管理委员会, 北京 102488
Beijing Fangshan District Municipal Management Committee of the City, Beijing 102488

摘 要: 本文通过查阅文献资料及对房山区内道路现状进行实地调查, 归纳总结了部分道路绿化现状存在的问题: 旧城改造中, 一些道路绿化设计滞后于道路设计, 乔灌木品种相对单一; 一些新建道路的苗木选择、采购不符合规范, 施工人员缺少专业知识, 施工过程不够规范, 绿地整理不到位, 重建轻管。在今后的城市道路建设中应做到, 城市道路绿化必须坚持道路建设与绿化建设同步进行, 避免绿化设计滞后的通病; 严格控制道路绿化施工质量; 采取招投标的方式确定施工队伍及监理队伍质量, 进行专业施工; 坚持适地适树的原则, 确保苗木质量, 并做好后期的养护管理, 为今后的道路绿化设计、施工、养护管理等方面提供指导和借鉴作用。

关键词: 绿化施工设计; 绿地植物配植; 行道树; 养护管理; 施工监理

中图分类号: TU986   **文献标识码**: A

Abstract: Through literature reviews and field surveys on the present road in Fangshan District, we summarized the problems of the present situation of some roads greenway such as some roads greening lagging behind the roads design in the transformation of old roads, shrub species being relatively single, seeding selection and procurement in some newly constructing roads not meeting the specification, constructors lack of professional knowledge, the green land clearing not being enough and paying too much attention to construction and ignoring management and put forward some corresponding countermeasures. In the construction of future city roads, the following points should be accomplished: road and greening construction being carried out simultaneously, avoiding a common problem that greening design always falls behind, controlling the construction quality on road greening strictly, selecting construction teams by bidding and supervising them to construct professionally, insisting on the 'suitable trees for suitable places' principle to ensure the quality of seedlings and carrying out the maintenance management afterwards. It is aimed to provide guidance and reference for the road greening design, construction and maintenance management in the future.

Key words: greening construction design; greening plants matches; border trees; maintenance management; construction supervision

近年来, 随着我国城市道路建设迅速发展, 道路绿化取得了可喜的成绩。房山区作为北京西南地区重要发展枢纽, 城市建设步伐不断加快, 城市规划、建设和管理水平不断提高, 道路绿地系统更加完善, 房山区城市道路绿化取得了很大成就, 很多道路绿化水平达到优级工程, 道路绿化景观做到了乔、灌、草结合, 达到层次立体丰富的效果, 但是本人经过实地调查、统计及查阅相关资料发现, 房山地区道路存在的问题与全国大部分城市道路绿化存在的问题基本相同, 笔者对房山43条道路进行了相关的调查与研究, 希望在今后的城市道路绿化施工中给同行们提供借鉴与参考。

作者简介:
陈文霞/1962生/女/北京市房山区/本科/北京是房山区市政市容管理委员会, 园林工程师/从事园林工程管理工作

收稿日期 2017-03-01   接收日期 2017-03-06   修定日期 2017-03-10

1 房山地区城市道路绿化设计中存在的问题与对策

1.1 绿化施工设计应与道路施工设计同步实施，进行专业设计[1]

通过对 43 条道路调查，发现道路建设与绿地建设存在不统一、规划滞后的问题。良乡地区有 22 条道路属于旧城改造型，在原来的基础上进行了拓宽或延长，存在绿地面积设置过小，绿化规划后置等弊病，因此在绿化景观设计上缺少统一性。

例如政通路绿化，区政府前行道树为元宝枫（*Acer truncatum*），政通西路为法桐（*Platanus orientalis*），西鱼儿以西段为紫叶李（*Prunus cerasifera*），由于绿地宽度、土壤深度等原因，一条不长的道路设置三种行道树，其间机非隔离带又为国槐，致使全路景观效果杂乱、不整齐。

道路绿化设计要符合城市绿地系统规划的要求，在道路规划设计阶段应充分根据道路等级、路面宽度和拆迁情况，留足绿地面积，使道路绿化规划与城市规划相适应。

坚持城市道路建设与城市绿化建设同步进行，避免绿化设计滞后的通病。要选择专业的设计公司进行项目设计，项目设计人员要吃透规范和条例，做到心中有数。

例如，为了配合房山新城良乡组团的建设实施安排，良乡地区新建、改建道路有 22 条，设计由北京市高资质等级设计院进行高标准的设计，如北京市园林设计院、北京市市政专业设计院等，它们在道路绿地设计中做到了因地制宜，减少绿化树种选择配置的随意性与盲目性，同时在建设实践中根据需要对绿化规划进行适时修改与补充，并不断完善，达到了良好的景观效果。

1.2 增加行道树品种和绿地植物种类

房山地区行道树应用品种与北京其他区县乃至华北地区经常应用的品种都基本相同，一些性状表现较好的乡土树种未得到发掘和利用，致使地方特色品种应用不足。行道树品种运用不够均衡，冬季景观单调，行道树品种以落叶乔木为主，尤其常绿树应用不足（表 1）。

由表 1 可以看出，2016 年，对房山良乡地区 43 条城市道路进行统计的结果显示，行道树品种 16 个，其中 11 条道路为国槐，11 条道路为白蜡，7 条道路为法桐，以上 3 个品种约占道路总量的 66%，其他 13 个品种应用较少。落叶树品种占主导，常绿树品种应用不足，冬季景观单调。

道路绿化树种应力求多样化，不同树种有不同的

表 1　2016 年良乡地区 43 条城市道路行道树使用情况调查表

序号	行道树品种	拉丁名	落叶	常绿	所占道路数量（条）	所占道路比例（%）
1	白蜡	*Fraxinus chinensis*	√		11	23.9
2	国槐	Sophora japonica	√		11	23.9
3	法桐	*Platanus orientalis*	√		7	15.2
4	银杏	*Ginkgo biloba*	√		2	4.35
5	旱柳	*Salix matsudana*	√		3	6.52
6	紫叶李	*Prunus cerasifera*	√		1	2.3
7	合欢	*Albizia julibrissin*	√		2	4.35
8	元宝枫	*Acer truncatum*	√		1	2.2
9	千头椿	*Ailanthus altissima* 'Qiantou'	√		2	4.35
10	毛白杨	*Populus tomentosa*	√		2	4.35
11	栾树	*Koelreuteria paniculata*	√		1	2.2
12	白皮松	*Pinus bungeana*		√	1	2.2
13	油松	*Pinus tabuliformis*		√	1	2.2
14	桧柏	*Sabina chinensis*		√	1	2.2
15	龙柏	*Sabina chinensis* 'Kaizuca'		√	1	2.2

表 2　树种选择不合理问题统计

序号	道路名称	树种名称	拉丁名	问　题
1	开发区北路	中华金叶榆	*Ulmus pumila* 'jinye'	日灼现象明显，不耐高温
2	合欢路	合欢	*Albizia julibrissin*	分支点过低，遮挡行人视线，病虫害严重
3	多宝路	旱柳	*Salix matsudana*	枝条过长，患蚜虫病、腐烂病
4	月华大街	栾树	*Koelreuteria paniculata*	日灼现象明显，蚜虫严重
5	政通路二期	元宝枫	*Acer truncatum*	性状分离现象明显
6	阳光北大街	白皮松	*Pinus bungeana*	苗木过小，生长慢
7	阳光北大街	油松	*Pinus tabuliformis*	浅根性，不耐风吹
8	良官大街	西府海棠	*Malus micromalus*	怕水涝，蚜虫严重
9	西潞大街	国槐	*Sophora japonica*	有国槐尺蠖、国槐叶柄小蛾虫害
10	良乡西路	白蜡	*Fraxinus chinensis*	与高压线缆冲突，截冠特别难看

季相、色彩，能够丰富城市园林景观，增加适用于行道树和绿化带的植物种类，加强对常绿品种及新优品种的引进应用，对适应性强、观赏价值高的植物种类加大应用范围，协调植物种植比例。

1.3 合理配置植物、丰富植物层次[2]

在道路绿化中选择合适的树种是一个非常重要的问题，要考虑到交通和树木生长等各方面因素，既有利于行车，又要保持树形的美观。如果只考虑其中一方面，说明设计是不成功的。

对良乡地区 10 条道路进行考察，发现存在树种选择不合理的问题，植物配植层次单调（表 2）。

近几年，很多地区兴起了引种热，不管适应不适应，都一味盲目引进。房山地区由于受到地理、气候条件的限制，许多树种并不能作为行道树种植。因为任何树种都会因环境而异，叶片颜色会表现出差异性。由于树种选择的随意性，未进行树种特性的考察，致使道路景观达不到理想效果。

如开发区北路的中华金叶榆为新引进品种，由于叶色金黄而备受青睐，但是路面的高温炙烤使叶片曲卷、长势不好，故其不适于作为行道树种植。

京周路行道树采用栾树，由于不耐夏季高温暴晒，日灼现象明显，病虫害极为严重，栽种多年未形成景观效果。

合欢路（妇幼保健路）种植的合欢，树形优美，花开艳丽，是一种观赏价值较高的园林树种，其枝杈向四周散开，分枝点较低，适宜作为庭院植物种植，

而保健路行道树选择合欢作为行道树使用，极易遮挡车辆及来往行人视线，造成交通不便。

多宝路交通流量大且大货车居多，这条路绿化设计的旱柳，因其枝条下垂而影响行车和行人，靠近机动车道一侧的树冠不能正常生长形成偏冠，影响了树形的展示。

阳光北大街种植的白皮松，由于苗木规格小，生长慢，不易形成景观。

油松为阳性树种，浅根性，喜光、抗瘠薄、抗风，适宜生长在土层深厚、排水良好的酸性、中性或钙质黄土上。阳光北大街道路是南北线，冬季风力较大，油松由于浅根性的特质所以不太抗风。

良官大街绿化隔离带内由于排水不畅，种植的西府海棠发生了烂根的问题。

一些道路未注意立体景观的营造，绿化带内品种单一，种植层次单调，苗木组团设计搭配不合理，不利于观赏外部形态和季相变化（图 1）。

设计人员在整个城市范围内统筹考虑如何在不同的地段栽植不同的树种，避免道路景观雷同；根据当地小气候、地形和周围环境，从局部地段考虑如何做出具有不同特色的设计。道路绿带内注意乔灌草结合、常绿与落叶结合、速生与慢生结合、乔灌木与地被植物结合，构成多层次的复合结构，形成具有当地特色的植物群落景观。植物群落设计不但要满足植物学、美学要求，还需要满足生态学方面的要求，根据周围环境、道路性质，要考虑到植物的滞尘、隔声、

图1 政通路绿化带内品种单一，只有国槐、野牛草（*Buchloe dactyloides*）

图2 良乡月华大街绿化丰富的植物景观

吸收有害气体、降温增湿等生态功能，尤其是夏天遮阴防晒的功能。

经实地调查，良乡地区道路也不乏一些优秀的城市道路绿化范例，如东环路、公园东路、揽秀南大街、京周路月华大街、拱辰北大街等。

东环路：长虹东路—良乡高教园六号路行道树为国槐，良乡高教园六号路以北选用白蜡作为行道树，良乡高教园一号路以北选用千头椿作为行道树。为丰富季相景观，在绿化带允许的范围内种植常绿树种和彩叶树种，如榆叶梅（*Amygdalus triloba*）、紫薇（*Lagerstroemia indica*）、金叶女贞（*Ligustrum × vicaryi*）、紫叶小檗（*Berberis thunbergii* 'atropurpurea'）等。选择丰富多彩、造型各异的园林植物对城市生态环境的改善起着重要的作用。

公园中路有丰富的植物组团，其行道树选用白蜡，路侧绿带植物种类有银杏、榆叶梅、侧柏（*Platycladus orientalis*）、丁香（*Syringa*）、迎春（*Jasminum nudiflorum*）、野牛草，植物组团为银杏+榆叶梅+迎春、侧柏+丁香+草坪，营造了道路景观的多样性和统一性。

京周路月华段绿化选用观花观叶乔、灌木植物等种类，营造了丰富的季相景观效果，重视地被植物和攀缘植物的应用，利用其形态、花期各异的特点，增加景观效果，提高绿化覆盖率（图2）。

2 道路绿化施工过程中的问题与对策

2.1 按照公开招投标方式确定施工队伍和监理队伍，实施绿化施工市场准入制

提高道路绿化施工企业的准入门槛，道路工程项目必须采取招投标方式确定施工队伍，由具备相应资质的绿化队伍进行专业种植施工，这是道路绿化施工质量的有效保证。

近年来，随着园林绿化建设的快速发展，绿化施工需要大量的人力资源，一些被称为"城市农夫"的绿化施工人员和良莠不齐的个体队伍大量涌入绿化工程施工行业，施工队伍随意拼凑，园林绿化施工人员素质参差不齐，有的只是单纯的农民工，缺少专业的园林知识，不能充分领会设计人员的设计意图，缺乏对植物生长习性、栽培技术和立地条件的了解，施工过程极其简单粗陋，导致施工质量大打折扣。"三分设计，七分施工"，一个好的设计理念要变成现实，必须由施工者和设计者共同完成，一个有创意的设计，更需要一支优秀的施工队伍与设计者共同努力，否则，理想中的艺术效果是无法实现的。施工前，施工单位组织施工人员进行培训，加强对工人的技术培训和职业道德培训，提高员工的综合素质，加强对园林种植专业知识的技术培训，避免人为的失误，以保工序质量、促工程质量。

项目监理负责制是道路绿化工程质量管理与控制的保障，由监理单位项目负责人对道路绿化施工进行

图3 翠柳大街行道树规格过小,难以形成绿化效果

全程监督,及时填报《填写分项/分部工程施工报验表》《花卉种植质量验收记录表》《草坪和草本植物种植质量验收记录表》,实时现场核查。

良乡道路绿化工程中除原来的旧城改造部分项目外,新建道路绿化工程基本都是采用招投标方式确定的施工、监理队伍。例如东环路、京周路、揽秀南大街、公园中路、京周路、阳光大街等绿化工程均是采取公开招投标方式确定专业的施工单位和监理单位,确保了工程质量。

2.2 做好施工材料的质量控制

严格控制施工材料质量是确保工程质量的前提,在道路绿化施工过程中,需投入大量的土方、苗木、支架、管线等工程材料,尤其是苗木的质量控制、购进渠道等方面,苗木选购坚持适地适树、乡土培育为主的原则。

经过抽查,有些道路绿化植物品种形态不够好,规格过小、品相不佳,多年形不成绿化效果。

如阳光北大街的白皮松属于慢长树,作为行道树,10 年树龄才会有效果,由于选苗小,多年没形成景观效果。

翠柳大街行道树的旱柳,由于不按照规范选购植物,苗木过小,效果不佳(图3)。

而揽秀南大街、白杨路在苗木采购过程中坚持遵

循适地适树、乡土树种、地方季相等原则,经过多家苗木场评比、考察,最终选定距离施工现场最近的北京绿昊馨林场作为苗木的供应基地,因为此林场距离施工现场仅 20km,相同的气候条件、水文条件使苗木移植后能具备适宜的生长环境,符合选择乡土树种为主的原则。

2.3 做好绿化用地的整理工作

由于城市道路绿化种植区域立地条件构造复杂,各种管线交织其中,土壤多为已破坏的结构土壤,道路绿化在施工前往往遗留大量建筑垃圾和碱性灰土等不利于植物生长的土壤。在有些道路绿化施工过程中,施工方未按规程进行整理,建筑垃圾清理得不彻底,土方置换不到位,基肥少施或不施,苗木窝根,不管种植穴(沟)尺寸合不合适,种上就行,苗木种植后成活率低,达不到种植效果,这就给植物生长留下了隐患。

整理好绿化用地是绿化施工的关键环节,施工过程中要对种植范围内的土壤进行处理及改良,如将建筑垃圾、石块、杂草、树根、废弃物等有害固体物清理干净。种植土应选用适于植物生长的选择性土壤,如腐殖酸土、草坪肥、草炭土,酸碱度 5.5~7.0,湿度 30%~70%,完全疏松,对达不到不同配植的种植土厚度地段一定要进行客土回填。为确保植物生长发育,养分要充足供给,要施好底肥,保持土壤的通气性,防止植物移植后"闭气"死亡。

绿地平整高度低于路缘石5cm,翻耕土层深度30cm以上。草坪种植区土壤应有平整度,平整场地以使排水顺畅,无低洼积水,底层不透水层作处理后方可进行种植(表3)。

2.4 严格进行植物栽植质量控制

植物种植应当在适当的季节,如反季节施工应采取特殊施工措施。要对其生长环节了解与知悉,速生树种与慢生树种进行搭配,保证近期与远期效果。根据施工图纸对树木的栽种时间、间距等作合理的安排和计划,避免在生长过程中产生冲突[3]。

以东环路为例,其配有专业质检员对场地平整、

表3 园林植物生长所必需的最低种植土层厚度

植被类型	草坪地被	小灌木	大灌木	浅根乔木	深根乔木
土层厚度(cm)	> 30	> 45	> 60	> 90	> 120~150

穴槽挖掘的各项指标进行把关，对工程质量控制情况进行核查记录，确保每一项指标都符合规范标准。

在进行大规格的乔木种植前应先控治好树穴，要特别注意位置准确、标高合适。根据土球大小决定种植穴尺寸和回填土厚度。由于绿化设计的乔木规格较大，如，行道树为白蜡，胸径 10cm 以上；常绿乔木华山松，植株高度 3.5m。在施工中做成高 30cm 以下的土丘，将树穴保护起来，避免石灰、水泥等碱性物质渗入树穴。苗木栽植后应做支柱支撑，以防浇水后大风吹倒苗木。

绿篱色块的种植应适当加大轮廓线上的灌木栽种密度，增强形态特点。栽植绿篱需保证绿篱最外侧树冠在种植池内。顺行交叉口路口需降低绿篱高度，保证顺行交叉口两侧 20m 范围内绿篱高度 ≤ 0.6m。在同一组团中植物高度由 0.8m 过渡到 0.6m，需修剪成缓坡降低植物高度，过度区域长度 > 25m。

树木种植前需进行修剪，因为修剪苗木可以减少水分蒸发，保护树势平衡及树木的成活。对根系进行适当的修剪，主要将断根、劈裂根、病虫根和过长的根剪去，剪口要平滑。

行道树分枝点高于 2.8m，树形一致，半冠移植保留分枝点，截枝后应保留 3~5 个主分枝，并分布均匀，保留分支的长度 >1.2m。

3　加强对城市道路绿地的养护管理工作[3]

城市道路绿化的施工单位一般是采取招标的方式确定，但是建成后的养护管理则是由城市园林管理单位负责，绿化和养护两个环节之间存在脱节。道路绿化带建成之后，相关部门对养护重视不够，加上专门的养护人员较少，工作量大，因此建成后的松土除草、水肥管理、病虫害防治、整形修剪等工作不能保质保量地完成，不利于绿化效果的达成。

3.1　制定计划，规范后期养护工作

工程竣工后，要移交给专业的后期养护管理部门，后期养护管理部门按照规范制订应的养护计划，及时进行总结并做好经验推广工作。

3.2　科学养护，保证苗木正常生长

绿化养护责任人对栽植完毕的树木、花卉按季节、生长情况及时做好日常的浇水、施肥松土、除草修剪、防旱防涝、防治病虫害等养护工作，人为控制绿化植物的生长形态。只有做到科学养护，才能使道路绿化植物正常生长，这也是对施工成果的再巩固和再提升。

3.3　加强法制宣传和监管力度，提高养护水平

要加强城市园林法规的建设，对破坏绿地现象做到有法可依、执法必严。要加大宣传力度，提高全体公民意识，营造爱绿护绿的城市环境和氛围。其次，作为监管部门，要加强监督管理的力度，除了例行检查外，还要及时向养护单位指出问题，提出合理的整改意见，促使养护水平不断提高。

随着房山地区城市建设的飞速发展，其建设与管理都将面临新的机遇与挑战。园林工作者一定要提高认识，严把科学质量关，从而全面提升城市道路绿化工程的社会效益和环境效益，使房山的城市环境更美、更靓，城市道路绿地景观更加丰富多彩。

参考文献

[1]　陈伟. 城市道路绿化发展过程中面临的问题与解决措施[J]. 现代园艺,2015（10）:16.
[2]　赵宏. 城市道路绿化存在的问题及对策[J]. 现代园艺,2014（19）:88-89.
[3]　孙淑芳. 太原市城市道路绿化施工存在的问题及对策[J]. 山西林业,2014（6）:43-44.

現代園林 2017,14(1):128-134.
Modern Landscape Architecture

绿道在北京山区沟域建设中的作用及规划策略
The Role of Greenway in Beijing Mountain Valley Area and its Planning Strategies

▶ 冯丽 赵亚洲 李金苹 马晓燕 *
Feng Li, Zhao Yazhou, Li Jinping, Ma Xiaoyan*

北京农学院园林学院，北京 102206；北京市乡村景观规划设计工程技术研究中心，北京 102206；城乡生态环境北京实验室，北京 100083
The School of Landscape Architecture, Beijing University of Agriculture, Beijing 102206; Beijing Rural Landscape Planning and Design Engineering Technology Center, Beijing 102206; Beijing Laboratory of Urban and Rural Ecological Environment, Beijing 100083

摘　要：沟域经济的提出使北京山区沟域得到了发展，但也引发了环境问题。通过对沟域河流两岸土地利用与河流生态功能变化的分析，指出不合理开发建设是沟域河流生态恶化的原因之一。提出绿道能够避免不合理开发建设，实现游憩、历史文化保护、教育等多种功能，完善北京市绿道网络，从而在山区河流生态环境保护及区域发展中发挥重要作用。在此基础上，进一步提出北京市山区沟域绿道规划的 3 个策略——优先发展浅山区绿道，重视村落在绿道中的重要作用，以及统筹规划步行交通与自行车交通。

关键词：沟域经济；浅山区绿道；山水景观

中图分类号：TU986　　　　文献标识码：A

Abstract: The proposition of valley area economy made mountainous valley areas to develop, however, it led to environmental problems at the same time. According to the analysis of land use and river ecological function change in valleys, it is pointed out that irrational development and construction is one of reasons that cause ecological deterioration of rivers in valley. We suggested that greenway could avoid irrational development and construction, realize many functions such as recreation, historical and cultural protection and education and consummate the greenway network in Beijing. Sequentially, it could play an important role in the protection and development of river ecological environment. Based on that, 3 strategies of greenway planning in Beijing mountainous areas were put forward: giving priority to the development of greenways in shallow mountainous areas, paying attention to the important role of villages in greenways and planning the pedestrian and bicycle traffic.

Key words: valley area economy; greenway in shallow valleys; mountain and river landscape

　　我国山区面积占国土总面积的 69.1%。山区资源丰富，在维护生态环境、抵御自然灾害、保持水土、改善山区群众的生产生活条件等方面发挥着巨大的作用。北京山区占北京市域总面积的 62%。其中大清河、永定河、潮白河和蓟运河等水系的众多支流形成了多条沟域。初步统计，1km 以上的沟 2300 余条，3km 以上的 220 余条[1]。秀美的山水景观、丰富的历史遗产、特色的产业资源、宁静的乡村氛围使沟域成为京郊最具优势的乡村休闲旅游地之一。沟域经济作为山区发展的新战略于 2004 年首次被提出。沟域经济指在山区发展过程中，将经济重心向沟域集中，开展以沟谷为单元的综合开发治理[2]。目前北京的众多沟域已形成了具有北京特色的山区经济发展模式和空间网络格局[3]。

　　沟域是河流支流的集水区域，是北京城市河流水域的源头，其两岸的湿地能够提供丰富多样的动植

作者简介：
冯丽/1978年生/女/辽宁人/北京农学院园林学院风景园林系副教授/北京市乡村景观规划设计工程技术研究中心/研究方向为乡村景观规划
马晓燕（通讯作者）/1966年生/女/河北人/北京农学院教授/北京市乡村景观规划设计工程技术研究中心
基金项目　科技创新服务能力建设城乡生态北京实验室项目（编号：PXM2016_014207_000003）、北京市教育委员会技术创新平台项目资助（编号：KM201410020008）
收稿日期 2017-02-06　接收日期 2017-03-01　修定日期 2017-03-03

物栖息地，调节局部小气候，减缓旱涝灾害，净化环境 [4]，对城市及居民具有多种生态服务功能和社会经济价值。

沟域经济建设促进了北京山区的经济繁荣，但也引发了一些生态问题 [5, 6]。伴随生态旅游产业的兴起，沟域河流两岸不合理的土地开发逐年增加。一些度假村将建设用地延伸到河漫滩，对河流裁弯取直，拓宽河道，设立水闸，固化河岸。在人为干扰下，河流的自然过程与形态被破坏，生态服务功能退化。裁弯取直、河道固化、水闸蓄水会降低河流在蓄滞洪水、防止侵蚀、水质净化和提供生境等多方面的生态功能 [7]，使自然系统蓄积与调节水资源的能力大大降低。协调好经济发展和生态保护的关系是当前沟域经济建设面临的重要课题。

绿道作为一种综合、高效、可持续的土地利用方式，能够在有限的空间内附着多种功能，减缓土地破碎化 [8, 9]。绿道网络有助于形成具有总体性、完整性的大景观格局，在自然保护、风景保护、游憩利用、地表水资源平衡、空气及水资源净化、渔林资源管理、提升附近地块经济价值以及创造长期社会价值等方面发挥作用 [10]。作为一种体系化的规划方法，绿道可以为北京市山区沟域经济建设的发展提供新的视角、战略和途径。

1 绿道在北京山区沟域建设中的作用

绿道是一种线性开放空间，它是由自然廊道，比如滨水空间、溪谷、山脊线或火车道直接转换成的游憩用地、风景道路或者其他线路 [11, 12]。20 世纪 90 年代以来，西方国家广泛开展的绿道规划运动在城市绿色基础设施建设的历史进程中发挥了重要的作用。

作为自然的生态廊道，沟域内线性蜿蜒的河流是绿道建设的重要推动因素之一。沿沟域河流规划绿道可以从以下四个方面促进沟域土地的可持续利用与发展。

1.1 限制不合理土地利用

不合理土地利用将对沟域河流的生态环境造成不利影响。探索既能保障生态安全又能容纳合理开发建设的土地利用模式是沟域建设必须解决的课题。绿道建设能够协调沟域中的人、地关系，实现沟域自然资源的精明保护。

首先，沿沟域河流两岸建设绿道能够确保河流沿线土地公共开放空间的用地性质，从而避免破坏性开发及不合理的土地利用，防止建设区向河流漫滩扩张，保证河流的自然形态和水过程不受干扰。其次，对于已有建设或新的低密度合理建设的情况，河流沿线连续的绿道建设可以防止建设用地连成片，使其只成为自然山水基质中的斑块，不损害河流廊道整体的连通性。

0 5 10　　30km

森林公园环绿道　　北翼山水绿道
东部大河绿道　　西翼山水绿道
河流　　●景点

图 1　北京山区市级绿道与
主要河流分布平面图

表 1 绿道建设前后沟域游憩体验对比

	游憩空间分布	游憩内容	交通方式	游憩内涵
绿道建设前	"面",如自然风景区等;"点",如自然风景点、人文节点等	自然风景区观光、历史遗产观光、农园采摘、度假村游憩等	景点、景区间交通以机动车为主	游憩内容、游憩空间开发相对较少
绿道建设后	在"面"和"点"的基础上增加"线",将"面"和"点"联通在一起	增加了散步、慢跑、骑行、轮滑、划船、钓鱼、观察野生动物等,可开展游憩、培训、比赛等活动	远距离或路线游览价值低时以机动车为主,游览价值高的线路以绿道骑行、步行为主	丰富了游憩内容、游憩空间,倡导更环保、健康的游憩方式

1.2 完善北京山区绿道网络

近年来北京市积极推进绿道建设,提出了共 7 条市级绿道的建设目标,为北京市域范围内的绿道网络奠定了骨架。从空间分析,市级绿道中位于山区的为北翼山水绿道、西翼山水绿道、东翼大河绿道,3 条绿道均起始于森林公园环绿道,向北部、西部山区辐射,是中心城绿道向新城及山区的延伸。

对山区市级绿道与北京主要河流水系的关系进行分析(图 1),发现其均以大河河谷或水渠自然廊道为主线,将山区的风景名胜区、历史文化遗迹等与新城串联起来。西翼山水绿道主要沿永定河生态走廊,北翼大河绿道主要沿京密引水渠廊道,东翼大河绿道主要沿潮白河、北运河生态走廊。

北京山区形成多层次、逐级构成的由宏观到微观的绿道网络,对于实现山区土地的可持续利用具有积极的意义。我国绿道网络主要分为区域级、市级、社区级三个级别。以市级绿道为骨架,北京市山区应进一步完善京津冀区域级绿道及山区社区级绿道。沟域绿道可成为北京市山区社区级绿道的重要组成部分,与市级绿道、区域级绿道共同形成完整的北京山区绿道网络。

1.3 丰富线形游憩体验

与置身车中游览相比,人们更愿意通过骑行、步行的方式近距离地融入自然山水。融入绿道理念,沟域内根据旅游资源状况,灵活地规划自行车道、步行游径相对独立或结合于一体的慢行交通网络。该网络可将零散但具有较高生态、历史、人文价值的资源点有效地挖掘、链接、整合,丰富沟域内的游憩资源。同时,该网络可成为自然山水环境中开展散步、慢跑、骑行、轮滑、划船、钓鱼、观察野生动物等休闲活动的线性空间,具有较强的安全性和舒适性,是一种环保、健康的游憩方式。绿道建成后可作为户外休闲游憩、户外康体健身和户外训练、培训、比赛的场所(表 1)。

1.4 促进文化、教育、经济发展

大量研究发现,重要的历史、文化资源在空间上往往不是随机分布的,而是非常明显地聚集在可识别的廊道上。刘易斯教授通过早期研究的制图技术,发现在威斯康星州 220 处自然和文化资源中,有 90% 都集中在自然的廊道(主要是河流和水渠)附近。其中一半是自然资源,一半是文化资源[13]。王思思在对北京文化遗产点的研究中发现,约 35% 的文化遗产点分布在距水系 500m 范围内,约 80% 的文化遗产点分布在距水系 2000m 范围内[14]。在沟域中通过绿道网络将这些文化、历史遗产点连接起来,能高效地保护历史景观文化遗产,维护廊道体验过程的连续性和完整性,并充分发挥绿道网络的功能[15]。

沟域绿道还为自然、地理、环境等教育提供场所。北京山区的沟域众多,地理空间分异显著,生物种类丰富多样。沟域的水平长度和海拔高度均跨度很大,自然资源在水平、垂直方向的差异性造就了绿道沿线丰富的地形地貌和动植物景观,可以成为自然教育的场地。

绿道的建设有利于增加旅游收入,为当地居民提供更多的就业机会,并带动整个沟域经济区的繁荣。以广东增城绿道为例,广东增城绿道建成两年后,在其带动下,全年农民人均纯收入增长 17.18%,绿道沿线的村集体增长速度比非沿线村集体经济快 53.6%[16]。

2 雁栖不夜谷神堂峪栈道的建设

北京市怀柔区雁栖不夜谷沟域是北京市发展较早、较成功的沟域之一,具有区位、交通优势及丰富的自

（a）2007 年 6 月卫星影像图

（b）2015 年 9 月卫星影像图

图 2 雁栖不夜谷沟域中某段 2007 年与 2015 年卫星影像图（图片来源：Googleearth）

然人文资源。但该沟域的发展也引发了河流生态问题。

2.1 河流生态问题

由于旅游产业的快速发展，水域两岸度假村等建设用地逐年增加。为改善度假村用地内的水环境，往往筑坝蓄水、加宽河道、固化河岸、养殖鱼类，导致河漫滩减少、水环境恶化、生境破碎化及水污染[17]。

截取雁栖不夜谷沟域中某段 2007 年 6 月及 2015 年 9 月卫星影像图（图 2），分析人为干预对河流生态服务功能产生的不利影响（表 2），发现不合理开发建设对沟域河流的生态环境造成影响，带来复杂的水问题、土壤问题及生物多样性问题，导致沟域内河流的生态服务功能退化。

2.2 神堂峪栈道建设

游憩资源整合不足、道路狭窄也是制约不夜谷沟域进一步发展的因素。该沟域旅游主要依赖神堂峪自然风景区、雁栖湖、山吧、那里度假村等周边景点。沟域内的自然风景点、特色各异的度假村、古长城遗

迹、村落等旅游资源没有得到很好地链接与整合。道路狭窄、慢行系统设施严重缺乏，沟域内交通仅依赖 5m 宽的双车道道路范崎路。

于 2014 年建设的神堂峪栈道为解决沟域发展的上述问题提出了新的思路。该栈道连接了雁栖湖和神堂峪自然风景区，长 7.558km，宽 2.0m，是目前北京沟域内最长的步行山水栈道，沟域绿道的重要案例。栈道设置了"川谷揽秀"等 24 个景点，有自然风景点 15 个、特色度假村 9 个，长城遗迹 2 段及行政村 3 个（图 3）。

从该栈道的水平、垂直空间结构（表 3）分析，栈道采取了以下方式降低人类活动和野生动物的冲突：在水平、垂直方向上与河流保持一定距离，以尽量远离野生动物栖息地；人们的观光、教育、体验活动采用瞭望、俯瞰等非干扰性的游憩方式；采用自然材料如木材，以及透水的构造方式将栈道对环境的影响降到最低。

表 2 沟域经济建设中人为干预对河流生态服务功能产生的不利影响分析

时间	人为干预对河流形态的影响			人为干预对河流生态功能的影响		
	空间形态	河岸形态	建筑位置	水文	土壤	生物
2007 年	自然蜿蜒的线形形态	生境多样化的河漫滩湿地	退到河漫滩后，留有一定缓冲区	处于河流流速缓慢区域，地下水位高，水体含氧量高	潮土，土壤肥力较高，呈淤泥质	丰富的物种多样性，较高的物种密度
2016 年	河流取直，河道拓宽	硬质河岸，小型水闸，漫滩消失	建于河流岸边	规则的几何断面使水流流速加快，河床侵蚀严重，水体养分无法沉积，难以形成适宜湿地形成的条件	缺乏固着泥沙的植被，土壤流失	植物生长滞后，植食两栖动物、鸟类及昆虫的生境破坏

表3 神堂峪栈道水平、垂直空间结构分析

水平空间结构			垂直空间结构			
与道路重合	与道路隔水相望	与道路位于水系同侧	位于河漫滩	位于河流上方	位于山区	穿越山区

表4 北京市怀柔区主要沟域地理信息一览表

序号	沟域名称	沟域长度（km）	高程（m）	位置	串联村落（行政村）	周边主要景点	特色产业
1	水长城	4.4	230~280	浅山	黄花城、西水峪等4个村	黄花城水长城等	板栗、大枣、栗树蘑为主的特色种植业
2	夜渤海	7.5	95~210	浅山	三渡河、田仙峪等5个村	慕田峪长城等	虹鳟鱼养殖业
3	栗花沟	8.1	100~160	浅山	三渡河、六渡河等3个村	花溪薰衣草庄园等	以板栗、核桃为主的特色种植业
4	不夜谷	47.0	90~700	浅山深山	神堂峪、北湾等11个村	神堂峪自然风景区、莲花池自然风景区、长城等	虹鳟鱼养殖业、特色餐饮、住宿
5	溪水湾	25.6	280~450	深山	琉璃庙、崎峰茶村等4个村	崎峰山国家风景区等	冷水鲟鱼养殖业，以欧李、葡萄、核桃、大枣等品种为主的种植业
6	白河湾	14.5	245~270	深山	前安岭、狼虎哨等5个村	白河湾自然风景区等	天然河漂流、沙滩越野、攀岩、速降
7	天河川		280~770	深山	东帽湾、四道河等19个村	天河川滨水公园等	山水生态景观
8	银河谷		300~410	深山	庄户沟门、北台等7个村	银河谷市级森林公园、银河谷生态观光园等	养生生态游、汽车营地
9	白桦谷	13.0	470~745	深山	喇叭沟门、孙栅子等4个村	"千总府"、喇叭沟门原始森林风景区、北京高寒植物园、喇叭沟门满族民俗博物馆等	白桦林景观、满族文化风情

神堂峪栈道缓解了雁栖不夜谷沟域发展的瓶颈，透过限制河流两岸不合理的土地利用，促进了河流及周边山区的生态健康发展；吸引了众多游客，为其创造了丰富的游憩体验；推动了长城等文化遗迹的保护；刺激了当地旅游产业的繁荣。

3 沟域经济区内绿道建设的策略

沟域经济区内绿道规划应遵循绿道规划的一般方法、步骤和程序。针对北京市山区沟域的具体情况，提出如下规划策略。

3.1 优先发展浅山区沟域绿道

《北京城市总体规划（2004-2020年）》将北京市域内海拔100-300m的区域划定为浅山区。以怀柔区沟域建设为例，应用地理信息影像，对北京市怀柔区重点发展的不夜谷等9条沟域的分布及特色进行分析（表4、图4）。9条沟域中有3条位于浅山，1条跨越浅山、

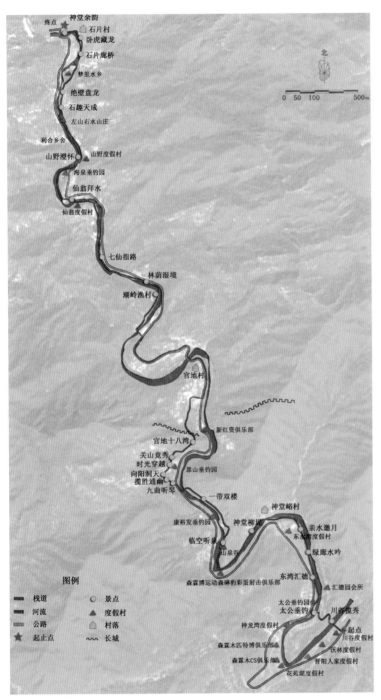

图 3　神堂峪栈道平面图

图 4　北京市怀柔区重点发展绿道分布图
注：深山、浅山、平原分界依据北京市浅山区城市发展适宜性评价图划定[19]

深山，其他 5 条均位于深山。与深山区相比，首先，浅山区具有更高的物种多样性，但脆弱性也较强；其次，优越的可达性及较低的海拔使浅山区更适宜被开发利用[18]。浅山区生态保护和开发间的矛盾较深山区更尖

锐。因此在绿道建设中应优先发展浅山区沟域绿道。

3.2　重视村落在绿道中的重要作用

　　串联了山区的众多村落[20]是沟域的空间特征之一。沟域绿道规划应重视村落在绿道中发挥的重要作

用。首先，通过完善村落中的特色民居及配套设施可解决绿道游览所必需的餐饮、住宿、停车、休息、补给、维修、医疗救助等服务，既避免了山区自然空间中新建筑的建设，又改善了村落的基础设施。其次，一些村落具有重要的历史、文化、社会价值，对其进行充分的发掘有助于丰富绿道的文化底蕴。最后，绿道对村落的连通可以推动农民收入水平的提高，带动山区的经济发展。

3.3 统筹规划步行交通与自行车交通

山区骑行为游客提供亲近自然山水的视角和游憩体验。然而，北京市山区的自行车交通规划尚不完善。以被称为"最美骑行路线"之一的百里山水画廊为例，百里山水画廊的道路为一块板双向双车道，仅一侧设置有宽 1.5m 的非机动车道。机动车道和非机动车道中间没有绿化隔离带，存在尾气、噪声污染及严重的安全隐患，骑行游憩品质不高。

沟谷绿道应争取在地形适宜的条件下实现步行与自行车复合的交通模式。对神堂峪栈道的调研显示，7.6km 的步行栈道边游边走成年人需约 4h，回程则只有两个选择，折返或乘坐上、下午各一班的公交车。如统筹规划步行交通与自行车交通结合的绿道系统，则可弥补绿道景观重复，路程过长的不足，为游客提供山区骑行的体验，丰富绿道的游憩内容。

4 结语

保护具有重要价值的廊道可应用最少的土地达到最高的生态效益[21]。沟域是河流支流的集水区域，是依地势蜿蜒的线性空间。沟域中的河流是野生动植物繁衍、迁徙的自然廊道，其沿线是村落、历史文化遗迹等人文资源的主要分布地，是北京市具有重要价值的生态廊道。本文从北京市山区沟域内河流沿线面临的土地利用问题出发，提出绿道网络可以成为北京山区土地可持续利用的重大战略之一。沟域绿道网络建设可以使沟域沿线的生态、文化、游憩环境得到保护与完善，是一种集生态保护、旅游及科教发展、历史文化保护、居民休闲娱乐、区域振兴于一体的多目标保护的规划方法。

绿道的发展经历了公园道—开放空间—绿道的历程，研究对象也从单一的城市转变到城乡结合体的大城市概念。针对北京山区沟域绿道网络的研究将有助于北京市域乃至京津冀区域的绿色基础设施网络的构建，并为我国山区绿道网络的建设提供有益的借鉴。

参考文献

[1] 刘玉,唐秀美,郜允兵,王予杰.沟域经济发展的研究进展[J].北方园艺,2015（11）:204-207.
[2] 李鹏,韩洁,马兴,袁顺全,庞纯伟.北京山区发展现状与沟域经济发展研究[J].农业科技管理,2011（1）:10-13.
[3] L. Feng & X.Y. Ma. Research on rural greenway suitable for Beijing[C]. Progress in Civil, Architectural and Hydraulic Engineering IV. 2015:1269-1272.
[4] 李玲玲,宫辉力,赵文吉.1996-2006年北京湿地面积变化信息提取与驱动因子分析[J].首都师范大学学报（自然科学版）,2008（3）:95-101.
[5] 彭文英,彭美丽,胡乐心.北京山区沟域经济发展优势与问题研究[J].生态经济（学术版）,2011（1）:40-45.
[6] 刘文平,王忠义,王文惠,宇ँ振荣.北京市沟域经济生态景观存在问题和建设对策[J].国土与自然资源研究,2011（4）:47-48.
[7] 俞孔坚,李迪华,潮洛蒙.城市生态基础设施建设的十大景观战略[J].规划师,2001（6）:9-13,17.
[8] 杰克·艾亨,周啸.论绿道规划原理与方法[J].风景园林,2011（5）:104-107.
[9] 马克·林德胡尔,王南希.论美国绿道规划经验:成功与失败,战略与创新[J].风景园林,2012（3）:34-41.
[10] 李开然.绿道网络的生态廊道功能及其规划原则[J].中国园林,2010（3）:24-27.
[11] Flink, C.H.Searns, R.M.Greenways: guide to planning, design and development[M]. Washington, DC:Island press, 1993.
[12] Little, C.E. Greenways for America[M] .Baltimore :University Press, 1990.
[13] Lewis P H. Quality corridors for Wisconsin. Landscape strategies to build urban ecological infrastructures[J]. Planner,2001,17（6）:9-13.
[14] 王思思,李婷,董音.北京市文化遗产空间结构分析及遗产廊道网络构建[J].干旱区资源与环境,2010（6）:51-56.
[15] 吴隽宇.绿道系统中乡土景观廊道的构建——以广东省增城区为例[J].中国园林,2014（11）:36-39.
[16] 粟娟,何清.连接城市与乡村的绿色健康走廊——广州增城绿道[J].园林,2011（7）:19-21.
[17] 史忠峰.怀柔区沟域经济发展的几点思考——以"不夜谷、夜渤海、白河湾"为例[J].北京水务,2014（1）:60-62.
[18] 俞孔坚,袁弘,李迪华,王思思,乔青.北京市浅山区土地可持续利用的困境与出路[J].中国土地科学,2009（11）:3-8,20.
[19] 洪敏,李迪华,袁弘,游鸿.基于地理设计的北京市浅山区土地利用战略规划[J].中国园林,2014（10）:22-25.
[20] 张义丰,贾大猛,谭杰,张宏业,宋思雨,孙瑞峰.北京山区沟域经济发展的空间组织模式[J].地理学报,2009（10）:1231-1242.
[21] 黄伊伟.绿道规划可持续性的探索 访美国绿道专家杰克·埃亨教授[J].风景园林,2013（6）:72-77.

园林与生态工程
Landscape and Ecological Engineering

现代园林 2017,14(1):135-148.
Modern Landscape Architecture

关于老年人青睐的园林铺装质感的研究
Research on Favor of the Elderly on Garden Pavement Texture

张敬玮 张运吉 * 吴广 闫明慧
Zhang Jingwei, Zhang Yunji*, Wu Guang, Yan Minghui

山东农业大学园艺科学与工程学院，泰安 271018
College of Horticulture Science and Engineering, Shandong Agricultural University, Tai'an 271018

摘　要：通过结合图片进行访谈的形式，对山东省泰安市 426 位老年人进行园林中利用率较高的 132 种单一铺装材料本身质感喜好的倾向性调查，了解老年人所喜爱的铺装材料种类及受青睐材料的质感类型。在此基础上，通过筛选有代表性的 40 种园林铺装搭配形式的照片，对老年人所喜爱的园林铺装的质感进行了调查研究，运用统计学分析手段结合 Excel 对结果进行分析处理，得到的结论有，就单一铺装材质而言，老年人多青睐暖色调粗糙面铺装。在年龄上，高年龄段的老年人更为喜爱硬质杂色较少的红色系铺装，在其他方面年龄差异造成的影响并不明显；在性别上，女性老年人相较于男性老年人更青睐于颜色鲜艳的铺装，男性老年人更倾向于冷色调的铺装材质；在受教育层次上，高学历的老年人相较于低学历的老年人更偏爱冷色调和带纹理的铺装，且对新型铺装材料的认知能力较高；就铺装搭配而言，老年人更青睐于色彩鲜艳、对比强烈、线条简单的铺装搭配形式；在性别上，女性老年人相较于男性老年人更青睐于彩砖铺地和带图案的铺装；在受教育层次上，高等学历的老年人更喜爱砖石、嵌草和卵石这些更接近天然的铺装搭配形式。通过本研究，以期据此为适合老年人利用的公园及老年活动区的地面铺装提供相应的指导。

关键词：风景园林；材质；喜好倾向；园林建设

中图分类号：TU986　　　　文献标识码：A

Abstract: Though the combination of interviews and pictures, we investigated the preference of 426 older men in Tai'an city, Shan Dong Province on the texture of 132 single pavement materials, which are highly used in gardening to know about the type of pavement materials and texture that the elderly prefer. Based on that, we studied the texture of gardening pavement that elder men are fond of and combined statistic analysis methods with excel analysis to process the data and results through screening 40 pictures on gardening pavement matches, concluding that elder men prefer warm color and rough surface to pave in terms of single pavement materials. In terms of age, high aged group in the elderly prefers hard red pavement without motley, but age does not affect obviously in other aspects. In terms of gender, elder women prefer colorful pavement and elder men like cold pavement materials more. In terms of education level, highly-educated elder men prefer cold and textured pavement and know more about the new pavement materials than the low-educated. As for pavement matching, elder men prefer colorful, strongly contrasting pavement design with clean lines. Elder women prefer pavement with drawings and colorful bricks than men. Highly-educated men have more interest in pavement matching with natural materials like stones, mowing and pebbles. It is aimed to supply some references to the pavement design of parks and areas which are suitable for the elderly through our research.

Key words: landscape architecture; materials; preferences tendency; gardening construction

　　21 世纪，我国人口结构将从完成老龄化向达到老龄化高峰发展，我国的人口老龄化将达到历史上前所未有的规模和程度，这是社会经济发展和科技进步的必然结果[1]（保罗·帕伊亚，1999）。由于老年

作者简介：
张敬玮/1992年生/女/河北唐山人/山东农业大学园艺科学与工程学院/硕士研究生/研究方向为农业园区规划设计
张运吉（通讯作者）/1970年生/女/吉林人/山东农业大学园艺科学与工程学院/副教授/研究方向为绿地规划设计
收稿日期 2016-12-12　接收日期 2017-03-20　修定日期 2017-03-27

人比例的增加，他们成了园林的主要利用群体，故园林建设必须要考虑到老年人的生理和心理需求。园林铺装是园林的重要组成部分，它不仅可以使园林表现形式更加丰富，使整个美学空间活跃起来[2]（陈琼，2016），同时还能为老年人提供舒适、安逸的活动空间，并且组织园内的交通游览路线，因此，园林铺装所表现出来的质感是否为老年人所接受和喜爱就显得尤为重要。

随着年龄的增长，老年人的生理机能逐渐衰退，而园林铺装所表现出来的质感主要是通过视觉来感知的。据国内调查，视力在 0.05 国际通用法定盲人标准以下的 400 人中，61 岁以上的老年人占 72.97%[3]（张武田，1987）。因此，老年人通过视觉所获得的对园林铺装质感的感知和其他群体大有不同，本研究主要针对老年人的生理衰退情况和自身心理特性，对园林铺装的质感进行了研究，力求能归纳出老年人青睐的园林铺装的质感类型及表现形式，为建设适合老年人的公园及活动区的园林铺装选择提供参考和指导，给老年人创造一个顺心、舒心的景观活动空间。

1 研究方法

1.1 研究对象

由于中国老龄化问题日渐严重，人口平均寿命也由 20 世纪 50 年代的不到 50 岁延长到 70 多岁，目前世界上所有国家的退休年龄，除非洲的一些国家之外，大多数国家都在 65 岁或 67 岁，而且都是渐进式延迟。据悉[4]（延迟退休年龄新规定最新消息，2016），国家人力资源和社会保障部研究所所长何平称，建议中国从 2016 年实行延长退休年龄的政策，并每两年延长 1 岁，到 2045 年不论男女退休年龄均为 65 岁。而 90 岁以上的老年人很少出门活动，所以研究对象确定为泰安市 426 位 65~89 岁的健康老年人（表 1）。

1.2 研究材料

通过调查，筛选出 132 种在园林中使用率为 25%

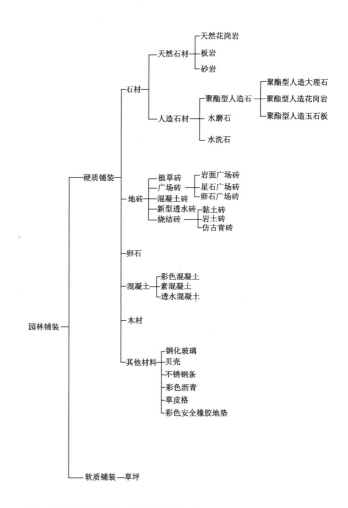

图 1 筛选所得的单一铺装材质分类

以上的部分铺装材料的图片，对老年人进行单一园林铺装质感的心理倾向调查。在园林铺装搭配表现形式中筛选出规则式铺地、不规则式铺地、其他形式铺地、砖石铺地、嵌草铺地、带图案的铺地、彩砖铺地和砂石铺地[5]（赵永强、黄毅斌，2009）8 种分类下40 张有代表性的图片对老年人进行心理倾向性的研究，因大量研究表明，图片作为人眼对景物评价的媒介同现场评价无显著差异[6]（Cernovsky-zz，1998）。

1.3 研究方法

让老年人在筛选所得到的园林单一材质及搭配的图片中选出最喜爱的，根据老年人的选择，进行单一

表 1 调查对象基本属性

	年龄（岁）			性别		文化程度		
	65~69	70~79	80~89	男	女	本科及以上	专科到本科	高中及以下
人数	142	213	71	193	233	31	133	262
比例（%）	33.33	50.00	16.67	45.30	54.70	7.20	31.26	61.54

材质或搭配间的纵向比较，在此结果的基础上选出选择人数最多的该材质或搭配的图片为代表，进行材质或搭配间的横向比较，每次选择后口述理由，由调查者记录，对得到的数据进行统计学分析，得到结论。上述测试 4 周后抽取样本的 20% 重测，计算重测信度的相关系数，r 值在 0.72~0.80 之间，说明结果客观可靠。

2 结果与分析

2.1 老年人对单一园林铺装质感的喜好倾向

园林景观绿地中的铺装材质无外乎硬质铺装和软质铺装两种，将筛选所得的 132 种铺装材料进行分类（图 1）并借助 Photoshop 软件对每种类型下对应的图片（图 2~ 图 11）进行整理。

结果显示，在天然花岗岩的选择上（图 12），有72% 的老年人选择了红色系列的花岗岩，其中新疆红、红棕、桂林大红和将军红都颇受老年人喜爱，金麻、黄麻和黄锈石选择的人数也较多，而黑色系列中的类型选择人数较少。在板岩的选择上（图 13），黄锈平板很受老年人的青睐，其中有 63% 的老人选择了荔枝面板材和黑石英（蘑菇面）等粗糙质感的材质。在砂岩的选择上（图 14），选择红砂岩和黄砂岩等彩色砂岩的人数占老年人总人数的 67%。在人造石材的选择上（图 15），有 75% 的老人选择了带有亮色的水磨石和水洗石，各类聚酯型石材选择人数相差不多。在地砖的选择上（图 16），红色混凝土砖、黄色混凝土砖、象牙黄毛面烧结砖和仿古青砖都很受老年人的喜爱。在卵石的选择上（图 17），并未出现明显的差异，选择各色卵石的老年人数分布比较均匀。在混凝土选择上（图 18），老年人对彩色混凝土表现

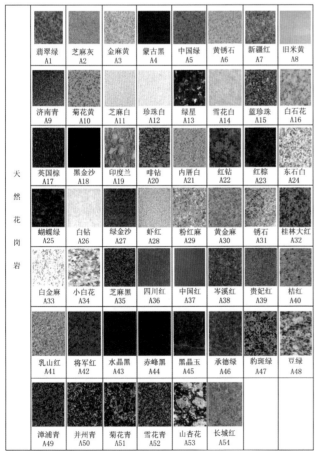

图 2 调研的天然花岗岩种类

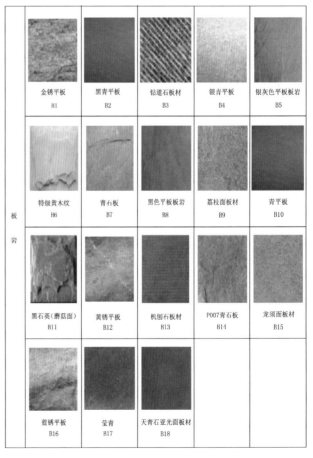

图 3 调研的板岩种类

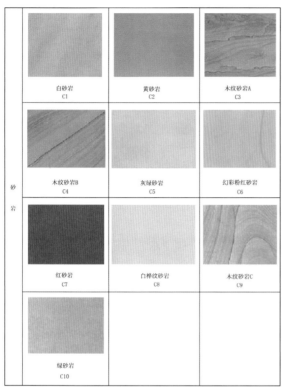

图 4　调研的砂岩种类

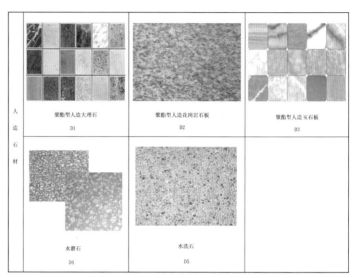

图 5　调研的人造石材种类

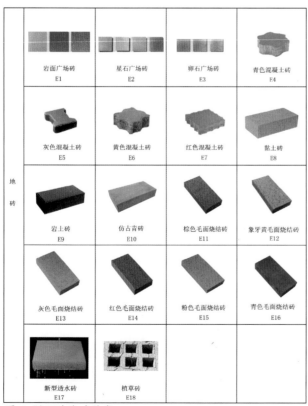

图 6　调研的地砖种类

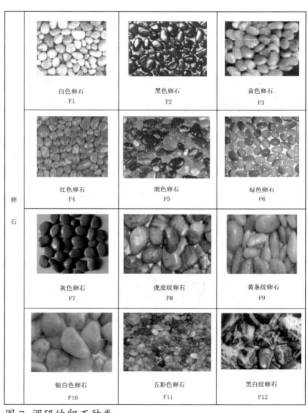

图 7　调研的卵石种类

图 8　调研的混凝土种类

图 9　调研的木材种类

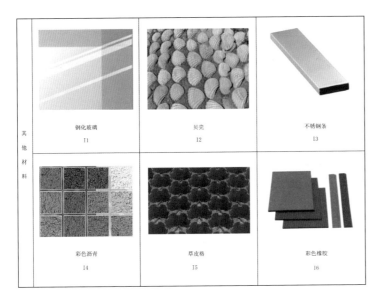

图 10　调研的其他材质种类

注：1.筛选出的铺装材质其表面涵盖了抛光面、粗磨面、机切面（毛面）、荔枝面、剁斧面、水冲面、仿古面、光面、麻面、拉丝面、自然面、蘑菇面、火烧面、斩假面、烧面等形式，以对应图片为准。2.图片均来自网络，图片所在的表格全部由作者自行整理绘制。

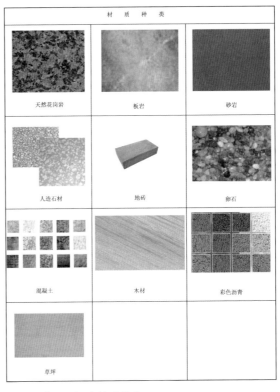

图 11　横向比较的材质种类

出了明显色偏爱。在木材的选择上（图 19），喜爱红松的老年人数占总体老年人数的 53%，选择其他种类的木材的老年人数分布比较均匀。在其他材料的选择上（图 20），老年人对于彩色沥青和彩色安全橡胶地垫有格外的好感，而对玻璃、贝壳、不锈钢条这些坚硬冰冷的材料表现出了明显的抵触。在单一材质的横向比较的选择上，选择木材、草坪、天然花岗岩和卵石的老年人人数相差不多，这几种材质都很受老年

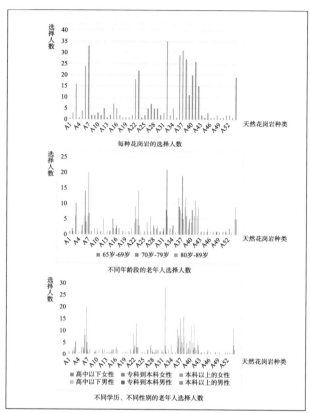

图 12 天然花岗岩选择分析图

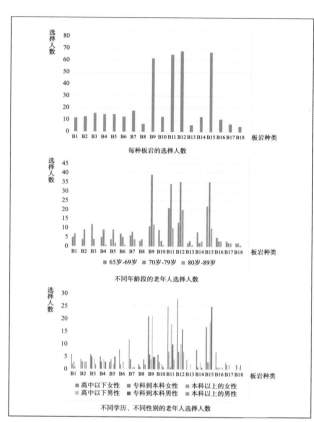

图 13 板岩选择分析图

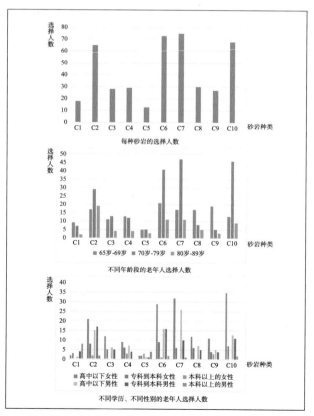

图 14 砂岩选择分析图

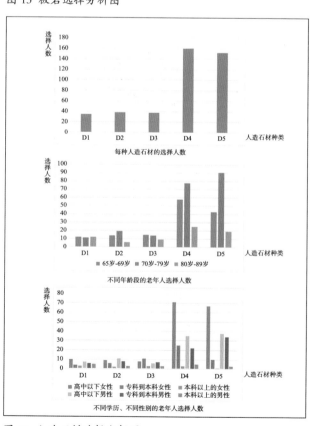

图 15 人造石材选择分析图

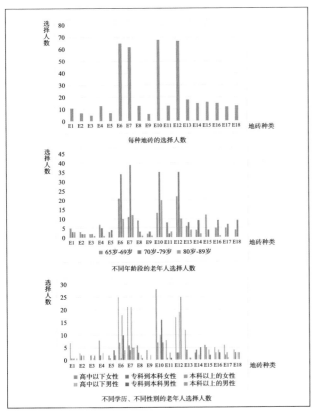

图 16 地砖选择分析图

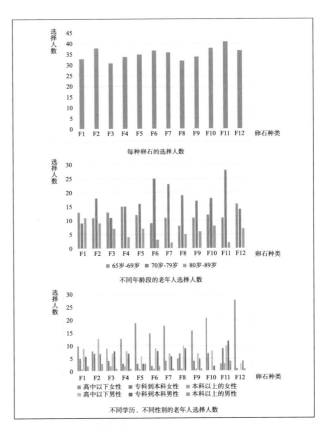

图 17 卵石选择分析图

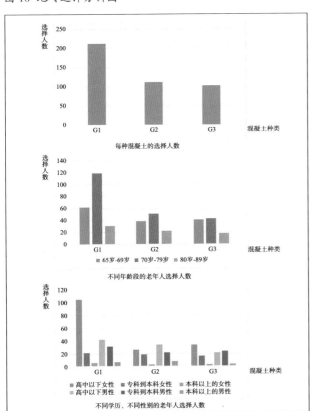

图 18 混凝土选择分析图

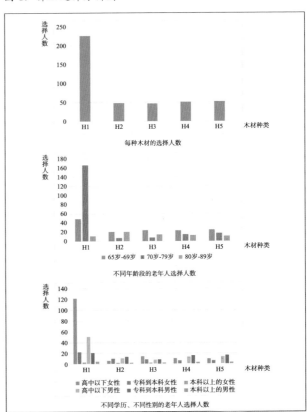

图 19 木材选择分析图

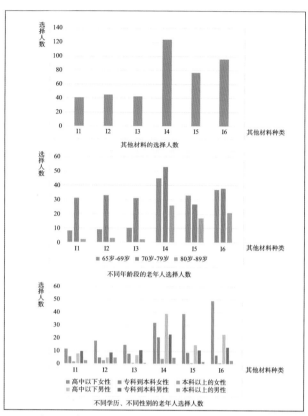

图 20　其他材料选择分析图

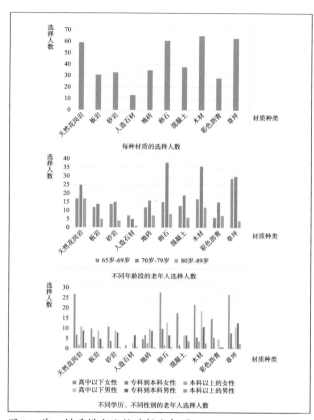

图 21　单一材质横向比较选择分析图

人青睐。分析其原因（图21），老年人由于生理和心理的变化对于红色、黄色这种暖色调色彩的铺装材质有明显的偏爱，因为红色、黄色代表着温暖，老年人容易产生孤独感、失落感，所以对于温暖这种感觉格外向往，非常乐意亲近。老年人对于天然或者仿天然的材质有格外的好感，一方面是人的天性使然，随着年龄的增长，这种亲近自然的天性更为明显；另一方面，木材、草皮这些天然材质本身的质感温和，尤其是木材自身的特性，使地面夏天不会过热，冬天不会过凉。此外，老年人对于带有历史感的青砖、红砖也非常喜爱，可能是这些看上去有历史沉淀感和厚重感的铺装材料更容易和经历过人生起伏、看过沧海桑田的老年人在心灵上有所共鸣。调研材质包括多种表面形式，对于老年人选择的这些材质的表面形式进行分析发现，老年人更青睐表面较粗糙的材质，如荔枝面和蘑菇面等。对口述理由整理总结得出，老年人由于生理机能的衰退，身体平衡能力大不如前，粗糙的表面防滑效果好，不论是晴天还是雨天对老年人来说都

是较为安全的。老年人对于浅色光面材质喜爱程度不高，因为老年人对于浅色系辨识度低，老年人心理上容易产生不安定感，而且浅色光面材质在阳光大好的时候，会产生严重的反光，容易使老年人产生眩晕。单纯从年龄这一角度看，高年龄段的人群对红色系的铺装材质表现出了明显的青睐，查文献得知，高年龄段人群的审美更多的是受生理机能的影响，相较其他年龄段的老年人这种倾向更为明显，老年人常将带色的物体看成褪了色的，而红色褪色最少，对整个光谱的颜色，特别是对蓝绿色感受能力降低[7]（许淑莲，1988）。高年龄段的老年人由于视觉衰退较为严重，对于铺装的一些纹理分辨并不清晰，他们更青睐于选择颜色较为鲜艳的纯色或者杂色较少的铺装材料。除了材质本身的差异外，材料自身的纹理造成的影响对高年龄段的老人来说并不明显。高年龄段的老年人并不喜欢太过柔软的铺装材料，由于年龄越大的老年人骨质疏松越严重，会出现佝偻现象，身体重心也会向下移动，而且部分高年龄段的女性老年人经历过缠

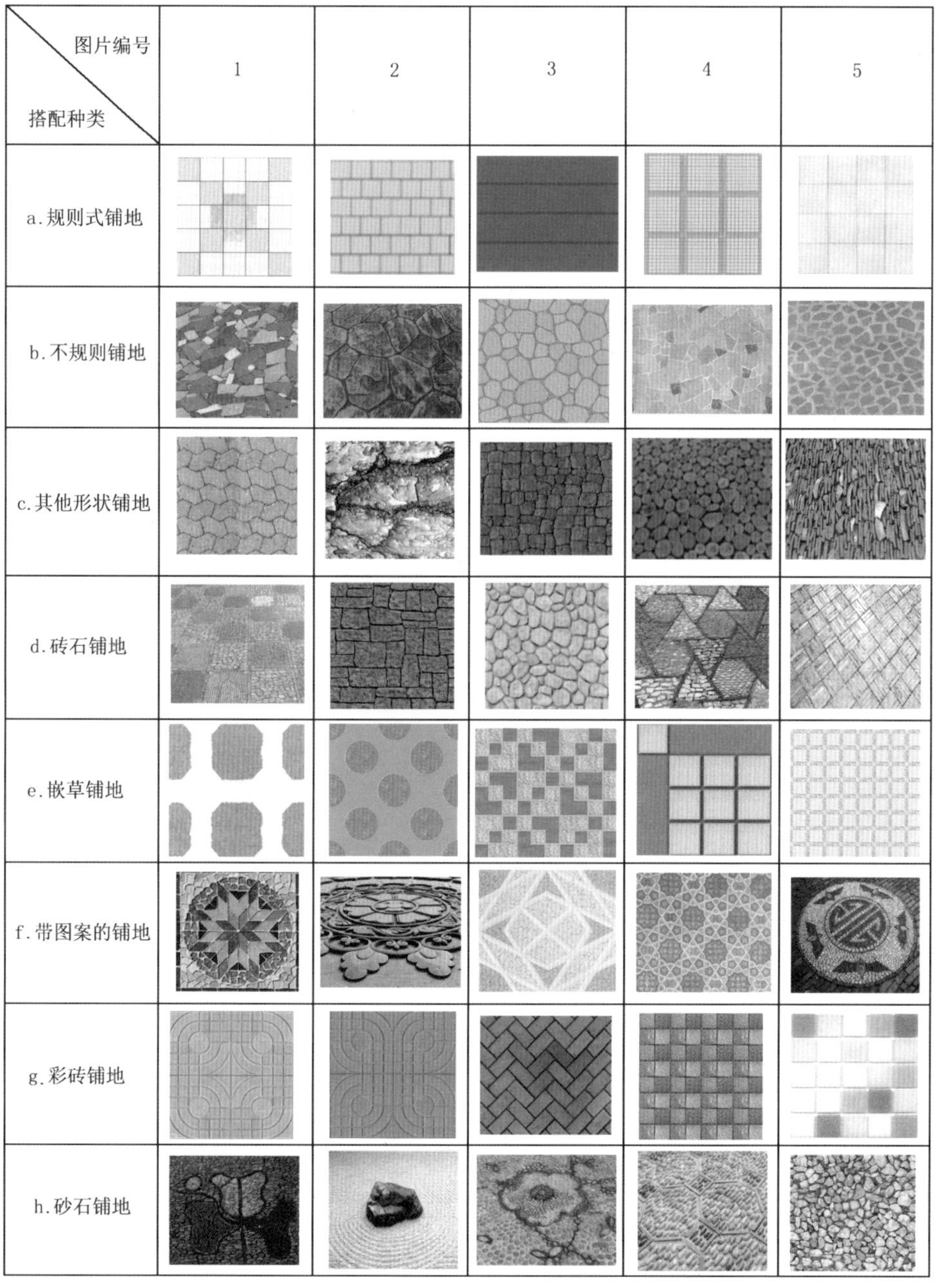

图片编号 搭配种类	1	2	3	4	5
a.规则式铺地					
b.不规则铺地					
c.其他形状铺地					
d.砖石铺地					
e.嵌草铺地					
f.带图案的铺地					
g.彩砖铺地					
h.砂石铺地					

图 22 调研的园林铺装搭配形式

足，在太过柔软的铺装材料上行走，容易重心不稳，容易摔倒或造成更严重的后果。除此之外，在其他方面并没有出现明显的年龄差异，可能是由于老年人在认知和思想上都基本成熟，年龄差异并不足以导致在铺装材料的选择上的重大不同，而性别和受教育程度是造成审美差异的主要因素。因此，以下研究将只考虑性别和受教育程度这两项影响因素。

从性别上看，女性老年人更青睐于红色、黄色这种鲜艳颜色的铺装材质，而男性老年人相对更偏向于冷色调的铺装材质，而且女性老年人对于木材、卵石和草坪的喜爱程度明显高于男性老年人。随着受教育程度的升高，高学历的男性老年人和女性老年人都表现出了对于冷色调铺装材质的喜爱，如仿古青砖、青色的花岗岩和板岩，带有纹理的铺装材质如木纹砂岩、木材、白底黑花花岗岩等也颇受高学历老年人的青睐。高学历的老年人还表现出了对透水混凝土和新

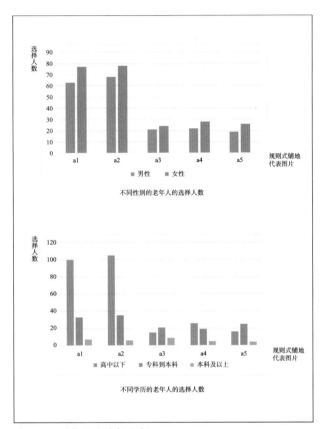

图 23　规则式铺地选择分析

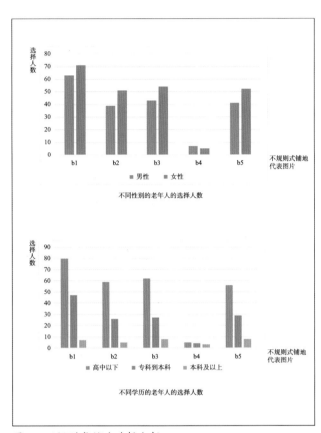

图 24　不规则式铺地选择分析

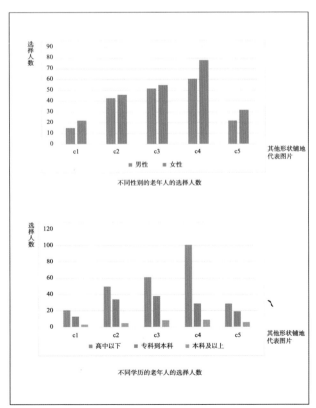

图 25　其他形状铺地选择分析

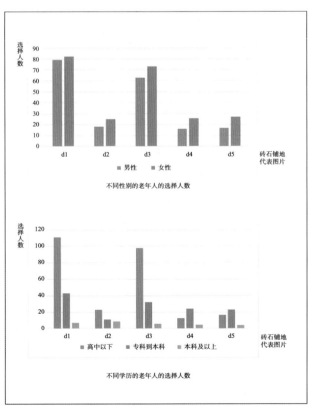

图 26　砖石铺地选择分析

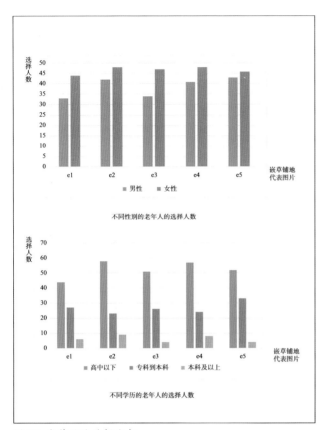

图 27　嵌草铺地选择分析

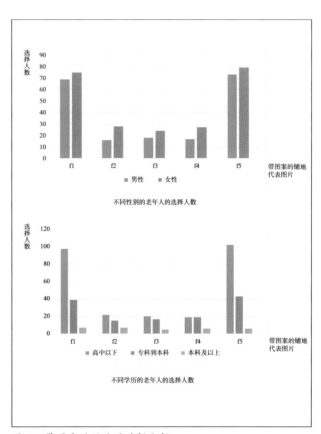

图 28　带图案的铺地的选择分析

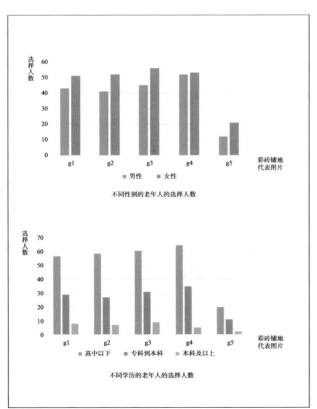

图 29　彩砖铺地的选择分析

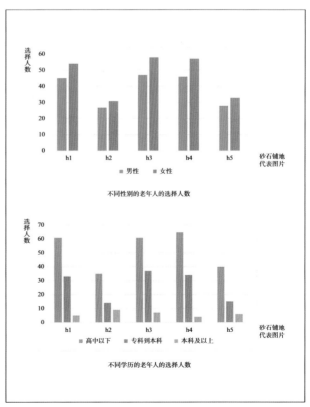

图 30　砂石铺地的选择分析

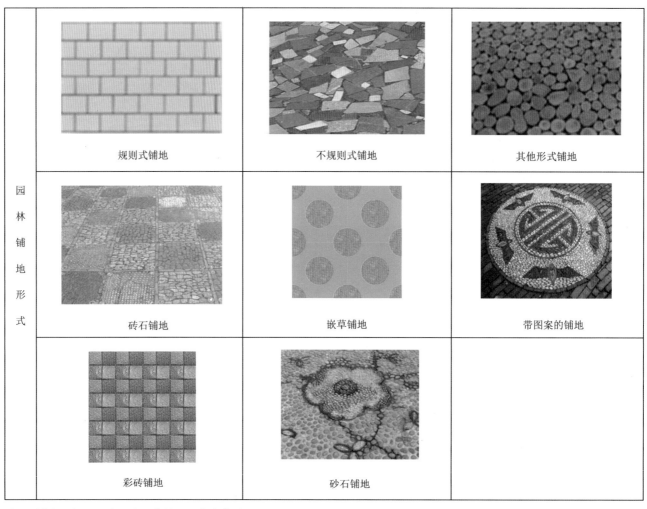

<table>
<tr><td rowspan="3">园林铺地形式</td><td>规则式铺地</td><td>不规则式铺地</td><td>其他形式铺地</td></tr>
<tr><td>砖石铺地</td><td>嵌草铺地</td><td>带图案的铺地</td></tr>
<tr><td>彩砖铺地</td><td>砂石铺地</td><td></td></tr>
</table>

图 31 横向比较调研的园林铺装搭配形式代表图

型透水砖以及日本枯山水铺地的喜爱。分析原因，女性老年人较男性老年人在对于外界事物上的感知更加细腻，所以女性老年人更容易关注到铺装材质的纹理，带有精致纹理的铺装材质更容易得到她们的喜爱。受教育水平不同造成了审美和认知水平不同，高学历的老年人对于审美更加冷静和理性化，知识面较广使他们对于铺装材质的解读和考量更全面并富有个性，而低学历的老年人在审美上更多的是靠生理支配，他们更青睐于表面色彩艳丽，代表活力和健康的暖色调铺装材质。

2.2 老年人青睐的园林铺装搭配形式选择的结果与分析

在现代园林景观设计中，铺装的各种元素不再单单以一种形式出现，而是通过精心的组合达到令人舒适、称奇的效果。本文主要研究老年人对于规则式铺地、不规则式铺地、其他形式铺地、砖石铺地、嵌草铺地、带图案式铺地、彩砖铺地和砂石铺地 8 种类型[5]（赵永强、黄毅斌，2009）的铺地形式所表现出来的质感的心理倾向（图 22）。

铺装搭配形式众多，经过筛选，选择出 40 张有代表性的图片，从材质的布置、图案的样式、颜色的冷暖，力求变化与不同，调查操作方法同上。

结果显示，在规则式铺地的选择中（图 23），选择 a2 的老年人人数最多，共占 67%；在不规则式铺地的选择中（图 24），b1 被选的次数远远大于其他几

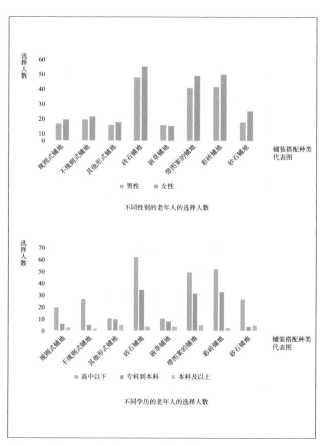

图 32　园林搭配形式横向比较选择分析

大材质体块的布置形式，老年人较青睐于线条简洁的园林铺装图案，因为查文献得知[8]（张运吉，2010），老年人在一定距离之外，区分物体细节的能力降低，过于密集或复杂的线条搭配，在稍远点的距离对于老年群体来说是没有意义的。老年人对于带有中国传统吉祥寓意的图案形式（五福捧寿、富贵海棠等）和自然及仿自然的铺装搭配形式很有好感，究其原因，老年人随着年龄的增大，性格上就越发偏执，更容易追忆过去，对规整的物体和具有年代感的铺装图案形式就会明显表现出偏爱。老年人的心理会随着身体的逐渐衰老变得更为敏感，更容易感到孤独，他们更倾向暖色调的铺装搭配形式，据研究，老年人患有抑郁症和心脏病的比例远远高于其他人群，而暖色调有利于他们的身体康复[9]（赵丽珍、刘相辰、段黎明等，2001）。其中，从性别上看，女性老年人对于彩砖铺装和带图案的铺装青睐程度远高于男性老年人，从受教育程度上看，高学历的老年人对于砖石铺地、嵌草铺地和卵石铺地表现出了格外的好感，低学历的老年人则主要受生理因素支配，更倾向于带有鲜艳色彩的铺装搭配形式。

3　结论

　　总体上看，老年人对园林铺装材质的质感的喜恶主要受两方面的影响。一方面是生理原因。老年人的视觉能力较弱，并常常伴有老花眼等疾病；触觉不敏感；骨质疏松导致的弯腰驼背使身体重心下移，平衡感变弱。因此，就单一铺装材质的质感来说，老年人更喜欢暖色调、表面较粗糙的铺装材质，比如暖色混凝土砖、彩色卵石、彩色混凝土等。老年人还对草坪、木材等天然或者仿天然材质有格外的好感，同时女性老年人对于彩色铺装和带有纹理及图案的铺装的喜爱程度明显高于男性老年人，高学历的老年人对于青砖、仿古砖及新型透水砖的喜爱度远远高于低学历的老年人。另一方面是心理原因。老年人由于家庭地位的变化导致心理上的失落感、退休后导致心理上落差感和独居所导致心理上的孤独感而格外向往温暖和阳光，并且会常常对年轻时候的时光格外怀念，所以就铺装搭配而言，老年人更

种样式，其中 b4 选择人数最少，仅 3%；在其他形式的铺装的选择中（图 25），木桩或仿木桩形式很受老年人青睐；在砖石铺地的选择中（图 26），选择 d1 和 d3 的老年人数都比较多，分别占总人数的 38% 和 33%；在嵌草铺装的选择中（图 27），e1、e2、e3、e4 和 e5 的选择人数大致相等；在图案的铺装的选择上（图 28），选择 f1 和 f5 的老年人人数分别占 34% 和 36%，而选择 f3 的人数最少，仅 8%；在彩砖的铺装的选择上（图 29），选择 g1、g2、g3、g4 的人数基本相等，选择 g5 的人数最少；在砂石铺地的选择中（图 30），h1、h3 和 h4 都很受老年人喜爱。每类中被选次数最多的图片（图 31）作为该类的代表进行园林搭配形式的横向比较（图 32），选择带图案的铺地、砖石铺地和彩砖铺地分别占总人数的 22%、24%、21%，说明大多数老年人喜欢色彩艳丽、对比较强烈的铺装搭配形式，而且喜爱规整、干净的较

喜欢彩砖铺地、带有中国古典寓意的吉祥铺地图案和砖石铺地类型，以满足他们潜意识里对于自己青年时代的追忆。

　　因此，在园林景观关于老年人公园及老年活动区的建设中，涉及单一铺装材质铺地时，应尽可能选择红色、黄色这些暖色调并且表面粗糙的铺装材质或者木质铺装和草坪铺地这些近天然的铺装材质。在涉及铺装材质搭配的选择上，应选择色调明艳、图案线条简洁的铺装铺地，还可以选择一些带有时间沉淀感的铺装材质铺地，以唤起老年人心灵上的共鸣，力求给老年人建立一个舒适的娱乐休憩空间。

　　由于时间和人力有限，本文所研究的铺装材料并没有完全涵盖关于老年人对于园林铺装质感的倾向性的所有研究（比如园林铺装自身质感和模数对于空间的影响）。但是，从铺装材质本身及材料搭配的角度出发，可以为园林建设提供有价值的参考。希望有更多的业内人士关注老年人在园林活动中的需求，以期能建设出更加人性化的园林景观。

参考文献

[1] [法]保罗·帕伊亚.老龄化与老年人[M].杨爱芬译.北京:商务印书馆,1999.
[2] 陈琼.园林景观铺装设计的重要性[J].建材与装饰,2016（3）:97-98.
[3] 张武田.老年人的视觉[M].许淑莲等.老年心理学.北京:科学出版社,1987,44-67.
[4] 2016年延迟退休年龄新规定最新消息.
[5] 赵永强,黄毅斌.园林铺地在园林景观中的运用[J].热带农业工程,2009（4）:22-26.
[6] Cernovsky-zz. Lusher Color Preferences of Arctik Inuit and of Southern Canadians[J]. Percept-Mot-Slills,1998,86（6）:1171-1176.
[7] 许淑莲.老年人视觉、听觉和心理运动反映的变化及其应付[J].中国心理卫生杂志,1988（3）:136-140.
[8] 张运吉.老年人视觉及其公园利用的研究[J].农业科技与信息（现代园林）,2010（1）:12-14.
[9] 赵丽珍,刘相辰,段黎明,苏日娜等.色彩与心身健康的相关性研究[J].中国行为医学科学,2001（5）:473-474.

现代園林 2017,14(1):149-153.
Modern Landscape Architecture

"美丽乡村"建设的问题与途径
Problems and Approaches of the Construction of Beautiful Countryside

▶ 黄琳惠
Huang Linhui

重庆市渝北区重点建设办公室，重庆 401120
Yubei District key construction office of Chongqing City, Chongqing 401120

摘　要：中国城乡发展并不平衡，乡村发展滞后，农民问题突出，但差距大、潜力也大。在中国经济发展的初期，农业为工业发展提供了土地和资本，城市积累了巨大的社会财富，现在已到了工业反哺农业、城市带动乡村的阶段，"美丽乡村"建设由此孕育而生。当下农村存在着农业经济萧条、农村人口外迁、生态环境差、基础设施建设和社会保障落后等诸多问题，只有深刻认识到造成这种局面的原因，正视这些问题并进行合理有效的解决，才有可能打造出真正的"美丽乡村"。本文主要从深化制度改革、改善人居环境、科学规划布局、寻求文化认同等方面初步论述了"美丽乡村"的建设途径，希望从中能够找到最合适的方法使我们的乡村既能适应社会经济的发展速度，又能留得住乡愁。
关键词：乡村经济；乡村环境；乡土文化

中图分类号：TU688　　　　**文献标识码**：A

Abstract: The development of urban and rural area in our country is imbalanced with the lagging of rural development and the outstanding problems of peasants. The gap is huge, but the potential is also great. At the early stage of China's economic development, agriculture provided lands and capital for industrial development and made the city to accumulate enormous social wealth. It has come to the stage that industry finances agriculture and the city promotes the countryside, which gives birth to the concept of 'Beautiful Countryside' construction. At present, there are many problems in the countryside such as economic depression, population relocation, poor ecological environment and backward infrastructure construction and social security. Only deeply realizing the reason which causes this situation and facing and solving these problems in a rational way, could we have the possibility to create a beautiful countryside. This paper gave a preliminary discussion on constructing approaches of 'Beautiful Countryside' in terms of deepening reform, improving living environment, scientific planning and layout and seeking cultural identity. We hope to find out an optimum way which could make our countryside to adapt to the speed of social economic development and retain nostagia based on that.
Key words: rural economy; rural environment; local culture

中共十八大提出了"美丽中国"的全新概念，在此基础上，2013 年中央一号文件首次提出了"美丽乡村"的建设目标，要求加强农村生态建设、环境保护和综合整治，发展乡村旅游和休闲农业，等等，最终目的是统筹城乡协调发展。中国经济要想长久稳定地发展，必须通过体制改革和政策调整削弱并逐步清除城乡差距，正因如此，如何建设"美丽乡村"正是我们亟须展开研究的社会课题。

作者简介：
黄琳惠/1984年生/女/四川人/硕士研究生/园林工程师/方案设计/重庆市渝北区重点建设办公室
收稿日期 2017-03-13　　接收日期 2017-03-20　　修定日期 2017-03-27

1 "美丽乡村"建设提出的背景

当代中国正处在高速城镇化时期，农业活动的比重逐渐下降，大量的农村人口涌入城市，农村面貌逐步转变为城市景观。城镇化打破了城乡壁垒，促进了社会流动，是现代化进程的必经阶段，也是推动国家现代化的重要力量。但在这个急速变化的过程中，出现了很多严重的问题，乡村发展滞后、农村现代化和城乡一体化进展缓慢就包含其中。

现阶段城乡居民收入差距扩大，农村生态环境加剧恶化，农村基础设施、医疗、教育、文化等领域的投入均严重不足，部分农村日益凋敝，这给我们的社会经济发展带来了极大困难。为解决"三农"问题，2005 年召开的中共十六届五中全会提出了"建设社会主义新农村"这一目标，拉开了农村建设的新篇章，其后每年的中央一号文件都聚焦农民问题，突出了"三农"问题在社会主义现代化时期的重要地位。

浙江安吉县从 2008 率先开展了"中国美丽乡村"建设，到 2010 年，国家标准委授予安吉县"中国美丽乡村国家标准化示范县"的荣誉称号。"安吉模式"坚持以农为本的发展战略，通过开发内源改变了农业弱质本性，演示了新时期中国农业、农村生态与产业协调发展的运作轨迹，树立了"美丽乡村"建设典型，具有很好的参考价值。

《美丽乡村建设指南》将美丽乡村定义为经济、政治、文化、社会和生态文明协调发展，规划科学、生产发展、生活宽裕、乡风文明、村容整洁、管理民主、宜居、宜业的可持续发展乡村（包括建制村和自然村）。推动"美丽乡村"建设，既是为了转变农村经济方式、改善农村生活环境、提高农民生活水平，也是为了保护在城镇化中大规模消失的传统村落，探索没落的农耕文化的复兴与发展之道。

2 当代农村建设中主要存在的问题

2.1 农业经济萎缩导致人员流失

"美丽乡村"建设最终服务的对象是人，当乡村里人都没有了，又何谈建设。一方面现代征地制度使大量的农民失去土地，曾经的村落变为城市；另一方面新兴产业的需求与农业经济的萎缩使得过余人口向其他产业集聚，人口向城市移动，并且不再回到乡村。乡村聚落原本就具有经济组织的性质，经济形态发生变化，也影响到乡村聚落的发展形态，于是在现代社会出现了历史从未有过的空心村现象[1]。农村人口结构因此发生重大改变，青壮年多外出谋生，剩余的老弱妇孺无法从事大量的农业生产，耕地逐渐流失。

2.2 生态环境遭到破坏

（1）大量耕地被转换为城市建设用地，现有的耕地也因无人耕种而一片荒芜，农村千百年来由人类四季耕种而形成的生态系统遭到了直接的破坏。而那些仍在使用中的耕地，为了提高农产品产量，部分过量使用化肥、农药，造成土地质量下降，有益昆虫死亡，破坏了生态平衡。

（2）工业化发展带来的污染蔓延到了农村，空气、土壤、水源都遭到了不同程度的破坏，特别是水源，由于越来越多的水利设施是为满足城市、满足工业需要，农业用水越来越少，受到污染后更是雪上加霜；同时受城市扩张及经济利益驱使，一些环保不达标、污染严重的工业项目被搬迁到了农村，加剧了农村环境恶化。

（3）城市的污染防控工作并没有完全覆盖乡村。在越来越重视环保工作的今天，我们的重点仍然是在城市，农村版块投入的人力、资金均严重不足。人少、人才少、受教育程度低、缺乏话语权，大家很少会真正倾听农民的呼声。

2.3 社会保障和基础设施建设落后

追求现代文明生活的愿望无论城市还是乡村都是相同的，相比城市生活，农村生活缺乏活力、吸引力。一是社会保障水平低下。我国城市社会保障体系早已建立起来，而农村社会保障一直处于边缘地带，尚未建立真正意义上的社会保障体系[2]。无论在就业、教育、保险、医疗或其他方面，农民都未曾与城市居民享有同样的待遇，管理服务体系亦不能适应发展的要求。二是基础设施不完备，主要包括农村交通、农田水利设施、供电、通信、饮水、排水等生产生活基础设施，以及教育、卫生、文体、社会福利设施等社会事业基础设施。

2.4 建筑风格参差不齐，景观面貌差

除了自然景观以外，最能体现乡村景观面貌的便是乡土建筑。中国的现代建筑，在经历了大面积的抄

图 1 江西婺源

袭以后，现在实际上也没有形成一种特有的风格。乡村建筑试着模仿城市建筑，经历的也是城市建筑发展初期的混乱状态：建筑形式千奇百怪，不中不洋、不伦不类，既未能完全照搬现代建筑，也未能延续当地的建筑风格，有的甚至带入了完全不属于该区域的建筑形式，严重危及地区景观特色的延续性。而这些改变，是或多或少建立在对原有乡土文化遗产景观的破坏上的。再加上人口外迁，部分老旧建筑被直接抛弃而荒芜，整个乡村呈现出衰败与兴盛共存的奇怪面貌。

2.5 乡村旅游开发带来的负面影响

国家为改善农村经济形势出台了一系列扶持政策，城市资本向农村流动，乡村旅游事业开始蓬勃发展，据初步统计，2015 年全国乡村旅游共接待游客约 20 亿人次，旅游消费总规模达 1 万亿元[3]。与此同时，一些负面影响也逐渐显现。

一是已经开发建设的乡村，在规划过程中没有充分考虑环境承载容量，游客流量增长过快，环境开始恶化；受利益驱使，出现了大量看准商机而来的外地人，而真正土生土长的居民却逐步外迁，悄然改变着当地的人文环境；商业建筑日渐增多，过度商业化掩盖了乡村原本的特质。江西婺源被誉为"中国最美乡村"（图 1），自 2001 年发展旅游经济以来，每年游

客呈递增趋势，与旅游相关的产业和社会事业蓬勃发展，对地方经济、社会、文化都产生了重大影响。与此同时，随着旅游景点的大面积开发和游客人数的过快增长，原有的生态和人文环境遭到了破坏，基础设施建设跟不上旅游产业的发展速度，乡村过度商业化，景区管理体制滞后等问题纷纷出现，严重影响了婺源旅游业的发展。这些问题引发了社会各界的关注，婺源政府开始着力采取措施进行控制和改造，并取得了一定成效。婺源在发展中所经历的各个阶段为准备发展旅游经济的地区提供了很好的经验教训。

二是乡村旅游业的红火发展带动了一股潮流，那些还未明确发展方向的乡村都铆足了劲儿想走旅游开发的道路，也不管当地的实际情况是否适合，不认真分析现有条件、不提前做好长远规划，就盲目进行建设，结果不仅没有达到吸引游客的目的，还耗费了资源，破坏了乡村原本的面貌。

3 探寻"美丽乡村"的建设途径

城市与乡村的差异不仅是栖息地与居住地的不同，还应该是对生活方式的不同选择，而不应该出现人工制造的隔离[4]。"美丽乡村"建设，就是要消除这种隔离，做到外在美（规划科学布局美、村庄整治环境美、基础设施完善美）与内在美（创业增收生活美和乡风文明素质美）的有机统一。"美丽乡村"建设不只是一个物质意义上的修复重建，也是一个精神意义上的文化探索。

3.1 深化制度改革，保障农民权益

陈锡文说："中国经济如果出问题，一定是农村经济出问题，中国未来一个大的坎就是几亿人进城，就看这个坎能不能过得去"。

自给自足的农业经济已无法跟上当代经济的发展速度，实现农业的现代化迫在眉睫。但人均耕地少、土地不集中、科技含量低、无法集约化生产，所有的这一切都指向了一个问题——制度改革。要实现农业的现代化，必须深化户籍制度改革，破除户籍制度背后的地方保护壁垒，促进人才交流、劳动力资源配置和社会均衡发展；必须深化农村土地制度改革，维护农民主体性地位，构建与自然条件和生产力发展水平相适应的土地制度，通过试点为农村与农民提供多种可选择模式；必须深化投融资体制改革，构建多层

次金融体系，拓宽农村融资渠道，扩大政策性金融供给，建立城乡机会均等的投融资体制。同时，由于当前我国的农村社保体系与城市社保体系还存在很大差异，需要通过国家参与在全社会范围内重新调配资源，扩大农村社保的覆盖面，吸引农民参加农村社保，加强管理和服务能力，建立农村社会保障补助标准动态调整机制。

3.2 完善基础设施，改善生态环境

一是科学制定农村基础设施建设有关规划，充分尊重农民意愿，发挥规划的统筹引导作用；建立对规划实施情况的评价机制，并制定与发展水平同步的长效管理机制。二是加大财政投入建设基础设施。优化水资源的配置方案，完善农田水利设施；加大农村道路的建设力度，完善农村路网体系；确保农村饮水安全，完善供水、供热等生活设施；保证农村用电需求，提高互联网和有线电视覆盖率；建立完善的雨、污分流管道和完备的垃圾清运系统；完善教育设施、医疗卫生设施和休闲服务设施等。三是建立农村生态环境监督管理机制，开展乡村环境综合整治工程，杜绝固定废弃物和化肥农药污染，立即停止环保不达标的企业。四是有计划地推进植树造林、荒山绿化，增加动植物的多样性；着重培育乡土植物，增强植物景观稳定性的同时展示地域特色，逐步恢复生态系统的平衡。

3.3 保护景观遗产，凸显文化特征

中国传统村落景观中蕴含很大的历史文化价值，比如西江千户苗寨由十余个依山而建的自然村寨相连成片（图 2），是目前中国最大的苗族聚居村寨，它

将苗族的原始生态文化保存得非常完整，我们从中可以窥见中国苗族漫长的发展历史；云南和顺自古以来是西南丝绸之路上重要的商贸重镇，兼具了江南古韵与滇西风情，洗衣亭（图 3）作为和顺标志性的乡土建筑被完整保留，充分反映了建造者对生活经验与环境适应性的理解，并体现了多元民族文化的相互影响。

2012 年 4 月，由住房和城乡建设部、文化部、国家文物局、财政部联合启动了中国传统村落的调查，此后建立了《中国传统村落名录》，并印发了关于加强传统村落保护发展工作的指导意见。尽管如此，我国的传统村落每天仍在不停地消失，尤其对于那些根基不深、人数较少的少数民族而言，面对的可能就是灭顶之灾[5]。各级政府务必充分认识到保护乡土景观遗产的重要性与紧迫性，组织专业队伍对传统村落中的景观元素进行归纳整理、建立档案，提出保护措施，指导实施保护，并定期进行检查与修正。

3.4 实施环境改造，彰显景观特色

一是道路景观。根据当地环境确定路面材料，加强道路铺设的乡土装饰性；两侧绿化以乡土树种为主，植物配植体现乡村趣味；适当增设交通标识标牌，但不要过于突兀。二是建筑景观。对具有历史文化价值的古建筑实施保护和修葺，对保存较好的建筑进行维持和整修，对已经废弃的建筑和危房进行重建或拆除后另作他用，新建建筑增加有地方风格的元素与符号。三是公共空间景观。采用本地材料、本土植

图 2　西江千户苗寨

图 3　和顺洗衣亭

物或特色建筑元素来增设村民活动广场，供人们休憩、集会、交流。四是植物景观。植物作为农业景观的重要组成部分，扮演着经济生产主体、粮食及饲料来源、生态防护主体、旅游观光对象等多重角色[6]。选择培育乡土植物，不仅使景观充满野趣，显得质朴，也有利于构建当地的生态环境。五是水系景观，包括水塘、沟渠和溪流等，结合地形和水岸线，配植乡土植物，通过园林造景艺术丰富景观特性，满足居民生产、生活及景观需求。

3.5 加大统筹规划，合理引导发展

　　乡村有着丰富的自然资源和人文资源，发展乡村旅游可以带动地方经济发展。虽然国家支持在乡村发展旅游产业，但并不是所有的乡村都适合，任何一个乡村在决定走旅游发展的道路之前，都必须要进行严格的论证、科学的规划以及合理的建设，坚持走可持续发展的道路。特别要充分测算游人规模并建立与之匹配的接待能力，若超出生态环境的承受范围，则需严格控制。

　　而对于那些旅游资源并不突出的乡村，现代畜牧业、养殖业、大棚蔬菜、花圃、苗圃等等，都是可供参考的选择。如果发展现代农业的条件也不成熟，则可以考虑休闲养生、乡村养老产业，它们正好与城市快节奏的社会生活形成互补，并发挥自己的优势。如江苏高淳，区位和资源优势都不明显，但多年来坚持以生态立区，发展绿色经济，建成了首个以乡村慢生活为主题的休闲旅游度假集聚区，休闲农业成了农民增收的重要渠道。

3.6 获得"文化自觉"，寻找情感归属

　　农耕文化是中国传统文化产生及发展的基础，当传统农业习俗逐渐消失，人们对于土地的情感也开始发生变化，曾经扎实的文化之根已断裂。费孝通在《中国文化的重建》中提到了"文化自觉"这一概念，他认为中华文化在新世纪面临推陈出新、继续发展的迫切课题，首先要实事求是地认识我们受之于历代祖先的中华文化。文化自觉是一个艰巨的过程，首先要认识自己的文化，根据其对新环境的适应力决定取舍；其次是理解所接触的文化，取其精华，吸收融会[7]。文化自觉是中国"和而不同"文化观的具体体现，清理当代文化大师的理论与实践，有助于我们深度理解和重新阐释中国文化。

4 结语

　　中国乡村的建成与发展是一个动态的过程，农耕文化以及乡土景观也是经过历史积淀而形成的，在开展"美丽乡村"建设的这些年里，我们或许正视了农业经济调整的重要性，或许强调了生活环境改造的必要性，但却还远远没有触及文化的本质，更没有触及人性的本质，文化断层之痛一直伴随着我们。建设"美丽乡村"，内源与外在缺一不可，不能急功近利，也不能妄自菲薄，更不能讳疾忌医，特别要控制乡村建设的无序化发展，避免在建设过程中出现价值偏离，从而有机地引导乡村建设。

　　"美丽乡村"建设不是回归自然荒野、过上想象中的田园牧歌生活，也不是城市生活的简单翻版，更不仅仅是构建一个漂亮的外壳给人观赏，从而满足城市人休闲旅游、偶尔探寻乡愁的意愿，它的最终目的是增加农民民生福祉，让生活在本地的农民获得幸福感和满足感，凝聚起新时代农民守护宜居乡村生活的愿望，促进经济文化的共同繁荣，最终铸造社会主义新时期的黄金时代。

参考文献

[1] 韦祖庆. 空心村文化研究[M]. 北京:中国文联出版社,2016.

[2] 胡怡. 关于完善农村社保体系的策略分析——以政府职责为研究视角[J]. 法制与社会，2013（9）:220-221.

[3] 国家旅游局. 中国旅游发展报告（2016）[R]. 北京: 中国政府和联合国世界旅游组织，2016.

[4] 李景奇. 中国乡村复兴与乡村景观保护途径研究[J]. 中国园林，2016（9）:16-19.

[5] 王浩,唐晓岚,孙新旺等. 村落景观的特色与整合[M]. 北京:中国林业出版社,2010.

[6] 陈雪微,郝培尧,董丽. 浅析农业景观中的特色植物景观营造[J]. 景观设计，2016（4）:118-121.

[7] 费孝通. 中国文化的重建[M]. 上海:华东师范大学出版社,2014.

現代園林 2017,14(1):154-155.
Modern Landscape Architecture

▷▷▷ 资讯

中国·南召首届玉兰花会
暨玉兰特色小镇开放仪式在南召玉兰生态观光园举行

The First Magnolia Denudata Show in Nanzhao, China
And the Opening Ceremony of Magnolia Town Will be Held in Ecological Sightseeing park in Nanzhao

开幕式

国际木兰协会主席向南召县颁发玉兰特别贡献奖

2017年3月22日，中国·南召首届玉兰花会暨玉兰特色小镇开放仪式在河南南召玉兰生态观光园开幕。美国佛罗里达大学教授、国际木兰学会（MSI）主席诺克斯（Gary Knox），中国林学会树木学分会理事长、南京林业大学教授汤庚国，河南省花卉协会会长何东成，南阳市副市长刘庆芳，南召县县长王放等出席了开幕式。开幕式由王放县长主持。在开幕式上，诺克斯主席代表国际木兰学会向南召县颁发了玉兰特别贡献奖。

本次活动由中国林学会树木学分会、河南省花卉协会主办，河南省南召县人民政府、南阳市林业局、南阳市旅游局承办。活动主会场设在南召县玉兰生态观光园，分会场分别设在南召玉兰国际花木城、皇后玉兰种植基地、铁佛寺石头村等。

玉兰花会期间，组织召开了第三届中国玉兰研讨会，中国农业大学刘青林教授主持了会议。汤庚国理事长和王放县长分别代表中国林学会树木学分会和南召县人民政府致辞。美国佛罗里达大学

教授、国际木兰学会主席诺克斯"世界的木兰属植物"，中国科学院华南植物园夏念和研究员"木兰科分类系统与华南植物园的玉兰属植物"，北京市园林绿化局绿化处教授级高级工程师张东林处长"望春玉兰土壤生态习性研究与应用"，南召县林业局高级工程师王庆民"南召玉兰产业发展现状与展望"，湖北省五峰土家族自治县林业科学研究所高级工程师桑子阳博士"红花玉兰花部性状多样性与新品种选育研究"、河南省农业大学林学院武荣花副教授"浅析几种木兰科植物及其园林应用前景"，郑州市黄河风景名胜区管委会总工、高级工程师韩新华"玉兰花卉文化、景观应用及南召玉兰发展的几个方向"等分别就木兰属植物品种、木兰科分类、种质资源、新品种选育、产业发展方向、园林应用和玉兰花文化等进行了研讨和交流。会后，经中国林学会批准，刘青林教授宣布成立中国林学会树木学分会玉兰学组，并初步组织成立了专家委员会机构成员，玉兰专家委员会的成立将为南召乃至全国的玉兰产业的发展提

星花玉兰盆栽

玉兰盆景

造型玉兰树

第三届玉兰研讨会

中国林学会树木学分会玉兰专家委员会部分领导成员

400 年树龄的望春玉兰

玉兰特色小镇——石头村

供强有力的技术支持和资源整合。

　　3 月 22~28 日南召玉兰花会期间，还将开展"评玉兰·赏玉兰·绘玉兰·拍玉兰"主题活动，研讨玉兰文化，广交天下宾朋，"让玉兰走向世界，让世界了解南召"，汇聚"人气"，聚集"商气"，赢得"名气"，推动玉兰产业实现跨越发展。

　　阳春三月，在南召县玉兰生态观光园里，数十个品种的 1 万余株玉兰花在园区里竞相开放，姹紫嫣红，争俏闹春，吸引着来自郑州、洛阳、西安、襄阳等省内外游客，徜徉在馨香四溢的园林中，流连忘返，乐不思归。距此不足 1km 的玉兰国际花木城里，整齐地摆放着从日本引进培育的 3 万多盆星花玉兰、本地繁育的 2 万多盆二乔玉兰、2600 盆大型玉兰盆景，数万盆矮化种植的玉兰盆景次第开放，成为一道最亮丽的风景线，络绎不绝的游客驻足鉴赏，其品种之名贵、规模之宏大、造型之奇特让人赞不绝口。

　　南召玉兰花木，不仅绿化山川田野，扮靓美丽家园，而且推动了乡村旅游的蓬勃兴起。南召县紫金园林生态庄园内，黛青色的仿古建筑围墙把园区分割成了苗木花卉种植区、树桩盆景区、根艺奇石区、婚纱摄影区。每逢节假日，游客们兴致勃勃地鉴赏造型各异的盆景，在苗圃园艺区拍照留影，在根艺奇石馆内驻足评鉴，在林荫道里观赏满树繁花。这座休闲观光生态庄园，已成为乡村旅游的靓丽名片。

　　按照"全域旅游"的发展理念，南召县立足资源禀赋和产业基础，突破传统发展模式，创造性地提出生态农业、美丽乡村、乡村旅游"三位一体"融合发展战略，利用玉兰花木景观资源发展生态旅游，完善基础设施，丰富旅游功能，使一批有特色、有创意、有风情的"农业综合体""生态庄园"快速崛起，实现主导产业与乡村旅游协同发展，实现三产业深度融合。

　　该县引资兴建了玉兰生态观光园，投资 8000 多万元，栽植以玉兰为主的苗木 70 多种、20 万株，建成玉兰、红枫等苗木精品园、人工湖、锦鲤池等景观园区，完善了玉兰庄园餐饮部、兰苑别墅区、游客接待站、婚庆广场等服务设施，节假日高峰期日接待游客数千人次，被评为南阳市知名的"五星级乡村旅游示范园"。

　　云阳镇立足玉兰产业优势，挖掘文化旅游资源，以玉兰生态观光园为核心，以国际玉兰花木城、唐庄万亩碧桃园、朱坪村万亩苗木基地、铁佛寺百年石头村为支撑，整修道路，绿化通道，安装路灯，改造村庄墙体，恢复民宿原貌，发展集生产经营、生态观光、休闲度假、民俗文化、采摘体验为一体的乡村旅游环境，环线内发展玉兰苗木 3.5 万亩，各景点年共接待游客 10 万人次，成为人气指数持续走高的农业休闲旅游精品线路和山区群众脱贫致富的产业基地。

　　南召玉兰必将名扬天下、俏销四方！

（周虎 / 南召县林业种苗工作站站长，吴传新 / 本刊编辑部主任）

民营企业办迎春花展，服务京津冀百姓大众
——燕郊植物园第4届梅花展暨首届梅花牡丹展览

Private Enterprises Hold the Flower Shows for Welcoming Spring and Serve the Public
The 4th Plum Flower Exhibition and the First Plum and Peony Exhibition in Yanjiao Botanical Garden

燕赵大地春来早，梅花牡丹雅趣浓。冬春时节欣赏传统名花，是中华民族特有的文化现象，在我国很多地方已成为习俗。从传统的"小年"——腊月廿三开始，燕郊植物园将举办为期一个月的"第4届梅花展暨首届梅花牡丹展览"，本次展览的主题是"梅丽燕郊，国色天香"。

本次梅花展的主办单位是燕赵园林景观工程有限公司，它们将燕郊植物园的大温室布置成一个春花烂漫、梅花牡丹竞相争艳的花园。据悉，本次展览面积达2600m²。梅花称魁、牡丹为王，这两种花卉位中国十大传统名花之首。按照两种花卉的生物学特性，在自然环境下不可能同时开放，但是，在现代科技的支持下，牡丹经过催花技术的培育能够与梅花盆景在春节期间同时开放。这次展览，向大家展示了现代科技在花卉产业中的应用，为人们带来新的生活气息。燕赵园林景观工程有限公司已经连续四次在春冬时节举办花展了，作为一家民营企业，它们将服务民众的情怀落实在每届花展中，在早春时节吸引越来越多的游客赏花、踏青。

"为了倡导健康高尚的文化情操，让更多的人能欣赏到梅花和牡丹的神韵和风采，我们在不断总结往届办展经验的基础上，进而创意举办精品梅桩和牡丹名品联展。这次展览，是燕赵园林集团公司为京津冀人民精心准备的新春贺礼"，一位工作人员这样说。

据了解，本次展览与往年的展览有4处不同。

首先，花卉内容更加丰富。从以往单一的梅花展扩充为梅花牡丹联展。届时将有梅花400多株（盆），其中大型梅花古桩20多盆；精品梅花盆景40多盆；梅花树190多株；卧干式梅花150多株。有来自山东菏泽的50余盆名贵牡丹品种，有'紫二乔''乌金耀黑''肉芙蓉''银红巧对''白雪塔''乌龙捧盛''俊园红''鲁菏红'等。此外，还有古桩蜡梅盆景也同期盛装与游客会面。

第二，文化特色更加突出。展陈布置将花卉实物展陈和花卉文化宣传紧密结合，做到背景与花景结合，花卉技术与花卉文化结合，人们通过观展，不仅能得到梅花、蜡梅、牡丹带来美的享受，受到中华花文化的感染和熏陶，同时也能轻松地受到科普宣传和爱国教育。

第三，与游客互动成为亮点。展览期间，将有书法、绘画、音乐欣赏等，并举办《北京梅花》一书的现场签售活动。

第四，纪念梅花泰斗。2017年，恰逢中国梅花研究泰斗陈俊愉先生诞辰百年。陈俊愉先生1982年发起"国花"评选，并提出由梅花来担任"国花"这一头衔，1986年又进一步提出梅花、牡丹双国花的倡议。他为我们留下了以科学精神研究梅花、用梅花精神热爱国家的深切而高尚的情怀。他认为，祖国要实现像牡丹一样的繁荣富强，离不开艰苦奋斗的梅花精神，这种坚忍不拔的精神将永远激励着我们。因此，这次展览也是对陈俊愉先生的深深怀念。

燕赵园林景观公司的全体员工，在2017年1月20日~2月19日（农历丙申腊月廿三~农历丁酉年正月廿三）恭候广大花卉爱好者在早春时节共享这美好的花卉盛宴。

（中国花卉协会梅花蜡梅分会理事/许联瑛）

草坪园林专用药剂

安全
环保

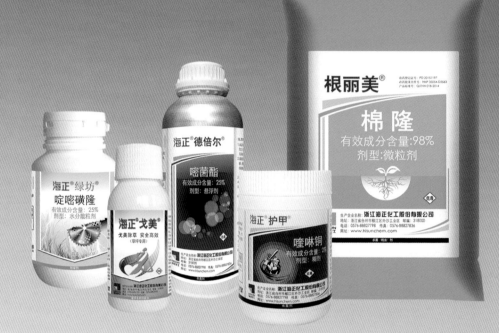

◆ **海正护甲**
　　适用对象：大树
　　产品功能：剪锯口涂抹，树干病害处理，防腐、杀菌、促进伤口愈合

◆ **海正根丽美**
　　适用对象：花卉、苗木等苗床处理
　　防治对象：各种线虫、各种地下害虫、各种土传病害及一年生杂草

◆ **海正绿坊**
　　适用草坪：暖季型草坪
　　防治对象：杂草、禾本科、莎草科及阔叶杂草，尤其对香附子、水蜈蚣等多年生莎草科杂草有卓越效果

◆ **海正德倍尔**
　　适用草坪：早熟禾类、高羊茅类、黑麦草类、结缕草类等各类草坪
　　防治对象：褐斑病、枯萎病、币斑病、白粉病、锈病、黑粉病、根腐病等真菌性病害

◆ **海正戈美**
　　适用草坪：高羊茅类、黑麦草类、结缕草类等各类草坪
　　防治对象：马唐、牛筋草、狗尾草、稗草、虎尾草、苋草、画眉草等一年生禾本科杂草

浙江海正化工股份有限公司

地址：浙江省台州市椒江区外沙工业区　　技术咨询：15267217963 李老师　　13586085728 陈老师

GLC 2017
中国（上海）国际园林景观产业贸易博览会

2017年6月7-9日　上海世博展览馆（博成路850号）

同期举办：2017上海（国际）园林机械、园艺工具及苗木绿化资材展
第七届上海国际屋顶（立体）绿化及建筑技术展
2017上海（国际）建筑园林木结构及户外木竹产品展

中国园林景观旗舰展与欧洲规模最大的德国纽伦堡国际景观和园林展览会（GaLaBau）
强强联手，共同打造园林景观产业的国际采购贸易平台

2017中国国际生态景观规划与营建学术论坛

刘滨谊	演讲主题：生态景观之于中国的作用与价值 同济大学风景园林学科专业学术委员会主任
李建伟	演讲题目待定 东方园林景观设计集团（OL）首席设计师，EDSA Orient总裁兼首席设计师
Adrian McGregor	演讲主题：生物城市主义——新主张 悉尼景观设计工作室McGregor Coxall创始人兼首席执行官
Bart Brands	演讲主题：城市需要园艺师 荷兰Karres+brands公司董事及所有人，墨尔本理工大学教授
Jochen Rabe	演讲主题：韧性与数字化——城市建设的指导原则 德国城市规划师、特许景观设计师，柏林科技大学教授
Chih-Wei G.V. Chang	演讲主题：降雨让城市与众不同 美国景观设计师协会（ASLA）国际实践专业网络（PPN）联合主席，美国SWA集团景观设计师

更多精彩议题敬请期待

主办单位：上海市园林绿化行业协会、NÜRNBERG MESSE 纽伦堡国际博览集团

支持单位：上海市绿化和市容管理局

联系方式：电话：+86-21-61902178 / 61902170 / 61902176 / 60361225
E-Mail：polansky.lv@sh-green.cn / helen.lin@nm-china.com.cn

展览会官方微信

绿色伙伴官方微信

欲了解更多展览会信息请登录：**www.slagta-expo.com**

北京华源发苗木花卉交易市场

华源发市场三期工程预定全面启动

  华源发市场历经 11 年的积累发展，成为目前华北地区规模最大、品种最全、最具北方特色的苗木景观市场，目前市场汇聚来自全国 15 个省 220 家知名特色苗木、景观企业，总占地面积 1341 亩。

  2014 年 8 月，为提升市场形象和规模，方便进入市场的客户和商户，全新打造国家级"花园型"市场，利用销售淡季，加快市场基础设施升级改造，自投资金 100 多万元修建市场混凝土路面 15000m²，同时加快苗木市场三期工程的开发建设，目前苗木市场三期已经全部规划完毕，共 66 个摊位，摊位面积 3-5 亩不等，目前已入驻 28 家，剩余摊位的预订工作已全面启动，苗木市场三期将以全新的定位打造"一核两区、六大引擎、三大平台"的建设，打造一个全新的复合化发展、多元功能融合的创新型产业示范园区。剩余摊位有限，预定从速。

市场模式：前店后场，方便管理
摊位面积：3-5 亩 / 户配有 45m² 办公居住区
配套设施：水、电、网齐全

现在预定即送：
1.2m × 2m 户外橱窗广告一个，数量有限赠完为止
"华源发绿化网"营销型网站 + 大幅广告位 1 个
"淘苗网"店铺广告位 1 个 + 产品展示页 + 会员服务

三期效果图

市场三期隆重招商！

华源发得天独厚的优势，足可以给广大客户带来无限的商机和收益，还等什么，赶快加入华源发吧！

垂询热线：010-69580208
            69586011
网　址：www.bjmmhh.com

三期平面图

HONG DOU SHAN 北方

红豆杉

全国最大的日本红豆杉生产繁育基地

宾馆

学校

住宅小区

机关

实验

机关

北方城市现代园林景观的时尚之选

我公司北方红豆杉苗木基地自 2000 年成立以来，资产规模已达上亿元，是耐寒红豆杉品种——日本红豆杉在中国的最大苗木基地。现有冠幅 4-6m 大树（树龄 50 年）100 棵，3-4m（树龄 35 年）1000 棵，1-2m（树龄 20 年）1 万棵，2-6 年树苗百万余株……

我基地培育的红豆杉，源自经数百年历史驯化的东北红豆杉种类中的日本红豆杉，属于矮化的灌木和亚乔木。它苗木质量好、根系发达、树形饱满美观，是目前最珍贵稀有的高档绿化树种，非常适合机关、学校、企事业单位、别墅、高档社区等地方的景点绿化；它摒弃了东北红豆杉冬季叶片显现红褐色的绿化缺点，保留了 -42℃ 的严寒耐受能力，成为北方现代城市园林、庭院绿化、盆景园艺的时尚首选。

丹东北方红豆杉苗木基地

第二届中国(沈阳)
市政园林景观、别墅设施及围栏展
CIMAE

2017年5月18-20日 沈阳 国际展览中心
Shenyang International Exhibition Center

参展范围

★别墅设施及建筑结构：园林防腐木、木屋别墅、阳光房、集装箱房屋、塑木、膜结构、暖棚、立体车库等

★市政园林景观设施：户外铺装、户外装饰地砖、园林景观雕塑、花盆、花箱、垃圾桶、路椅、凉亭、假山奇石、光棚流水瀑布、喷泉、造雾设备、户外取暖设施、景观照明设备、智能灯杆、户外公共卫生间、户外健身路径和康体游乐设施等

★户外家具类：别墅、小区、花园、公园用各款木、铁、铝、藤、竹、石材类户外园艺家具，各种材质遮阳篷、遮阳伞、伞座等遮阳设备

★围栏类：铁艺、木质、不锈钢、铝合金、塑钢、混凝土、塑料等材质的防护装饰围栏、护栏网、丝网

★花卉苗木园艺设备：绿化苗木、花卉、造型盆景、草坪及屋顶绿化和施工技术、仿真塑料人造茅草、人造草皮、木屋茅草瓦、市政园林机械、园艺工具、喷灌、灌溉设备、草地喇叭等

★规划设计单位及项目：市政、建筑规划设计，旅游区、花园、别墅、居家园艺设计及施工

联系方式

地　　址：沈阳市苏家屯区会展路9号　　联系人：13897949295

电　　话：024-89566754　　　　　　　传　真：024-89566709

邮　　编：110101　　　　　　　　　　邮　箱：laowu8308@126.com

同期举办

第六届中国（沈阳）国际现代建筑产业博览会

支持单位
中华人民共和国住房和城乡建设部
辽宁省人民政府

主办单位
住房和城乡建设部科技与产业化发展中心
辽宁省住房和城乡建设厅
沈阳市人民政府

承办单位
沈阳市城乡建设委员会
沈阳国际展览中心

山西省城乡规划设计研究院
Shanxi Academy of Urban & Rural Planning and Design

打造一块生态 休闲 文化和谐共生的都市绿洲
运用生态设计手法 强调空间与地域性文化的互衍
营造汾河生态文明景观廊道

临水绿廊 汾尧画卷

山西省城乡规划设计研究院

山西省城乡规划设计研究院成立于1981年，是隶属于山西省住房和城乡建设厅的全额事业单位，是具有国家城市规划编制甲级，建筑工程设计甲级，风景园林工程设计专项甲级，市政公用行业给水、排水和道路工程设计甲级及工程咨询甲级资质的综合性设计单位，2005年通过了GB/TI9001—2000国际质量体系认证，2011年经省编办批准，加挂"山西省城镇化与城乡规划监测中心"牌子。

单位地址：山西省太原市新建南路9号

综合办公室：0351-5680100

生产经营部：0351-4038083

我院承担的主要职责任务为：开展城乡规划编制、研究和实施评估工作；开展建筑工程设计、市政工程设计、风景园林规划设计以及相关专业的技术咨询和研究开发工作；承担全省城镇化发展和重点城乡规划实施的动态监测及年度发展报告的编制工作；承担全省城乡规划、风景园林规划编制成果的技术审查和备案工作；协助编制全省城镇化发展战略和制定城乡规划技术标准；管理全省城乡规划信息系统；协助政府完成相关公益性和培训类任务。

现有各类工作人员357人，其中，各类专业技术人员310人，占全院职工总数的87%，具有高级职称的51人（其中教授级高级职称11人），中级职称的77人，国家注册城市规划师38人，其他各类国家注册师61人。

30多年来，我院圆满完成了山西省域内主要的城乡规划编制和设计研究任务，同时，作为山西省内唯一具有风景园林工程设计专项甲级资质的设计单位，承担编制了由山西省人民政府颁布的《山西省城市绿地系统专项规划编制导则》《山西省风景名胜区总体规划编制导则》《山西省海绵城市设计导则》等多项规范文件。在城市河道景观、生态湿地、大型城市公园、主题公园、风景旅游区、生态修复、城市公共空间等风景园林领域创造了500余项高品质项目成果。其中太原汾河景区设计项目实施后，被联合国人居署授予"2002年联合国迪拜国际改善人民环境最佳范例奖"，被建设部授予"中国人居环境最佳范例奖"，其余获得国家优秀勘察设计一、二、三等类奖项的项目共计100余项。

作为国内实力雄厚的设计院，我院的工作足迹遍及海南、山东、内蒙古、河北、陕西、新疆、重庆、湖北等省区，完成各类规划、工程设计项目4000余项，为山西乃至全国的城市规划、建设和经济社会发展作出了突出的贡献。

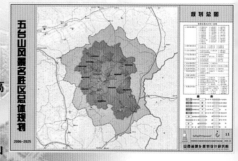

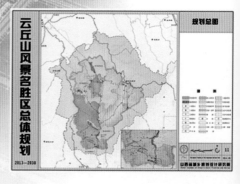

燕赵园林
YAN ZHAO GARDEN
燕/赵/园/林 风/流/古/今

燕赵园林景观工程有限公司

地址：河北省三河市燕郊开发区行宫西大街潮白人家燕赵园林

电话：0316-5856066/5856063，010-52312388

《中国苗典》（2017-2018）
修订说明

《中国苗典》（2017-2018）继续由中国园艺学会品种命名登录委员会支持、《现代园林》编辑部和北京中绿园林科学研究院共同编写。

一、本书概要

1.开本为正度16开（184mm×260mm）。

2.每个种或品种都有彩色照片，有形态特征、生态习性、园林应用等简介。

3.每个种或品种都有培育、生产单位联系信息。

4.全彩色印刷。

二、免费收录品种资料要求

1.主营种和品种的学名、中名（别名）、品种名（及商品名）、品种图片、品种特征特性及园林应用等文字说明。苗木数量、规格不限。

2.单位全称、地址、邮编、电话（手机）、传真、邮箱、网址、QQ。

3.首次收录的企业需提供营业执照（个体工商户执照）复印件，林木良种、新品种证书，苗木生产许可证复印件。

三、《中国苗典》（2017-2018）修订内容

1.品种部分：增加品种（新品种）。可安排新品种广告（规格：1/6—1页），随学名排列，既科学，又突出显示。

2.名录部分：可安排企业广告（规格：名片—整页），随名录排列，既科学合理，又凸显不凡。

3.目录部分：为了方便检索，按书的顺序增加每个"属"的检索页码。

欢迎提供新（良）品种（免费收录）、品种推广等资料

【附件】主营苗木花卉品种名称登记表（请电话索取或在网站www.mla.net.cn下载）

资料形式：电子版，Word或Excel

返回邮箱：xdyl@vip.163.com

咨询电话：010-82409909

2016年11月11日

2017年现代园林新品种评选

　　园林植物是生态文明、美丽中国建设的重要组成部分；新品种是园林植物的生命线。为了推动园林植物新品种的培育、推广，我们继续举办第二届"现代园林新品种"评选活动，对评选出的新品种将通过我们的专设平台，在法律保护的框架下，对其进行国内与国外市场的推广和开发，让新品种为生态文明和美丽中国建设作出更大的贡献。

组织单位：

　　主办单位：《现代园林》编辑部

　　　　　　　广东省园林植物产业技术创新促进会

　　支持单位：中国园艺学会命名登录委员会

评选范围：

　　1.申请了林业或农业植物新品种权的园林植物（包括切花、盆栽和绿化苗木类）新品种

　　2.通过省级林木良种审（认、鉴）定或登记的品（良）种

　　3.国际或国内进行了登录的品种

　　4.经过专家委员会鉴定

　　5.在学术期刊公开发表的新品种

评选标准：

类别	指标	说明	得分
生产性	株型	优美或有特殊株型	15
	生长势/生长速度	生长势旺，生长速度快	15
观赏性	叶色及观叶期	叶色鲜艳，观叶期长	主要观赏器官30分，次要观赏器官各5分，满分40分
	花色及花期	花色艳丽，着花繁密，花期长或补缺	
	果色及观果期	果色鲜艳，着果量大，挂果期长	
适应性	抗逆性	耐寒、耐旱、耐荫、耐瘠薄土壤	15
	抗病性	抗病性强，无毁灭性病虫害	15
合计			100

评选方法：

　　1.由育种者或品种权获得者根据评选标准提供图文资料，资料要重点突出与现有品种相比具有的优越性。

　　2.评选分为3个步骤：

　　第一步——专（育种）家评选。由现代园林编委会联合中国园艺学会命名登录委员会组成专（育